清洁煤发电技术

孙献斌　编著

内 容 提 要

本书主要包括超临界与超超临界燃煤发电技术、超超临界机组结构特点及应用、循环流化床锅炉、整体煤气化联合循环、烟气净化、二氧化碳减排技术、燃料电池、近零排放燃煤发电技术等。

本书系统地介绍了几种典型的清洁煤发电技术的工作原理、关键技术、设备结构及技术性能，论述简明扼要、内容翔实，基础理论和工程应用紧密结合，便于学习和参考。

本书适用于从事清洁煤发电技术的工程技术人员和研究人员，也可作为热能动力与动力工程及相关专业的教学参考书。

图书在版编目(CIP)数据

清洁煤发电技术/孙献斌编著. —北京：中国电力出版社，2014.2

ISBN 978-7-5123-4888-2

Ⅰ.①清… Ⅱ.①孙… Ⅲ.①清洁煤-火力发电 Ⅳ.①TM611

中国版本图书馆 CIP 数据核字(2013)第 209707 号

中国电力出版社出版、发行

(北京市东城区北京站西街 19 号 100005 http://www.cepp.sgcc.com.cn)

航远印刷有限公司印刷

各地新华书店经售

*

2014 年 2 月第一版 2014 年 2 月北京第一次印刷

787 毫米×1092 毫米 16 开本 13.75 印张 329 千字

印数 0001—3000 册 定价 **40.00** 元

前　言

我国是以煤炭为主要能源的国家，能源结构决定了发电以火力发电为主的格局，火力发电在电力工业中的比例约为75%，发电用煤占煤炭生产总量的54%，随着电力工业的发展，燃煤污染物排放量日益加大。煤炭燃烧过程中产生的SO_2、NO_x和CO_2是造成温室效应、酸雨和光化学烟雾等有害物质的主要污染源。

清洁煤发电技术把满足电力需求、提高热效率、控制环境污染进行综合考虑，可使供电效率提高到42%～45%，甚至更高，供电煤耗下降到280～290g/kWh，SO_2和NO_x的排放量减少80%～90%。

近年来，各种清洁煤发电技术在国内外得到了越来越广泛的研究和应用。

作为当前清洁煤发电的主流技术，国际上主要工业国家十分注重发展超临界与超超临界燃煤发电技术，在美国、欧洲、日本发展速度最快，最大容量已达到1300MW。据统计，目前全世界已投入运行的超临界及以上参数的发电机组大约有750余台，其中美国约有170台，日本和欧洲各约60台，俄罗斯及原东欧国家280余台，中国约180余台。截至2012年12月底，我国已有54台1000MW等级超超临界机组投运。

国际上首台460MW超临界循环流化床锅炉于2009年3月在波兰的瓦基莎（Lagisza）电厂成功投运，并正在进行800MW超临界循环流化床锅炉及600～800MW富氧燃烧循环流化床锅炉的研究。我国自首台国产330MW亚临界循环流化床锅炉于2009年1月在江西分宜发电厂投运后，加快了自主研制600MW超临界循环流化床锅炉的步伐，并在四川白马建立了示范电站。

净功率93MW的整体煤气化联合循环（IGCC）发电技术于1985年在美国冷水电厂得到了成功验证，国际上IGCC由此开始进入工业示范阶段，分别在美国、荷兰、西班牙建成了4座电功率为200～300MW的IGCC电站。目前，IGCC正从工业示范向商业应用过渡，世界上已投运和正在建设的IGCC电站近40座。为发展中国绿色煤电技术，中国华能集团公司于2009年正式启动了天津250MW IGCC示范工程的建设，2012年11月该装置投入运行。

CO_2捕集方面，在成功实施了燃煤电厂烟气3000t/年和12万t/年CO_2捕集示范工程后，我国目前已具有自主设计和建设大型燃煤电厂 CO_2 捕集工程的能力。

煤基发电技术正在向更加清洁、高效和低碳方向不断发展。为适应我国电力工业对清洁煤发电技术的需求，作者编写了本书，旨在向广大读者提供最新的清洁煤发电技术的理论和知识。

本书是作者根据从事清洁煤发电技术研究工作的知识和经验，在广泛吸收了国内外有关技术资料的基础上撰写而成的，对清洁煤发电技术的理论知识、工程原理、设备结构、运行技术及最新进展进行了介绍和分析，系统地阐述了超临界与超超临界燃煤发电技术、循环流化床锅炉、整体煤气化联合循环、烟气净化、二氧化碳减排技术、燃料电池及近零排放燃煤发电技术，并精心选择了典型工程实例。

许多同仁对本书的编写给予了大力支持和帮助，在此表示诚挚的感谢。

清洁煤发电技术的理论和应用正在迅速发展，限于作者的知识水平，加之成书仓促，缺点及疏漏之处在所难免，恳请读者给予批评指正。

编　者

2013 年 5 月

目　录

第一章 超临界与超超临界燃煤发电技术

第一节 超临界与超超临界参数

工程热力学将水的临界状态点的参数定义为：22.115MPa、374.15℃。当水的状态参数达到临界点时，在饱和水与饱和蒸汽之间不再有汽、水共存的两相区，如图 1-1 所示。与亚临界及较低参数时的状态不同，这时水的传热和流动特性等也会存在显著的变化。当水蒸气参数值大于上述临界状态点的压力和温度值时，则称其为超临界参数。

超超临界参数的概念实际为一种商业性的称谓，以表示发电机组工质具有更高的压力和温度。各国对超超临界参数的开始点定义均有所不同，见表 1-1。

综合以上技术观点，我国“十五”期间“863”计划项目“超超临界燃煤发电技术”，将超超临界机组的研究范围设定在蒸汽压力高于 25MPa，或蒸汽温度高于 593℃的范围，这一定义与日本较为接近。

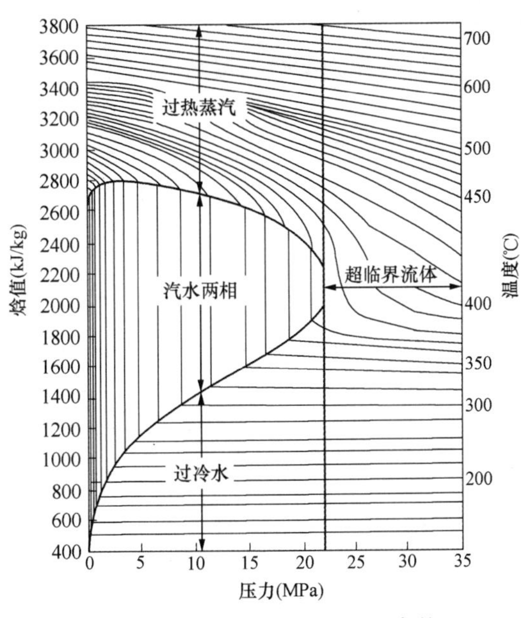

图 1-1 亚临界与超临界蒸汽参数

表 1-1　各国对超超临界参数的开始点定义

国家（公司）	超超临界参数的开始点	国家（公司）	超超临界参数的开始点
日本	蒸汽压力大于 24.2MPa，温度达到 593℃	德国西门子公司	按材料的等级区分
丹麦	蒸汽压力大于 27.5MPa	中国	蒸汽压力高于 27MPa

第二节　超临界与超超临界机组技术性能

一、发电效率

大容量超临界机组主蒸汽压力一般为 24.5MPa 左右，甚至更高。超临界机组比亚临界机组热效率可提高 2%～2.5%。

火力发电机组各种蒸汽参数的热效率见表 1-2。超超临界机组热效率已达到 47%～49%，供电煤耗下降到 260～290g/kWh，比同容量的超临界机组热效率提高 5%或更高。

表 1-2　火力发电机组各种参数热效率

机组类型	蒸 汽 参 数	再热次数（次）	给水温度（℃）	热效率（%）
亚临界	17MPa/540℃/540℃	1	275	38
超临界	24MPa/538℃/566℃	1	275	40
超超临界	25MPa/600℃/600℃	1	275	45
超超临界	35MPa/700℃/700℃	1	275	48.5
超超临界	30MPa/600℃/600℃/600℃	2	310	51
超超临界	35MPa/700℃/720℃/720℃	2	320	52.5
超超临界	37.5MPa/700℃/720℃/720℃	2	335	53

对于燃煤发电厂，主蒸汽温度、压力参数的提高可以有效提高发电系统的供电效率。由图 1-2 可以看出，对于温度为 538℃/538℃的主/再热蒸汽，当压力从 17.2MPa 上升到 27.6MPa 时，供电效率从 36.5%上升到 39.1%；而对于温度为 566℃/566℃的主/再热蒸汽，当压力从 17.2MPa 上升到 27.6MPa 时，供电效率从 37.8%上升到 40.5%。

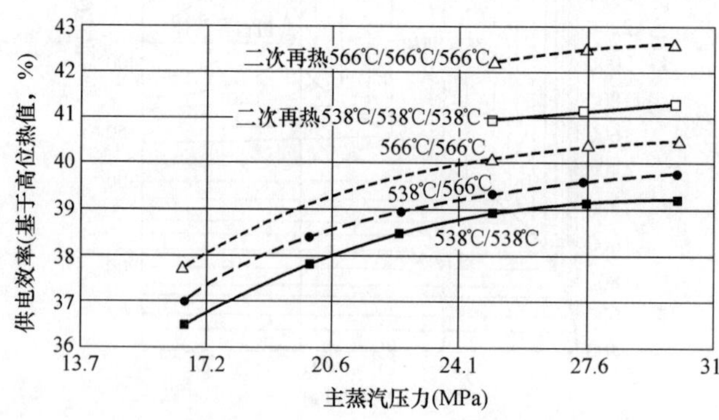

图 1-2　蒸汽参数与供电效率的关系

二、变负荷性能

超临界机组发电效率受部分负荷运行的影响较小，效率降低幅度比亚临界机组降低幅度的一半还低。已有的运行数据表明，75%负荷时，超临界机组效率的降低约为2%，在类似的条件下，亚临界机组的效率降低幅度为4%。这是因为与亚临界条件（18MPa）相比时，锅炉达到540℃的热输入为100kJ/kg，对于超临界条件来说，相对较低。其结果导致较低的蒸汽热容量，但是，在汽轮机中，蒸汽较高的动能补偿了这种效应。

超临界机组的运行灵活性是受欢迎的另一个因素，由于厚壁部件较少，允许提高负荷变化率。目前，先进的大容量超临界机组具有良好的启动、运行和调峰性能，能够满足电网负荷的调峰要求，并可在较大的负荷范围（30%～90%额定负荷）内变压运行，变负荷速率多为5%/ min。

三、环境保护性能

发电效率的提高可以有效降低燃料的消耗，降低CO_2、SO_2和NO_x的排放。对于一台典型的600MW煤粉锅炉机组，其燃煤量和污染物的排放量见表1-3。从表1-3中可以看出，超临界机组与亚临界机组相比，其煤耗量和CO_2、SO_2、NO_x的排放量降低了7.3%左右。

表1-3　600MW亚临界与超临界煤粉锅炉的性能对比

名称	单位	亚临界（16.67MPa/537℃/537℃）	超临界（24.2MPa/569℃/569℃）	超临界比亚临界的减少量
全厂热效率	%	39	42	−3.00
厂用电率	%	7.5	7.5	0.00
燃煤量	t/h	305	282	22.43
SO_2排放量	t/h	7.23	6.70	0.53
NO_x排放量	t/h	2.13	1.97	0.16
CO_2排放量	t/h	580	538	42.33

然而，超临界发电技术的最佳环境性能得益于先进的污染物排放控制技术，可将有害污染物排放降至最低。这些技术包括烟气脱硫（FGD）、低NO_x燃烧、选择性催化还原（SCR）、选择性非催化还原（SNCR）、分段送风和再燃技术等。

四、可靠性

20世纪五六十年代，在英国和美国建设了几座超临界电厂，与当今最先进的超临界机组相比，当时的超临界机组的蒸汽参数很高，但又不具备如今的优质材料，故可靠性差。现代超临界机组的运行可靠性指标已经不低于亚临界机组，有的甚至更高。

美国《发电可用率数据系统》在1980年的分析报告中公布了71台超临界机组和27台亚临界机组的运行统计数据，表明这两类机组的平均运行可用率已无差别。据美国EPRI的统计，容量为600～835MW、具有二次中间再热的超临界机组可用率已达90%，1300MW二次中间再热的超临界机组可用率为92.3%，ABB公司制造的一台1300MW超临界机组甚至创造过安全运行605天的纪录。

我国2008年的83台容量为320～1000MW的超临界机组运行统计数据表明，等效可用率为91.5%，最长连续运行时间为8459.83h。

五、投资成本

提高蒸汽参数将使机组的初投资有所增加，这是因为压力提高后很多设备和主蒸汽管道的壁厚要相应增加，或者说要选用性能和价格更高一些的材料；温度提高后则要使用更多价格昂贵的合金钢材。一般认为，超临界机组的造价比亚临界机组大约增加 3%～10%。

我国亚临界机组的投资大约为 5000 元/kW，28MPa/580℃/600℃以上参数的超临界机组比参数为 25MPa/540℃/560℃的机组总投资增加约 6%，热效率提高 3%～4%。但由于世界各国的具体情况不同，且各个电厂的设计和辅机配套方案等有所不同，因此，造价增加的幅度也不同。由于电厂的运行成本主要取决于燃料成本，因超临界机组的效率高，可抵消一些造价略高的影响，所以超临界机组的运行成本有可能比亚临界机组低。

许多专家认为，若煤价超过 30 美元/t ，就应当采用超临界机组；而在煤价较低的地区采用亚临界机组仍然较为合适。如果考虑污染排放收费的情况，或许该煤价还应再低一些。此外，在进行不同方案的综合技术经济比较和分析时，可能还有其他一些因素也值得考虑，如电厂所处的地理位置、电网的负荷率、上网电价及环境保护因素等。

综上所述，由于超临界及超超临界机组在提高发电效率、降低燃煤消耗量和污染物排放等方面存在明显的技术优势，因此在世界范围内得到快速发展。例如，欧洲经济合作与发展组织（Organization for Economic Cooperation and Development）成员国在 1995～1999 年的 5 年时间内，新增超临界机组的发电量为 19.4GW；而同一时段内，亚临界机组的发电量仅增加 3.0GW。在美国，采用二次中间再热的超临界机组较多，其中压力最高的埃迪斯通

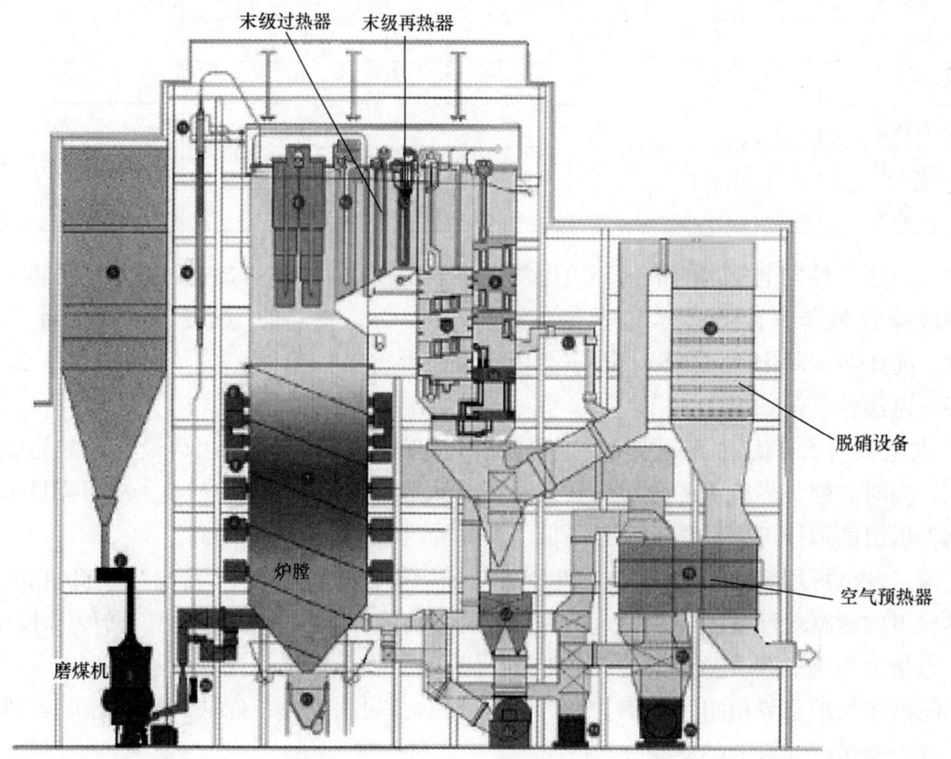

图 1-3　日本橘湾电厂（Tachibana-wan）1050MW 超超临界锅炉结构（Motoshi Takei，2005）

（Eddystone）电厂1号325MW超超临界机组的蒸汽参数为34.3MPa/649℃/565℃/565℃。超临界燃煤电厂在日本也得到了广泛应用，已有60余台超临界参数以上的火电机组在运行，其中2000年7月投入运行的橘湾电厂（Tachibana-wan）1050MW超超临界锅炉蒸汽参数达到了25.88MPa/605℃/613℃，该台锅炉结构如图1-3所示。

第三节　超临界锅炉工作原理及特点

一、超临界锅炉工作原理

根据蒸发系统中汽水混合物流动的工作原理进行分类，电站锅炉可分为自然循环锅炉、复合循环锅炉和直流锅炉三种，如图1-4所示。

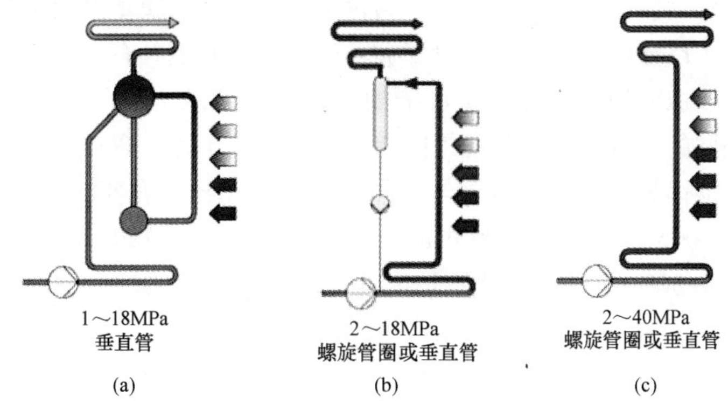

图1-4　电站锅炉工质流动方式

（a）自然循环；（b）复合循环；（c）直流锅炉

若蒸发受热面内工质的流动是依靠下降管中水与上升管中汽水混合物之间大密度差所形成的压力差来推动的，则称此种锅炉为自然循环锅炉；若蒸发受热面内工质的流动是依靠炉水再循环泵压头和汽水密度差来推动的，则称此种锅炉为复合循环锅炉；若工质一次性通过各受热面，则称此种锅炉为直流锅炉。

直流锅炉是由许多管子并联，然后再用联箱串联而成，它可以适用于任何压力，通常用在工质压力大于18MPa的情况，且是超临界参数锅炉唯一可采用的工质流动方式。

在直流锅炉中，其水流是一次流过受热面而完成预热、蒸发和过热。这时给水的流动像活塞一样，在锅炉的受热面出口处推出蒸汽。蒸发量D等于给水流量G，故可认为直流锅炉的循环倍率$K=G/D=1$。

直流锅炉管内工质的状态和参数变化情况见图1-5。由于要克服流

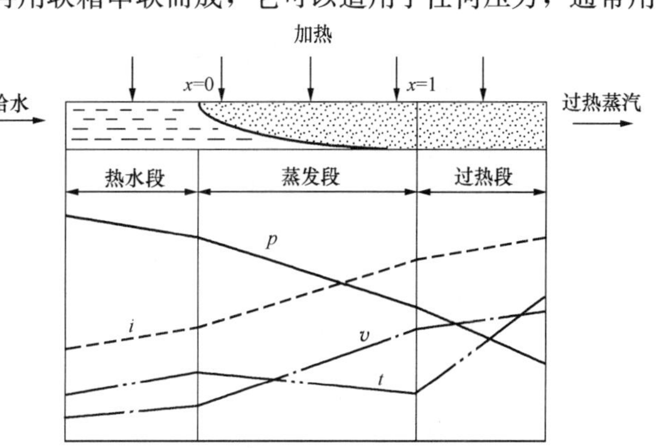

图1-5　直流锅炉管内工质状态和参数的变化

x—工质干度；p—压力；i—焓值；v—比体积；t—温度

动阻力，工质压力沿受热面长度不断降低，工质的焓值及比体积上升；工质的温度在预热段和过热段不断上升，但在蒸发段因压力不断下降，工质温度相应略有降低。

二、直流锅炉特点

直流锅炉无汽包，工质一次通过各受热面，且各受热面之间无固定界限。直流锅炉的结构特点主要表现在蒸发受热面和汽水系统上。直流锅炉的省煤器、过热器、再热器、空气预热器及燃烧器与自然循环锅炉相似。

1. 适用于压力等级较高的锅炉

对于自然循环的汽包锅炉来说，压力越高，自然循环的条件就越差。直流锅炉原则上可适用于任何压力，但更适合超高压以上的压力。

2. 可采用小管径水冷壁且布置较为自由

直流锅炉水冷壁管内工质为强制流动，为保证有足够高的质量流速来冷却管子，可采用小管径水冷壁，且水冷壁的布置不必像自然循环锅炉那样必须具有基本直立的上升管，其布置可以比较自由，以适应炉膛结构等其他方面的要求。

在工作压力相同的条件下，水冷壁管的壁厚与管径成正比，直流锅炉采用小管径水冷壁且不用汽包，可降低锅炉的金属耗量。与自然循环锅炉相比，直流锅炉通常可节省20%～30%的钢材。一台300MW自然循环锅炉的金属质量为5500～7200t，相同等级的直流锅炉的金属质量为4500～5680t，一台直流锅炉大约可节省金属2000t。

3. 启停和变负荷速度快

机组启停和变负荷速度一般都受限于厚壁部件的热应力。汽包锅炉启停缓慢的主要原因在于汽包本身，因此，直流锅炉允许以较快速度启停，启停时间可大大缩短，锅炉变负荷速度提高。

4. 给水品质要求高

由于没有汽包，直流锅炉不能进行炉内水处理，给水带来的盐分除一部分被蒸汽带走外，其余将沉积在受热面上影响传热，使受热面的壁温有可能超过金属的许用温度，且这些盐分只有停炉清洗时才能除去，因此为了确保受热面的安全，直流锅炉的给水品质要求较高，通常要求凝结水进行100%的除盐处理。

5. 工质流动阻力大

在自然循环锅炉中，只有省煤器和过热器内工质为强迫流动，要消耗水泵压头，而蒸发受热面中为自然循环，不消耗水泵压头。但直流锅炉的所有受热面内工质均为强迫流动，且管径较小，流速较高，因此要额外消耗较多的水泵功率。一般的汽包锅炉，总的汽水阻力为1～2MPa，直流锅炉则达3～5MPa。

6. 自动控制系统要求高

由于直流锅炉无汽包及水冷壁管径较小，因此直流锅炉金属蓄热能力较低。当负荷变化时，直流锅炉依靠自身炉水和金属蓄热或放热来减缓汽压波动的能力较低。当负荷发生变化时，直流锅炉必须同时调节给水量和燃料量，以保证物质平衡和能量平衡，才能稳定汽压和汽温。所以直流锅炉对燃料量和给水量的自动控制系统要求高。

7. 水冷壁的安全工作存在若干不利条件

在自然循环锅炉中，水冷壁出口是汽水混合物，且其平均干度很少超过25%，所以发生膜态沸腾和管内积垢的可能性较小；而在直流锅炉中，水冷壁出口往往是接近饱和甚至是微过热蒸汽，故管内发生膜态沸腾和管内积垢的可能性较大。另外，按照自然循环的原理，在吸热量较多的管子中，蒸汽量也较多，通常循环推动力和循环流量就较大，也就能更好地冷却管壁金属。这种自然循环的流动特性对安全无疑是很有利的。但是，在直流锅炉的水冷壁内，工质流动的推力主要来自给水泵，当管内质量流速较高时，如果并列管组中某根管子的吸热量较多，则管内工质的平均比体积和流动阻力就较大，管内工质流量反而减小。这种强迫流动的特性，对水冷壁的安全是很不利的，因此，在设计和运行中应给予充分注意。

第四节 现代超临界与超超临界锅炉

在超临界和超超临界机组的发展过程中，两者是同时研究和交叉发展的，1957 年，美国投运的第一台 125MW 高参数机组就是超超临界机组，其蒸汽参数为 31MPa/621℃/566℃/538℃。

我国超临界和超超临界发电技术比发达国家起步晚了 10 年，但通过立足自主开发，目前主蒸汽温度为 600℃的超超临界发电技术水平和投运的机组都占据世界首位。表 1-4 为我国超临界和超超临界锅炉的基本参数。

表 1-4　　我国超临界和超超临界锅炉的基本参数

参　数	600MW 超临界锅炉			1000MW 超超临界锅炉		
机组功率（MW）	600	600	600	1000	1000	1000
过热蒸汽流量 BMCR（t/h）	1900	1900	1795	2952	3091	3033
过热蒸汽压力（MPa）	25.4	25.4	26.15	27.46	27.46	26.25
过热蒸汽温度（℃）	543	571	605	605	605	605
再热蒸汽流量（t/h）	1640.3	1607.6	1464	2446	2581	2469.7
再热器进口压力（MPa）	4.61	4.71	4.84	6.14	6.06	5.1
再热器出口压力（MPa）	4.42	4.52	4.64	5.94	5.86	4.9
再热器进口温度（℃）	297	322	350	377	374	354.2
再热器出口温度（℃）	569	569	603	603	603	603
给水温度（℃）	283	284	293	298	298	302.4
燃烧方式	对冲燃烧	对冲燃烧	四角燃烧	双切圆燃烧	双切圆燃烧	对冲燃烧
水冷壁形式	螺旋管圈 垂直管屏	螺旋管圈 垂直管屏	垂直管屏	垂直管屏	螺旋管圈 垂直管屏	螺旋管圈 垂直管屏
水冷壁管	内螺纹管	内螺纹管	内螺纹管	内螺纹管	光管	内螺纹管
锅炉制造厂	北京巴威厂	东方锅炉厂	哈尔滨锅炉厂	哈尔滨锅炉厂	上海锅炉厂	东方锅炉厂
电厂	浙江兰溪	河南沁北	广东河源	浙江玉环	浙江宁海	山东邹县

一、锅炉炉型

超临界与超超临界锅炉的整体布置形式主要有Ⅱ型和塔式两种，也有 T 型布置形式，如图 1-6 所示。

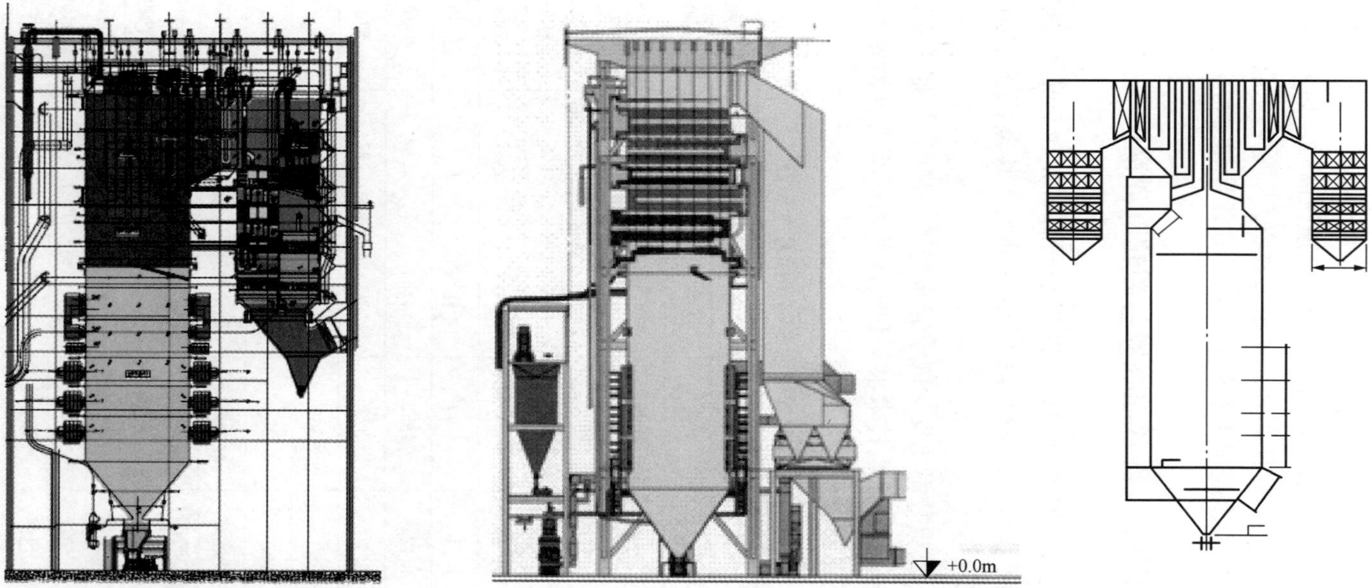

图 1-6 超临界及超超临界锅炉炉型
（a）Π型布置；（b）塔式布置；（c）T型布置

我国引进的苏联超临界锅炉（伊敏、盘山电厂500MW，绥中电厂800MW等）采用T型布置，上海石洞口二厂、福建后石电厂引进的600MW超临界锅炉采用Ⅱ型布置，上海外高桥发电厂引进法国ALSTOM公司900MW超临界锅炉采用的是塔式布置。锅炉采用何种炉型往往取决于锅炉厂家的传统技术。美国800～1300MW超临界UP型、CE型、FW型锅炉采用Ⅱ型布置；ALSTOM公司生产的超临界锅炉采用塔式布置；SIEMENS公司超临界锅炉既有Ⅱ型布置，也有塔式布置；日本超超临界锅炉主要是Ⅱ型布置。

国产600MW超临界、超超临界锅炉全部采用Ⅱ型布置，哈尔滨锅炉厂、东方锅炉厂的1000MW超超临界锅炉采用Ⅱ型布置，上海锅炉厂1000MW超超临界锅炉采用Ⅱ型布置和塔式布置两种。

1. Ⅱ型锅炉

Ⅱ型锅炉适用于切向燃烧方式和旋流对冲燃烧方式。

主要优点：锅炉高度低，安装起吊方便；水平烟道的受热面可采用简单的悬吊方式支吊；受热面易于布置成逆流传热方式；尾部烟气向下流动，有利于吹灰。

主要缺点：占地面积较大；烟道转弯造成烟气速度场和飞灰浓度场不均匀，影响传热性能，引起局部磨损；折焰角与水平烟道结构复杂；炉顶穿墙管多，密封复杂，易于造成炉顶漏烟。

2. 塔式锅炉

塔式锅炉适用于切向燃烧方式和旋流对冲燃烧方式，有以下技术特点：

（1）将过热器、再热器和省煤器以水平管束方式布置在炉膛上部，形成塔式布置，易于疏水，可减轻停炉后因蒸汽凝结在管内导致的管子内壁腐蚀，并在锅炉启动过程中不会造成水塞。

（2）磨煤机可围绕炉膛四周布置，煤粉管道短，供粉均匀。

（3）炉内受热面磨损轻。烟气向上流动过程中，大颗粒的飞灰受重力作用，灰粒速度低于气流速度约1m/s，600MW锅炉省煤器处的平均烟速一般为9m/s，则灰粒速度为8m/s，磨损量与灰粒速度的3.5次方成正比，磨损量能减少30%。

（4）尾部受热面烟气温度偏差小。

（5）占地面积小。

（6）塔式锅炉由于高度比其他炉型高，安装及检修费用将增高。另外，对灰分较高的煤，上部过热器、再热器大量积灰塌落入炉膛，会引起燃烧不稳定甚至灭火。

3. T型锅炉

T型锅炉适用于切向燃烧方式和旋流对冲燃烧方式。该炉型实际上是将尾部烟道分成尺寸完全一样的两个对称布置在炉膛两侧的对流竖井烟道，以解决Ⅱ型锅炉尾部受热面布置困难的问题。

T型锅炉也可使炉膛出口烟窗高度减小，减小烟气沿烟窗高度方向的热偏差。竖井内烟气流速可降低，减小磨损。但该炉型占地面积比Ⅱ型锅炉大，汽水管道连接系统复杂，金属消耗量大。苏联应用T型锅炉较多，在燃用高灰分烟煤、无烟煤及褐煤等劣质煤锅炉上应用较为适宜。

二、水冷壁

变压运行的超临界锅炉的技术关键是水冷壁，螺旋管圈与内螺纹垂直管是目前水冷壁的主流技术，如图 1-7 所示。

内螺纹垂直管变压运行超临界锅炉系日本三菱重工（MHI）20 世纪 80 年代开发的产品，自 1989 年日本九州电力公司松蒲电厂 700MW 的锅炉投产后，已有 12 台 700～1000MW 的超临界、超超临界锅炉运行。哈尔滨锅炉厂引进日本三菱技术生产的 600MW 和 1000MW 超超临界锅炉均采用内螺纹垂直管，已在华能营口电厂和华能玉环电厂投入运行。

螺旋管圈水冷壁在超临界和超超临界锅炉上应用最为广泛，欧洲全部采用螺旋管圈水冷壁。除三菱公司的内螺纹垂直管外，日本生产的部分锅炉也采用螺旋管圈。我国超临界锅炉均采用螺旋管圈水冷壁，除哈尔滨锅炉厂外，超超临界锅炉其他制造厂均采用螺旋管圈水冷壁。

1. 螺旋管圈水冷壁

德国最早开发了螺旋管圈水冷壁，实现了锅炉的变压运行。螺旋管圈水冷壁四面以一定的角度倾斜上升，由于螺旋管圈承受荷载的能力差，因此一般在其上部热负荷较低区域采用垂直管，就可以采用全悬吊结构，如图 1-8 所示。表 1-5 列出了不同的螺旋管圈水冷壁结构和工作参数。

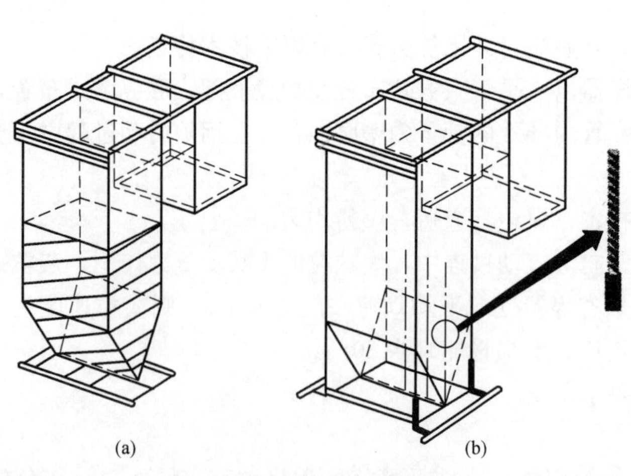

图 1-7　变压运行水冷壁类型
(a) 螺旋管圈；(b) 内螺纹垂直管

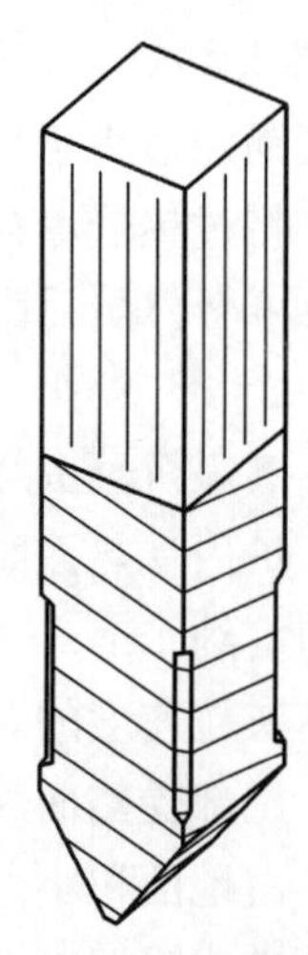

图 1-8　下部螺旋管圈及上部垂直管的水冷壁

表 1-5　螺旋管圈水冷壁结构和工作参数

锅炉制造厂	管径×壁厚 (mm×mm)	节距 (mm)	螺旋管数 (根)	螺旋倾角 (°)	盘旋圈数	质量流速 [kg/(m²·s)]	材料	管型
北京巴威厂	φ35×7	50	598	23.58	1	2412/723.6	15CrMo G	内螺纹、光管
三井巴布科克有限公司	φ38×6.35	51.1	492		1	2150	SA213-T12	内螺纹、光管
上海锅炉厂	φ38.1×6.35	54	326	13.95	1.61	3085/1047	SA213-T12	光管

螺旋管圈水冷壁具有以下优点：

(1) 管径和管数选择灵活，不受炉膛周界尺寸的限制，解决了周界尺寸与质量流速的矛盾。只要改变螺旋管的升角，就可改变工质的质量流速，以适应不同容量机组和煤种的需要。圈数太少会丧失螺旋管圈减少吸热量偏差方面的优点，而太多会增加水的流通阻力，一般推荐圈数为 1.5～2.5 圈。

(2) 可采用较粗的管子（ϕ38 以上），因而对由管子制造公差所引起的水动力偏差敏感性较小，运行中不易堵塞。

(3) 可采用光管，不必用制造工艺较复杂的内螺纹垂直管，从而可实现锅炉的变压运行和带中间负荷的要求。

(4) 部分锅炉在高热流密度区采用了内螺纹垂直管，可以降低水冷壁安全运行所需的最低质量流速。从压降损失来看，由于内螺纹垂直管增加的阻力被降低质量流速所抵消，水冷壁的压降损失仍然维持在 1.83MPa 左右。从防止传热恶化方面来看，采用内螺纹垂直管可以避免锅炉在亚临界压力运行下的膜态沸腾，推迟或避免超临界压力下类膜态沸腾的发生。

(5) 不需在水冷壁入口处和水冷壁下联箱进水管上装设节流孔圈以调节流量。

(6) 水冷壁管间的吸热偏差小。由于同一管以相同方式从下到上绕过炉膛的角隅部分和中间部分，吸热均匀，因此管间热偏差小。对于燃烧偏斜或局部结焦而造成的热负荷不均，螺旋管圈水冷壁具有很强的抗平衡能力。在炉膛上部虽然用了垂直管屏，但热负荷已明显降低，较低的质量流速已足以使管壁得到冷却。螺旋管圈与垂直管屏的交界处，设有如图 1-9 所示的中间混合联箱，以控制垂直管屏的壁温在许可范围内。

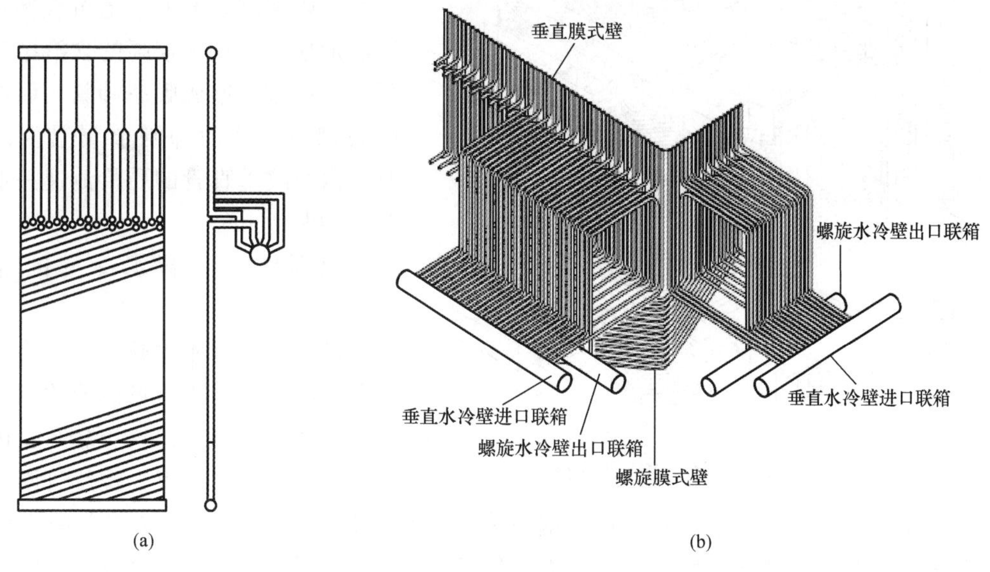

图 1-9　中间混合联箱的连接结构

(a) 一次中间混合联箱；(b) 全混合联箱

(7) 有良好的负荷适应性。即使在 30％的负荷下，质量流速仍高于膜态沸腾的界限流速，能保持一定的壁温裕度。

螺旋管圈水冷壁的缺点如下：

(1) 水冷壁阻力较大，与垂直管水冷壁相比，给水泵功耗需增加2%～3%。

(2) 现场安装复杂，焊口是垂直管屏水冷壁的2.5倍。

(3) 在亚临界区，与内螺纹垂直管相比，在相同或即使稍高的质量流速下，光管工质侧的传热能力较差。

(4) 水冷壁系统结构复杂。因螺旋管圈与垂直管屏的交界处需装设中间混合联箱，管子要穿出和穿进炉墙，炉墙密封性变差。燃烧器喷口的水冷壁管形状复杂，经过每个喷口水冷壁的管子根数为同容量垂直管屏的10倍。冷灰斗部分引出的管子与螺旋管圈之间需倾角较大的过渡段，两者之间需单弯头过渡；在上部螺旋管圈与垂直管屏的过渡段也需采用过渡弯头，其弯曲半径小，需采用锻造体或精密铸件，再进行机械加工。

(5) 水冷壁支承和刚性梁结构复杂。由于水平管子承受轴向荷载能力差，必须采用“张力板式结构”，刚性梁必须采用框架式网络结构（见图1-10），因此增加了安装工作量。

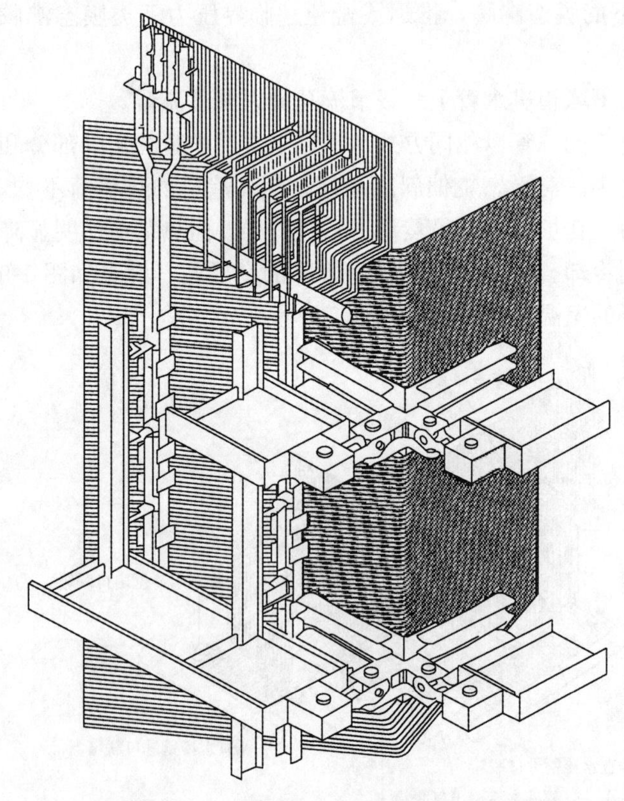

图1-10　螺旋管圈水冷壁刚性梁结构

(6) 负荷波动时，水冷壁与吊件之间存在温度偏差。

(7) 水冷壁挂渣比垂直管严重。

2. 内螺纹垂直管水冷壁

超临界锅炉水冷壁采用一次上升垂直内螺纹管形式是日本三菱公司和美国CE公司合作研究的一种炉型。内螺纹垂直管具有良好的传热和流动特性，内螺纹表面的槽道可破坏蒸汽膜的形成，故直到较高的含汽率（高干度）也难以形成膜态沸腾，而维持核态沸腾，从而抑制金属温度的升高，内螺纹垂直管的质量流速一般约为1500kg/(m^2·s)。

内螺纹垂直管水冷壁的优点如下：

(1) 水冷壁阻力较小，可降低给水泵耗电量。由于质量流速比螺旋管圈水冷壁低，管子总长也较短，因此其水冷壁的总阻力仅为螺旋管圈的一半左右。对600MW变压运行的超临界锅炉来说，采用螺旋管圈时，水冷壁总阻力约为2.0MPa；但采用内螺纹垂直管时，总阻力（包括节流孔圈阻力）约为1.2MPa，给水泵功耗可减少2%～3%。

(2) 与光管相比，内螺纹垂直管的传热特性较好。

(3) 安装焊缝少。对于同样容量的超临界机组，内螺纹垂直管水冷壁的安装焊口总数仅为螺旋管圈的40%左右。

（4）水冷壁可自身支吊，且支承结构和刚性梁结构简单，热应力小，可采用传统的支吊形式。

（5）维护和检修较容易，检查和更换管子较方便。

（6）比螺旋管圈结渣轻。

内螺纹垂直管水冷壁的缺点如下：

（1）内螺纹加工成本较高，相对于光管，一般高出10%～15%。

（2）内螺纹垂直管需装设节流孔圈，增加了水冷壁和下联箱结构的复杂性。节流圈的加工精度高，调节较为复杂。

（3）机组容量会受垂直管屏管径的限制。对容量较小的机组，其炉膛周界相对较大，无法保证必要的质量流速。一般认为，锅炉的最小容量为500～600MW。

（4）沿炉膛周界和各面墙的水冷壁出口温度偏差比螺旋管圈大，即使加装二级节流管圈也要高出10～20℃。

三、燃烧技术

现代超临界锅炉对燃烧技术提出了更高的要求，燃烧设备既能满足低负荷下不投油稳定燃烧（当燃用烟煤，30%BMCR负荷）的要求，又要求降低NO_x的生成量，同时还要求降低燃烧器区域水冷壁的局部热强度。

根据燃烧器结构及布置不同，超临界锅炉主要有切向燃烧方式、墙式燃烧方式和W火焰（也称拱式燃烧）方式三种。墙式燃烧可分为前墙燃烧和对冲燃烧两种方式，切向燃烧有四角、六角、八角和墙式等，如图1-11～图1-13所示。

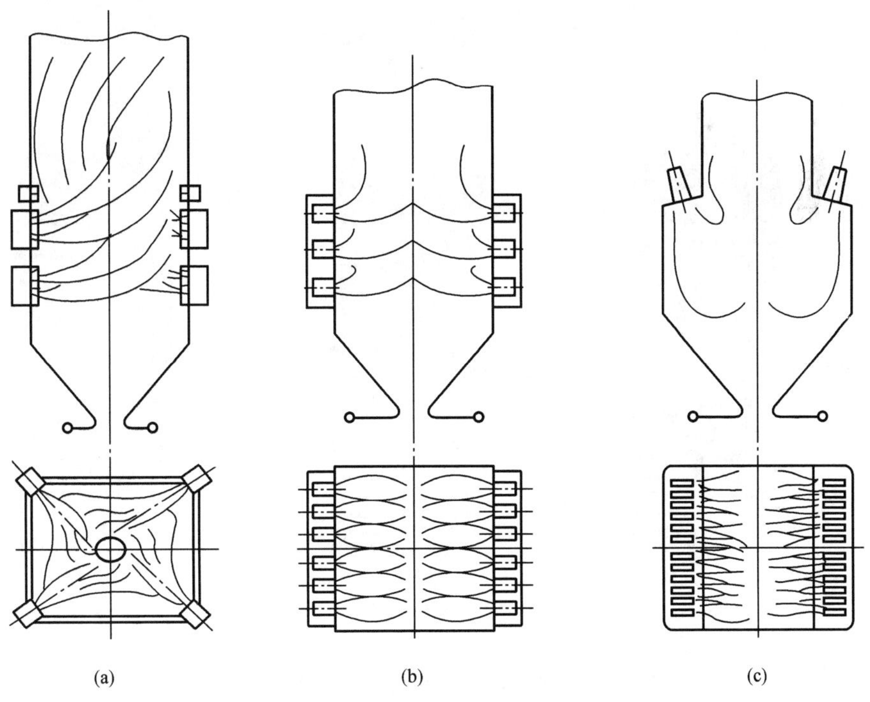

图1-11　三种常用煤粉燃烧方式

（a）切向燃烧；（b）墙式燃烧；（c）拱式燃烧

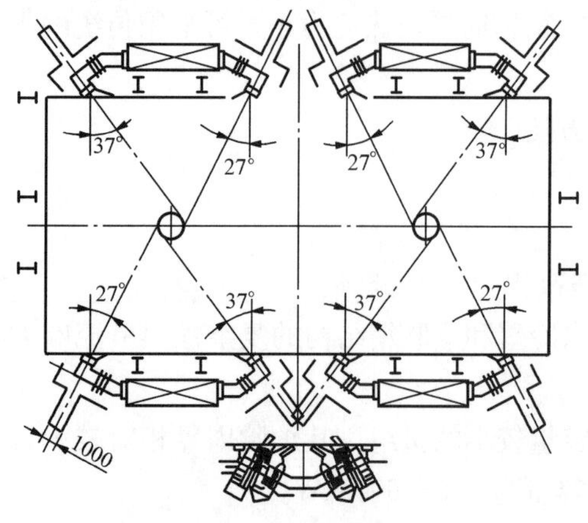

图 1-12　双切圆燃烧方式示意

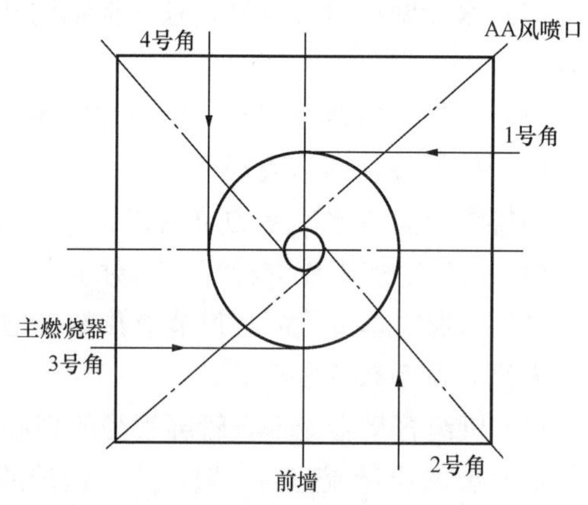

图 1-13　墙式切圆燃烧方式示意

燃烧配风一般采用多级布风方式（燃烧器本身三级、燃烧器上部两级配风），火焰燃烧经过过量空气系数小于 1 的着火区和氧化氮还原区，最后才经过过量空气系数大于 1 的燃尽区实现完全燃烧，以实现在火焰内脱氮和炉内脱氮。

典型的切向燃烧方式的燃烧器布置如图 1-14 所示，通常会采用燃尽风（OFA）和成群煤粉喷嘴来控制 NO_x 的排放值，紧凑燃尽风和分离燃尽风可单独或联合运用，组成了低氮燃烧系统。图 1-15 是几种典型的低 NO_x 燃烧器喷嘴结构。图 1-16 是布置在炉膛上部分离燃尽风（SOFA）风室及喷嘴组件。

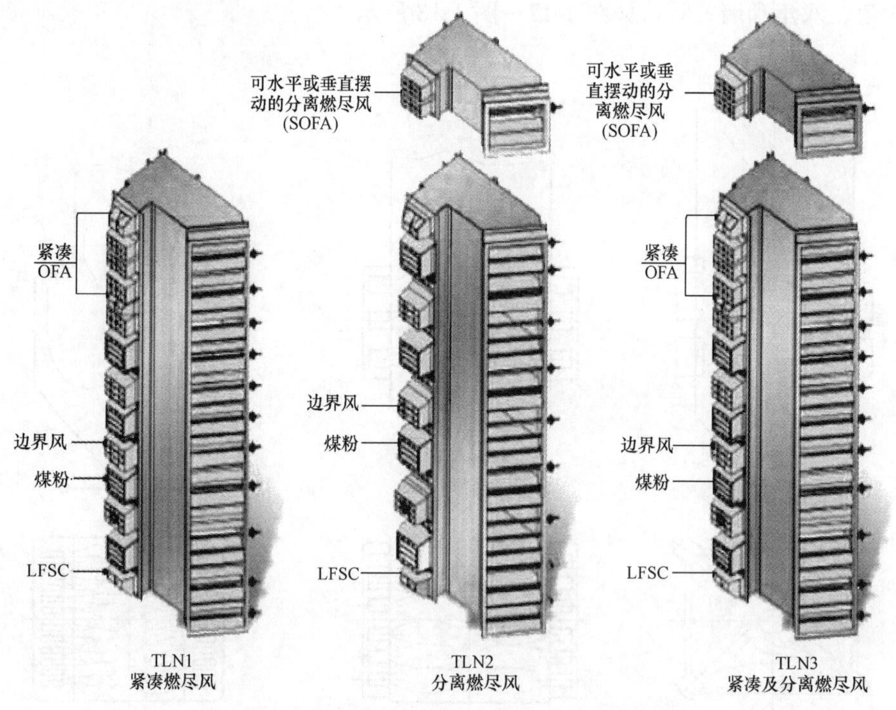

图 1-14　三种切向燃烧方式的燃烧器布置示意

TLN—切向燃烧低 NO_x（Tangential LOW NO_x）；LFSC—下部过量空气系数控制 (lower furnace stoichiometry control)

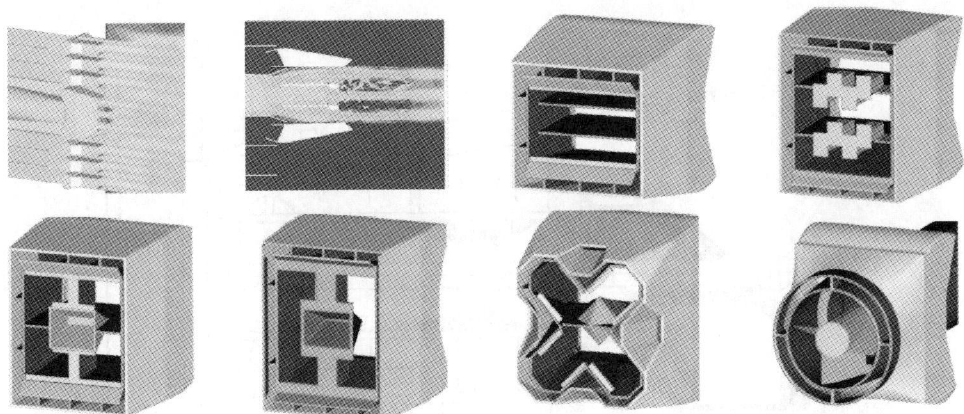

图 1-15　几种低 NO_x 燃烧器喷嘴结构（Alstom-Power，2013）

与切向燃烧方式相比，旋流燃烧器前后墙对冲布置的墙式燃烧方式的主要优点是，上部炉膛宽度方向的烟气温度和速度分布比较均匀，过热蒸汽温度偏差较小，并可降低整个过热器和再热器的金属最高点温度。旋流燃烧器结构如图 1-17 所示。旋流燃烧器的布置方式如图 1-18 所示。

图 1-16　分离燃尽风(SOFA)风室及喷嘴组件（Alstom-Power，2013）

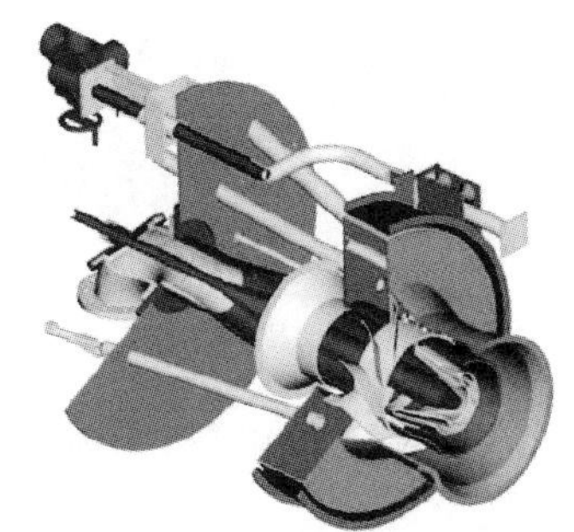

图 1-17　旋流燃烧器

图 1-19 是一种控制 NO_x 生成的双调风旋流燃烧器结构，该双调风旋流燃烧器将二次风分成内二次风和外二次风两股气流，通过调风器和旋流叶片分别控各自的风量和旋流强度，以调节一、二次风的混合，使其在燃烧器出口附近的火焰根部形成缺氧富燃料区，使燃烧推迟，火焰温度降低，NO_x 的生成量减少，在下游形成富氧的燃尽区，保证燃料的完全燃烧。

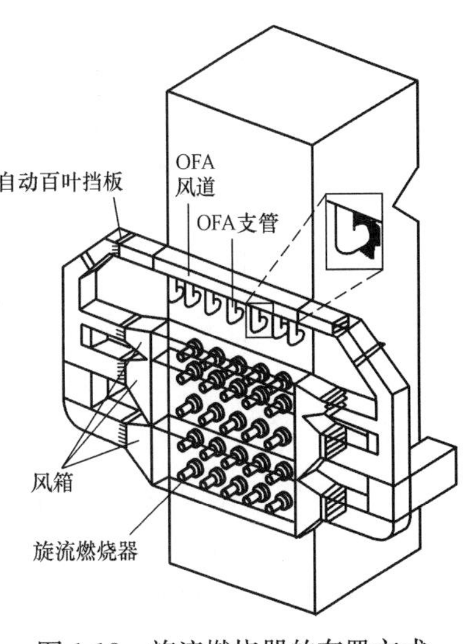

图 1-18　旋流燃烧器的布置方式

W 型火焰锅炉燃烧器布置方式见图 1-20，为提高着火稳定性，减少 NO_x 生成量，W 型火焰锅炉通常将部分二次风分别从前后墙引入，并用垂直下行一、二次风动量比与近似水平对冲的部分二次风和（或）三次风的动量比来调节 W 型火焰的形状。根据燃用煤质

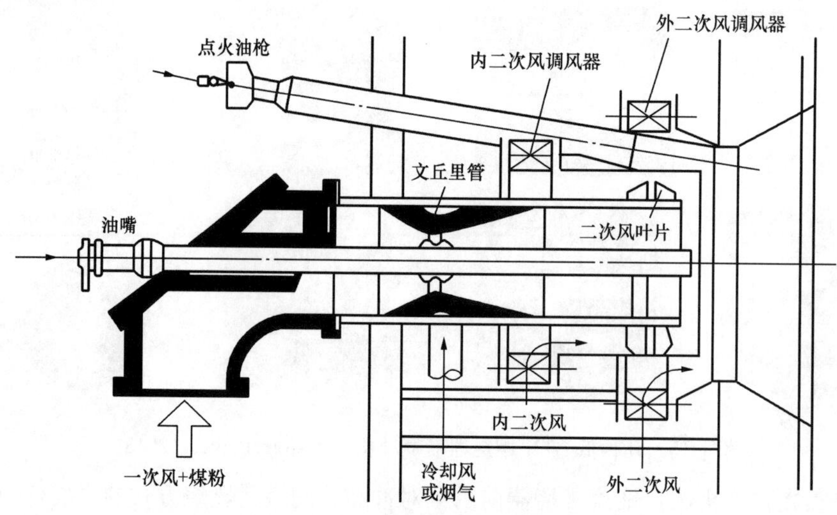

图 1-19　双调风旋流燃烧器结构

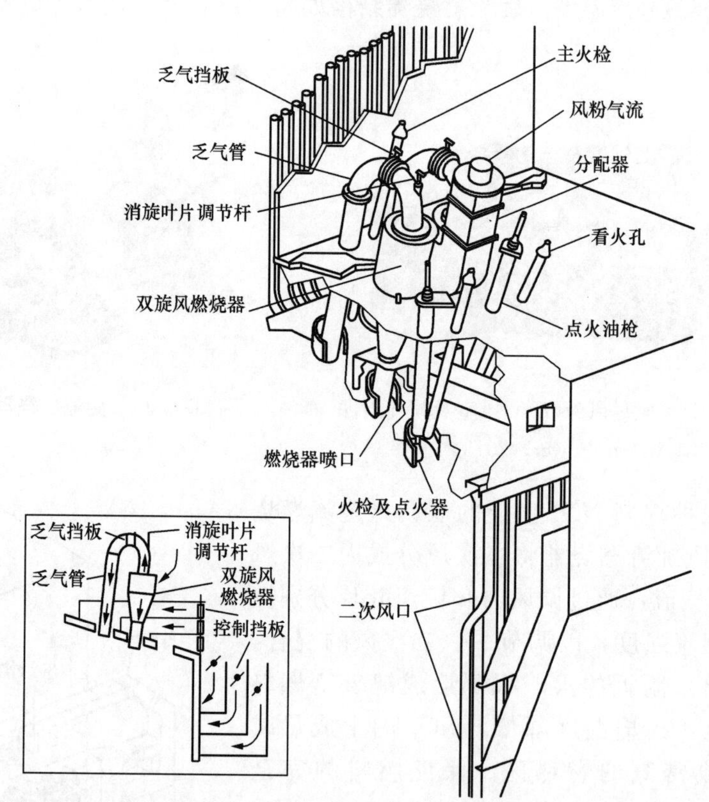

图 1-20　W 型火焰锅炉燃烧器布置方式

的不同，W 型火焰锅炉燃烧室四周敷设适量的卫燃带，用以提高火焰温度和燃尽度。由于下炉膛截面较大，且四周敷设卫燃带，因此煤粉火焰不易冲墙，减少结渣的危险性。W 型火焰锅炉本体造价要增加 15%～25%。

图 1-21 给出了美国福斯特惠勒公司 W 型锅炉燃烧系统。对应于每个燃烧器，拱上斜面

和拱下竖直墙上分别有 3 个二次风门，从上到下分别为 A、B、C、D、E、F。二次风有 65%～70%由拱下送入，D、E、F 的风量呈阶梯状，以 F 的风量为最大。此外，在翼墙、侧墙和冷灰斗交接处设置边界风以防止结渣。

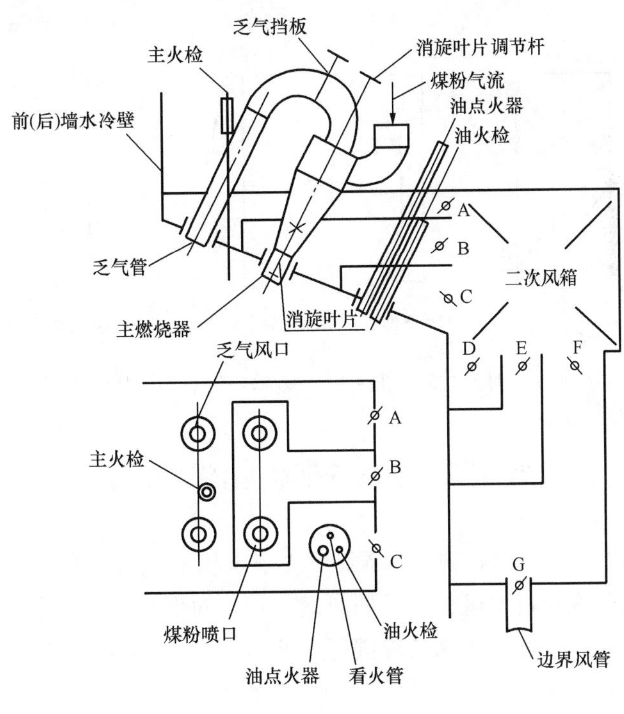

图 1-21　美国福斯特惠勒公司 W 型锅炉燃烧系统

四、消除热偏差技术

1. 采用小功率旋流式燃烧器对冲燃烧方式

我国 600 MW 超临界锅炉采用对冲燃烧方式，运行实践表明，其独特的优点是可以减小烟气侧的热偏差，热偏差为 1.02～1.04 。采用旋流式燃烧器对冲燃烧方式的 600 MW 超临界锅炉，炉膛出口烟气温度偏差通常为 50～80℃。

为了进一步消除超临界锅炉蒸汽侧和烟气侧的热偏差，还采取以下措施：

(1) 采用小容量的旋流式燃烧器，沿炉膛宽度均匀、对称地布置，再通过燃烧调整实现单只燃烧器的风粉均匀分配，使炉膛出口烟气流量和温度偏差都较小。

(2) 过热器和再热器联箱间的连接采用大口径管道左右交叉。

(3) 保持各受热面管排相同的横向节距。

(4) 合理选择各联箱内径，在进口联箱设计节流孔。

2. 对流与辐射互补抵消热偏差的双切圆燃烧方式

采用两个相对独立的反向切圆燃烧方式，将对流热偏差与整体单一火焰辐射系统的辐射热偏差相互补偿或抵消，使热偏差尽可能减小，如图 1-22 所示。

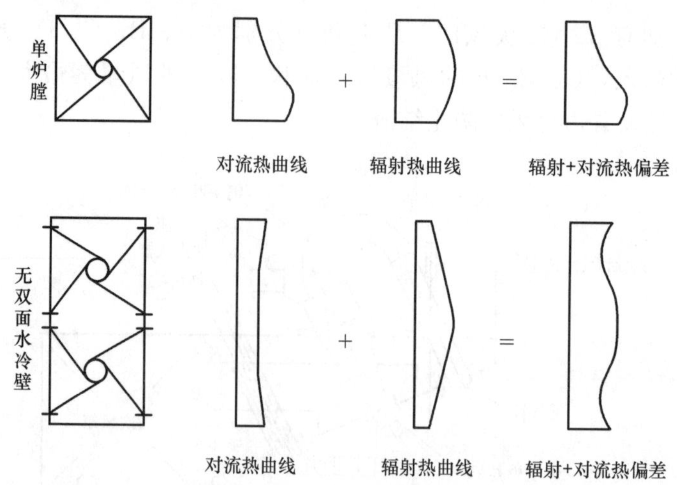

图 1-22　对流与辐射互补抵消热偏差的双切圆燃烧方式

第五节　垂直管低质量流速技术

德国西门子公司发电部（Siemens KWU）在德国埃尔兰根（Erlangen）的本生锅炉试验台，对垂直管低质量流速技术进行了各项研发工作，对低质量流速下内螺纹管的传热和阻力特性进行了系统研究，对各种内螺纹管进行了 6 万多次壁温测量和 3600 多次流动阻力试验。这些测量数据形成了内螺纹管传热流动阻力特性数据库，图 1-23 所示为用于低质量流速的优化内螺纹管结构。1993 年，德国西门子公司发电部还在德国不来梅附近的法格(Farge) 电厂一台 320MW 的超临界锅炉上安装了试验管，进行了 1 万 h 的流量特性试验。在此基础上提出了低质量流速垂直管锅炉的设计。

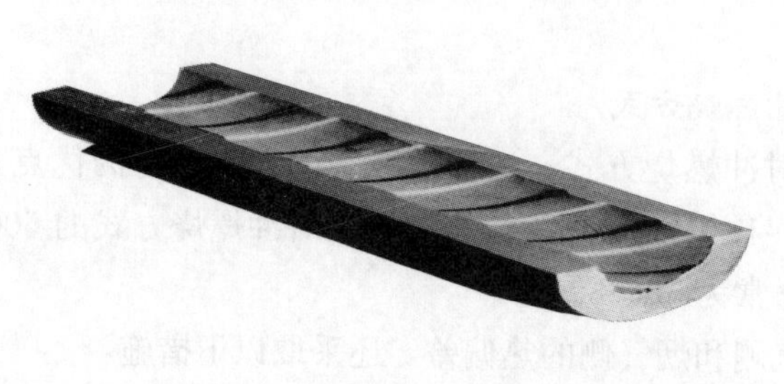

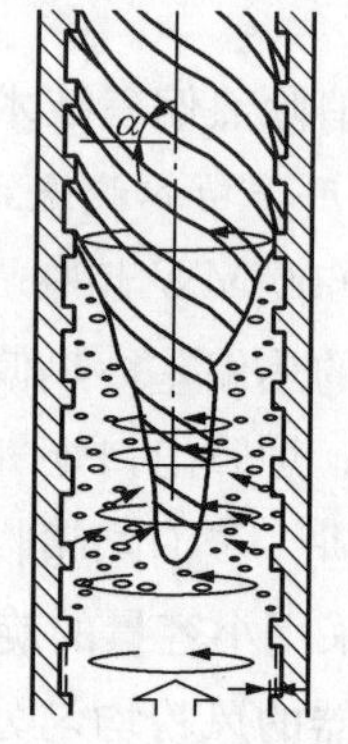

图 1-23　用于低质量流速的优化内螺纹管结构

和标准的商业用内螺纹管相比，试验证明优化内螺纹管显著地改善了传热特性，可降低管壁温度或降低允许质量流速，如图 1-24 所示。

优化内螺纹管的螺纹型线是特别设计的，工质流动有方向性要求，出厂的每根管子两端都有 V 形钢印，表明管内的工质流向，以防止在水冷壁制造和现场安装时安装错误。

采用优化内螺纹管垂直管屏，使得超临界锅炉的设计可采用低质量流速，并具有以下

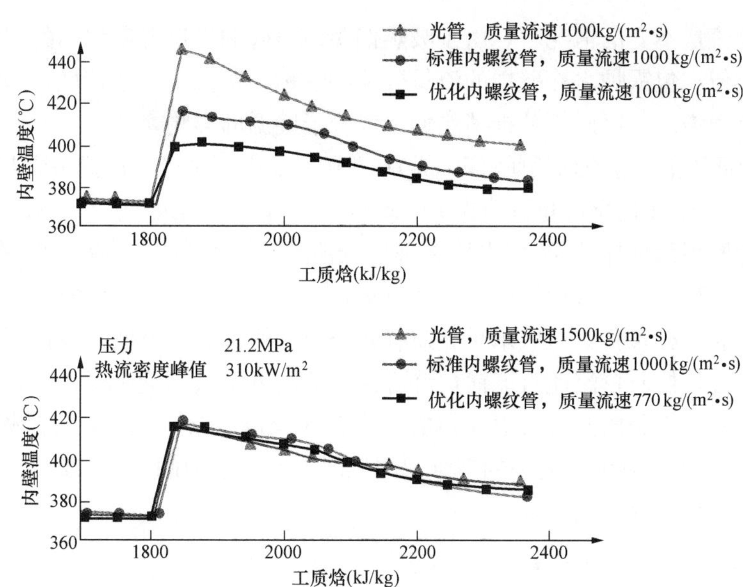

图 1-24　优化内螺纹管降低管壁温度或可降低允许质量流速

优点：

（1）具有类似于汽包锅炉的自然循环的流动特性，即热流密度越高，质量流速越大，在吸热较多的管子中，工质流量会自动增加。西门子公司在 600MW 超临界锅炉上的研究表明，质量流速低于 1200kg/(m^2·s)时，流量分配转换为自然循环特性。

（2）减少了蒸发受热面的阻力损失。图 1-25 所示为高质量流速和低质量流速时流动阻力的比较，显然，低质量流速时产生的阻力较小，约为 0.27MPa。

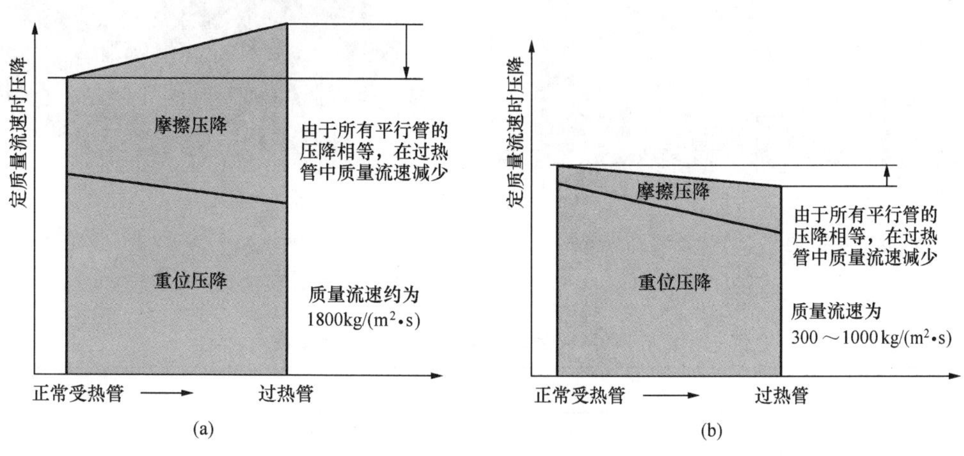

图 1-25　高质量流速和低质量流速时流动阻力的比较

(a) 质量流速约为 1800kg/(m^2·s)；(b) 质量流速为 300～1000kg/(m^2·s)

在低质量流速下，内螺纹管垂直管屏水冷壁的摩擦压降在总压降中所占比例变得很小，而重位压降所占比例很大，由重位压降决定流量分配。这一特性正像自然循环水冷壁一样，吸热偏差引起的流量分配取决于静压降。受热偏高的管子工质密度减小，重位压头也减小，受热偏高的管子与受热偏低的管子之间形成自然循环，受热偏高的管子就会流过较高的流量。因此，在总流量不变的情况下，由于吸热偏多而引起的出口温度偏高的现象大部分会得到补偿。这种类似汽包锅炉水冷壁中的流量分配特性称为正流量补偿特性，即吸热较多的管子中工质流量自动增加，以此部分抵消热偏差对管子壁温的影响。

世界上首台低质量流速直流锅炉(亚临界)在我国姚孟电厂 1 号 UP 型锅炉上改造成功。该台 300MW 锅炉改造后水冷壁质量流速为 700kg/(m^2 · s)，双面水冷壁为 760kg/(m^2 · s)。

世界上首台燃用无烟煤的 W 型火焰并采用低质量流速垂直管水冷壁的 600MW 超临界锅炉（蒸汽参数：1900t/h、25.4MPa、571/569℃），于 2009 年 7 月在湖南金竹山电厂投入运行，该锅炉由北京巴布科克 · 威尔科克斯有限公司（简称北京巴威）设计制造。

利用西门子公司低质量流速直流锅炉许可证，美国 FW 公司设计了 770MW 的超超临界煤粉锅炉，安装在位于美国西弗吉尼亚州的朗维尤（Longview）电厂，设计燃用当地烟煤，该台锅炉结构如图 1-26 所示，锅炉的三维视图见图 1-27。锅炉的设计参数见表 1-6，图 1-28 所示为该锅炉的汽水流程。

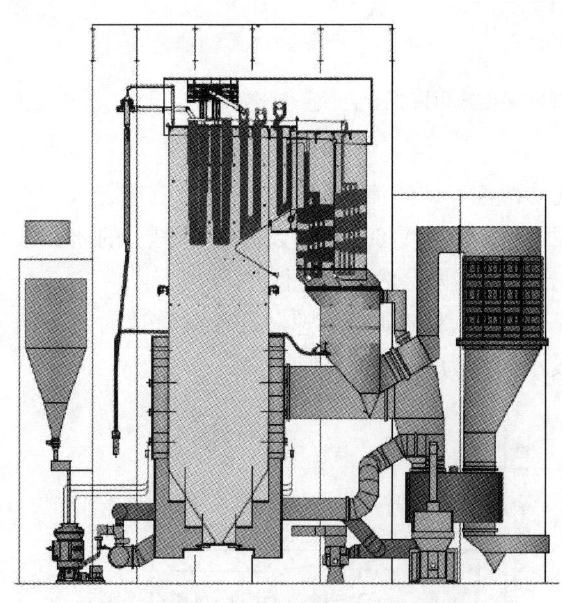

图 1-26　低质量流速 770MW 超超临界煤粉锅炉（Stephen J. Goidich，2006）

图 1-27　朗维尤 770MW 超超临界煤粉锅炉三维视图（Stephen J. Goidich，2006）

表 1-6　　朗维尤 770MW 超超临界煤粉锅炉设计参数

序号	名　称	单位	数值	序号	名　称	单位	数值
1	锅炉蒸发量	t/h	2217	8	炉膛宽度	m	22.9
2	过热蒸汽压力	MPa	25.7	9	炉膛深度	m	15.9
3	过热蒸汽温度	℃	569	10	炉膛高度	m	59.5
4	再热蒸汽流量	t/h	1825	11	机组净功率	MW	695
5	再热蒸汽压力	MPa	5.3	12	机组供电效率	%	41.5
6	再热蒸汽温度	℃	567	13	机组净热耗	kJ/kWh	8681
7	给水温度	℃	298				

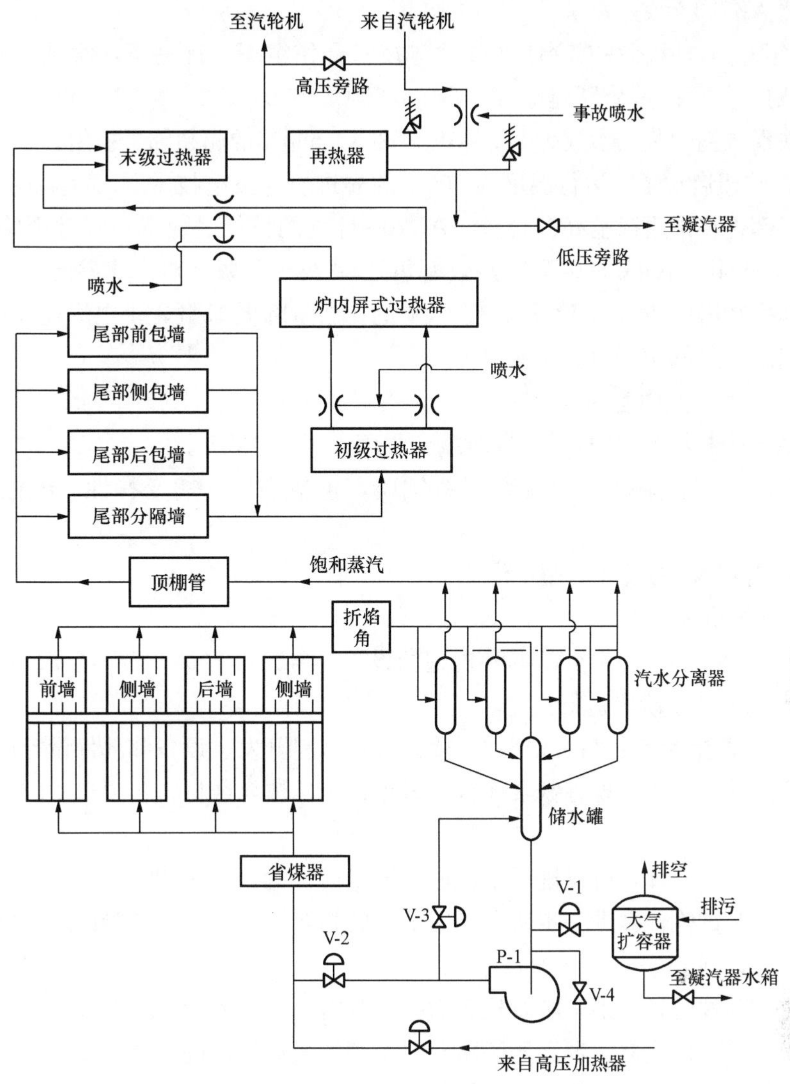

图 1-28 朗维尤 770MW 超超临界煤粉锅炉汽水流程（Stephen J. Goidich，2006）

第六节 先进超超临界发电技术研究

为了发展高效率的超超临界机组，日本、美国及欧洲已经公布了下一代高效超超临界机组发展计划。主蒸汽温度将提高到 700℃，再热蒸汽温度达 720℃，相应的主蒸汽压力将从目前的 30MPa 左右提高的 35～40MPa。根据英国贸工部对超临界蒸汽发电的预测，近期超临界机组蒸汽温度将达到 620℃。到 2020 年，蒸汽温度将达到 650～700℃，循环效率可达到 50%～55%。

从材料的实际验证结果来看，国际上目前成熟的材料已经可以用于建造 620℃的机组，而日本最新的报道称已经可以提供 650℃机组所需的关键部件材料。

一、欧洲 AD700 计划

从 1983 年开始，欧洲在 COST（科学与技术合作组织）计划下，实施了 COST501 和 COST522 计划，其目标是分别建立 29.4MPa/600℃/600℃、29.4MPa/600℃/620℃的机组和开发应用铁素体钢的蒸汽参数为 29.4MPa/620℃/650℃的超超临界机组。

1998 年，欧盟启动了“运行温度为 700℃的先进燃煤发电技术”（简称 AD700）研究计划，其中关键部件将采用镍基高温合金。AD700 计划的目标是使下一代超超临界机组的蒸汽参数达到 37.5MPa/700℃/700℃，热效率可达 52%～55%（对海水冷却方式可达 55%，对内陆地区和冷却塔方式可达 52%），使 CO_2 的排放量降低 15%，供电煤耗在现有 600℃超超临界机组基础上降低 40～50g/kWh。

AD700 计划的重点内容为：

(1) Ni 基合金材料的研究，700℃时蠕变强度大于 100MPa。

(2) 在 700～750℃条件下进行新材料试验，包括强度、蠕变特性、脆性、抗氧化性能等。

(3) 锅炉和汽轮机的设计、循环优化。

(4) 经济性分析和评价。

(5) 进行 400MW 和 1000MW 两种机型的设计，参数为 700℃/720℃/720℃。

AD700 计划分四个阶段进行：

第一阶段：概念设计，材料选择和试验。包括材料开发、设备和部件设计研究；镍基超级合金在锅炉的使用，代替现有铁素体合金材料；奥氏体合金材料在项目中的应用、试验及认证。

第二阶段：基础设计，材料进一步试验。第二阶段为 2002～2005 年，主要工作有：①关键部件的设计和试验；②进一步研究采用更少的超合金材料；③试验设施的概念设计；④示范电厂的商务计划。

第三阶段：部件验证。第三阶段从 2006 年启动，该阶段工作的目标是建造一个试验装置，计划对水冷壁、过热器、带高压旁路和安全阀的蒸汽管道进行至少 2 万 h 以上的全尺寸试验，并由 SIEMENS 和 ALSTOM 两家汽轮机制造商分别制造一台高压汽轮机。表 1-7 是德国寿尔芬（Scholven）电厂使用的部件验证材料。

表 1-7　德国寿尔芬（Scholven）电厂使用的部件验证材料

部件名称	材料类别	材料牌号
水冷壁	钢	T23、HCM12
	镍基合金	617
过热器	奥氏体钢	HR3C、SANICRO25、DMV310N
	镍基合金	617、740
厚壁部件	镍基合金	617
阀门	镍基合金	625

在德国寿尔芬（Scholven）电厂开展的膜式水冷壁及过热器的部件挂炉试验工质流程如图 1-29 所示。Scholven 电厂试验机组的净功率为 676MW，试验锅炉的蒸汽参数为 2250t/

h、22/4.4MPa、540℃/540℃，锅炉的结构及试验部件位置如图 1-30 所示。

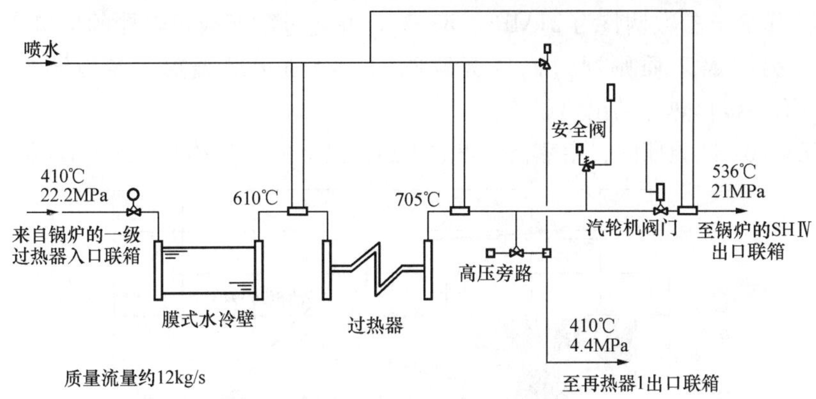

图 1-29　部件挂炉试验工质流程

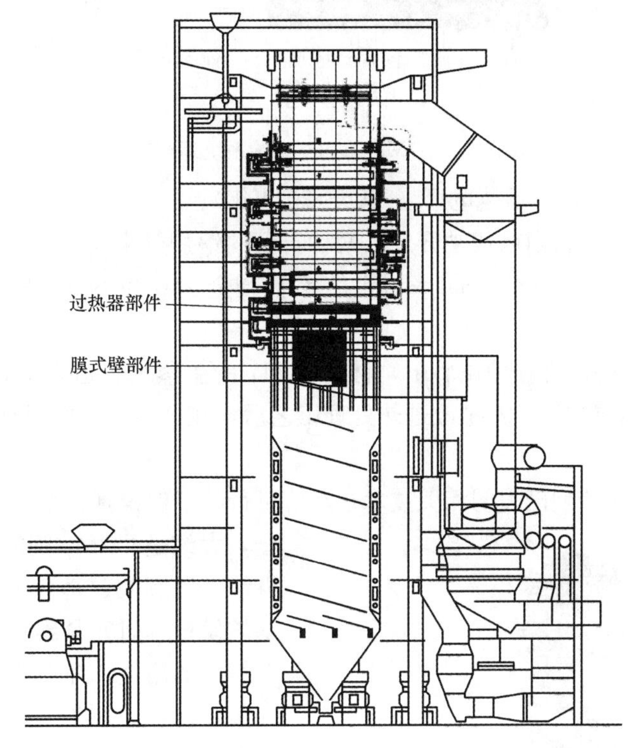

图 1-30　德国寿尔芬（Scholven）电厂锅炉结构及试验部件位置

在寿尔芬电厂试验机组上的试验系统（COMTES 700）的工质流量为 12kg/s，工质压力为 22MPa，蒸汽试验温度为 705℃，是迄今为止规模最大的高温材料验证试验平台。在试验过程中验证了包括蒸发受热面、过热器、汽轮机阀门、联箱、大口径管道、高压旁路、安全阀等在内的若干高温部件。COMTES 700 于 2005 年开始运行，2009 年拆除，运行时间超过 2 万 h。

COMTES 700 试验系统从第一级过热器的进口联箱抽取工质，工质参数为：22.2MPa、410℃。之后工质进入蒸发受热面，在受热面内加热后，工质温度提高到 610℃。然后，工质进入过热器，加热后达到目标温度705℃。之后，工质分为两路，一路通过汽轮机试验阀门，经减温降压后，参数调整为21MPa、536℃，并通过第四级过热器的出口联箱回到锅炉主蒸汽系统；另一路工质则通过高压旁路阀门，经喷水减温后，参数调整为4.4MPa、410℃，送回第一级再热器的出口联箱。

COMTES 700 试验期间，主蒸汽温度在680℃以上的时间约有12850h，见图1-31。

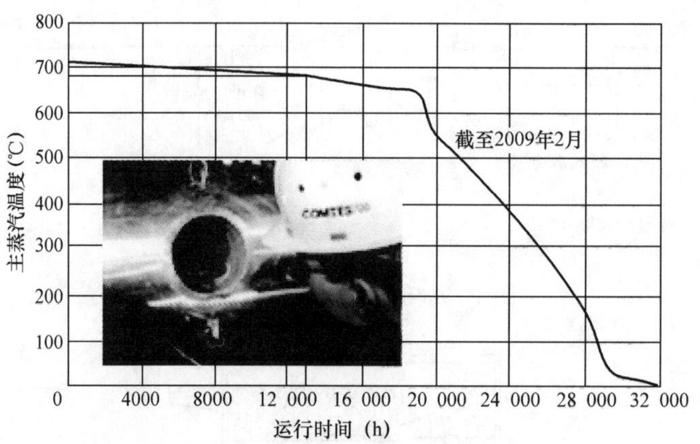

图1-31　COMTES 700试验系统运行时间

第四阶段：建设全尺寸示范电厂（2009～2014年）。

根据AD700计划，目前已成功开发了两种新型的锅炉管束材料，相关的认证工作正在进行中。这两种材料分别是Special Metal的镍基合金740和Sandvik的奥氏体钢SANI-CRO25 。

由于在第三阶段的部件挂炉试验中，材质为617的主蒸汽管道焊接处出现较大的裂纹，为此后续研究计划相应推迟，并拟改进热处理工艺后，在今后几年内同时分别在意大利和德国进行部件挂炉试验。

进行中的AD700计划已表明相关技术是经济可行的，但镍基合金比奥氏体不锈钢贵10倍，大约是Cr-Mo钢的100倍，因此需要继续开展有关镍基合金的研究工作，改进锅炉设计，研究紧凑化设计以节省镍基合金材料的用量，缩短锅炉出口到汽轮机的距离，以减少材料用量和降低制造成本，从而降低锅炉造价。

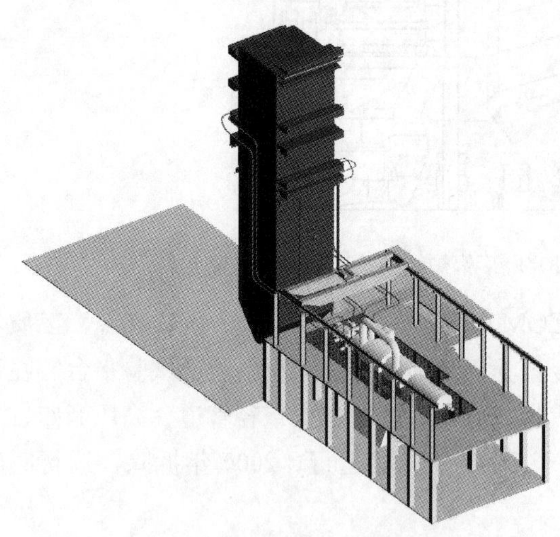

图1-32　拟建在德国威廉港（Wilhelmshafen）的AD700示范电厂紧凑式布置方案

图1-32所示为拟建在德国威廉港（Wilhelmshafen）的AD700示范电厂紧凑式布置方案。

AD700计划的战略意义是使欧洲火电厂的技术始终处于世界领先水平，如果该技术能够在火电厂应用，将使现有火电机组排放的有害气体（包括CO_2）减少40%。

图 1-33 所示为西门子（SIEMENS）公司提出的另外一种紧凑化设计方案，该方案中锅炉采用卧式布置。

卧式锅炉的基本结构见图 1-34，炉膛水平布置，炉膛四周采用内螺纹垂直管水冷壁，垂直烟道内沿烟气流向布置对流受热面，前墙布置有旋流燃烧器。卧式设计使得锅炉高度较低，与常规Ⅱ型锅炉、塔式锅炉相比，明显减少了锅炉钢架、锅炉与汽轮机的连接管道的重量以及安装费用等。

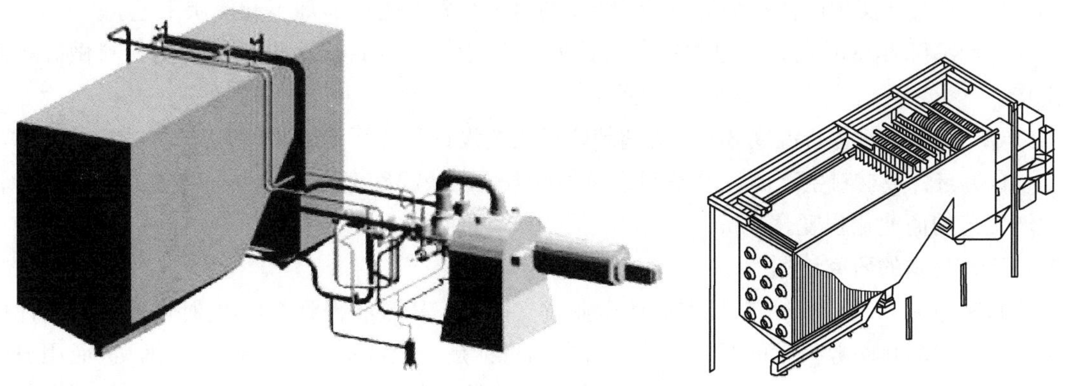

图 1-33　西门子（SIEMENS）公司提出的紧凑化设计方案　　图 1-34　卧式锅炉的基本结构

图 1-35 所示为卧式锅炉机组与其他炉型的造价比较。对一台 550MW 级机组，塔式锅炉高度超过 90m，Ⅱ型锅炉高度超过 60m，而这种卧式锅炉高度仅 30m。目前典型的汽轮机基础高度是 12～16m，如采用卧式锅炉，有可能将汽轮机平台标高提升至锅炉主蒸汽管道出口标高，即大约在标高 30m 以上，以减少过热蒸汽管道长度并使结构简化。

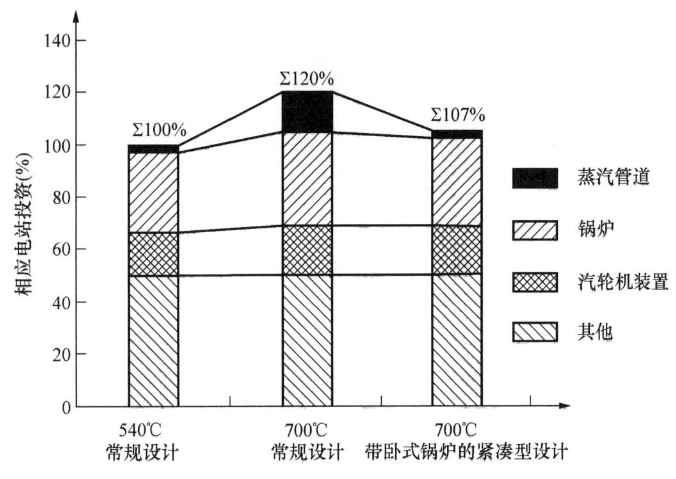

图 1-35　卧式锅炉机组与其他炉型的造价比较

研究表明，过热蒸汽管道所占电厂投资比例：① 通常蒸汽条件下约为 3%；② 蒸汽温度达到 700℃（采用镍基合金和动力模块设计工艺）的电厂约为 15%；③蒸汽温度达 700℃，采用卧式锅炉约为 3%。这是因为卧式锅炉的蒸汽管道与常规设计相比将减少 20%。此外，卧式锅炉可在安装时进行流水作业，水冷壁、中间烟道和垂直烟道可平行安装，因此可缩短安装工期。

二、美国的研究计划

2002年，美国能源部开始了一个用于燃煤电厂超临界和超超临界机组的高温高强度合金材料研究项目（Vision21计划的一部分），以增强美国锅炉制造业在国际市场中的竞争力。该研究项目的主要目标如下：

(1) 确定哪些材料影响了燃煤电厂的运行温度和效率。

(2) 定义并实现能使锅炉运行于760℃的合金材料的生产、加工和涂层工艺。

(3) 参与ASME的认证过程并积累数据，为成为ASME规范批准的合金材料做好基础工作。

(4) 确定影响运行温度870℃的超超临界机组设计和运行的因素。

(5) 与合金材料生产商、设备制造商和电力公司一起确定完成该目标并提高合金材料和生产工艺的商业化程度。

三、日本的研究计划

日本电力（J-Power）在日本通商产业省支持下，从政府得到50%的补助金，与其他单位共同组织超超临界技术的开发。第一阶段的目标是：用铁素体钢达到593℃，进而用奥氏体钢达到649℃。第二阶段的目标是：用新型铁素体钢达到630℃。日本三大设备制造公司对超临界和超超临界机组转子、汽缸、法兰、螺栓等主要部件进行了相应参数下的实物中间试验，50MW功率的中间试验机组已经投运。

第二章

超超临界机组结构特点及应用

第一节　1000MW 超超临界锅炉

目前国内具有设计制造 1000MW 超超临界锅炉业绩的锅炉制造厂有哈尔滨锅炉厂、上海锅炉厂、东方锅炉厂。上述锅炉厂均通过技术引进或合作方式，设计了国产 1000MW 超超临界锅炉。国产 1000MW 超超临界锅炉炉型特点见表 2-1。

表 2-1　　国产 1000MW 超超临界锅炉炉型特点

锅炉炉型	哈尔滨锅炉厂	上海锅炉厂		东方锅炉厂
	Ⅱ型炉	Ⅱ型炉	塔式炉	Ⅱ型炉
燃烧方式	单炉膛八角切圆燃烧	单炉膛八角切圆燃烧	单炉膛四角切圆燃烧	单炉膛前后墙对冲燃烧
燃烧器型类型	直流摆动燃烧器	直流摆动燃烧器	直流摆动燃烧器	旋流燃烧器
水冷壁	内螺纹垂直管圈水冷壁，上、下水冷壁间设有一级混合联箱，水冷壁入口装设节流孔板	下部水冷壁为内螺纹螺旋管圈，上部水冷壁为垂直管圈，上、下水冷壁间采用混合联箱过渡	下部水冷壁为内螺纹螺旋管圈，上部水冷壁为垂直管圈，上、下水冷壁间采用混合联箱过渡	下部水冷壁为内螺纹螺旋管圈，上部水冷壁为垂直管圈，上、下水冷壁间采用混合联箱过渡
启动系统	带启动循环泵	带启动循环泵	带启动循环泵	带启动循环泵
最小直流负荷	25%	30%	25%	25%～30%
再热器主要调温方式	烟气挡板＋摆动燃烧器	烟气挡板＋摆动燃烧器	烟气挡板＋摆动燃烧器	烟气挡板
典型电厂	华能玉环电厂	天津北疆电厂	上海外高桥电厂	山东华电邹县电厂

2006 年 11 月 18 日和 12 月 4 日，浙江华能玉环电厂 1 号机组和山东华电邹县电厂 7 号机组两台国产超超临界百万千瓦级机组相继投产，标志着我国电力工业技术装备水平和制造能力进入了新的发展阶段。至 2012 年 12 月底，我国已有 50 余台 1000MW 级超超临界燃煤发电机组投入运行，见表 2-2。

表 2-2　　国内已投运的 1000MW 级超超临界燃煤发电机组

序号	电厂名称	机组容量（MW）	序号	电厂名称	机组容量（MW）
1	华能玉环电厂	4×1000	13	华润徐州彭城电厂三期	2×1000
2	华电邹县发电厂四期	2×1000	14	广东平海电厂一期	2×1030
3	国电泰州发电厂一期	2×1000	15	中电投河南鲁阳电厂	2×1000
4	中能外高桥电厂三期	2×1000	16	华电宁夏灵武电厂二期	2×1060
5	国电浙江北仑电厂三期	2×1000	17	国华台山发电厂	2×1000
6	国投天津北疆电厂	2×1000	18	粤电惠来发电厂二期	2×1000
7	华能海门电厂一期	2×1036	19	皖能铜陵发电厂六期	1×1000
8	国华浙江宁海电厂二期	2×1000	20	江苏谏壁电厂（13 号）	1×1000
9	大唐国际潮州发电厂二期	2×1000	21	浙能嘉兴电厂三期	2×1000
10	江苏华能金陵电厂二期	2×1000	22	国华徐州电厂	2×1000
11	中电投上海漕泾电厂	2×1000	23	河南沁北电厂	2×1000
12	神华绥中发电公司	2×1000	24	河南新密电厂二期	2×1000

一、HG-1000MW 超超临界锅炉

哈尔滨锅炉厂（HG）的 1000MW 超超临界锅炉是采用日本三菱重工（MHI）技术设计的垂直管水冷壁超超临界直流锅炉，如图 2-1 所示。该锅炉主要技术参数见表 2-3。锅炉为Ⅱ型布置，单炉膛反向双切圆燃烧方式。炉膛的双切圆布置见图 2-2。

表 2-3　　HG-1000MW 超超临界锅炉设计参数

编号	项　　目	单　位	数值（BMCR）
1	过热蒸汽流量	t/h	2952
2	过热蒸汽压力	MPa	27.46
3	过热蒸汽温度	℃	605
4	再热蒸汽流量	t/h	2446
5	再热器进口压力	MPa	6.14
6	再热器出口压力	MPa	5.94
7	再热器进口温度	℃	377
8	再热器出口温度	℃	603
9	给水温度	℃	298
10	空气预热器出口一次风温度	℃	314.4
11	空气预热器出口二次风温度	℃	323.7
12	锅炉排烟温度	℃	123.1
13	锅炉热效率（BRL）	%	93.65
14	锅炉不投油最低稳定负荷	%BMCR	35
15	标况下 NO_x 排放量	mg/m^3	360

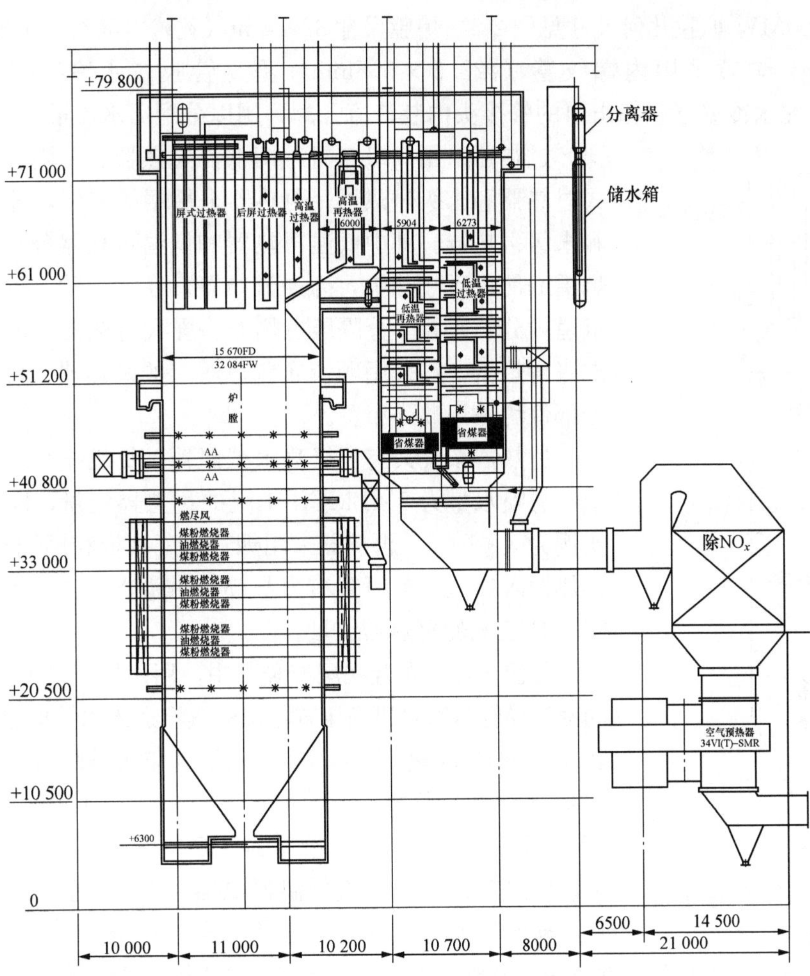

图 2-1　HG-1000MW 超超临界锅炉侧视图

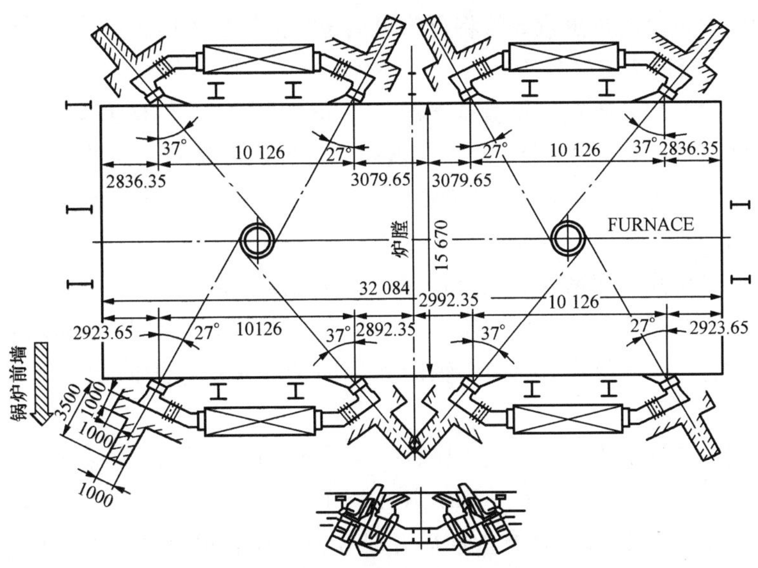

图 2-2　HG-1000MW 炉膛双切圆布置图

HG-1000MW炉膛几何尺寸见图2-3，炉膛尺寸32084mm(宽)×15670mm(深)，炉膛全高65500mm，炉膛采用内螺纹管（ϕ28.6×5.8mm）垂直管膜式水冷壁，材质为SA-213T12，并在水冷壁下联箱出口的管接头内装节流孔圈，用以分配给水流量。

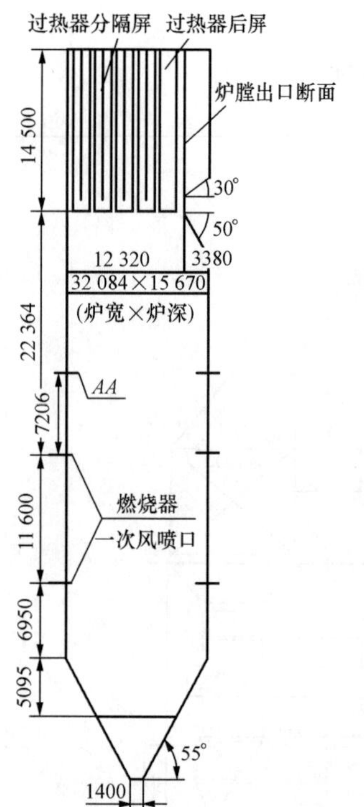

图2-3 HG-1000MW炉膛几何尺寸

过热器采用四级布置，即低温过热器、分隔屏过热器、屏式过热器和末级过热器；再热器采用两级布置，即低温再热器和末级再热器。其中低温再热器和低温过热器分别布置在尾部烟道的前、后竖井中，为逆流布置。在上炉膛、折焰角和水平烟道内分别布置了分隔屏过热器、屏式过热器、末级过热器和末级再热器，均采用顺流布置。所有的过热器、再热器、省煤器部件均采用顺列布置。

过热器系统共有三级喷水减温器，每级喷水均分成左右两个，总喷水量为7%BMCR工况的过热器流量，同时各级喷水比例为3∶1∶3。再热器采用烟气分配挡板和燃烧器摆动调温，再热器入口联箱前设置有事故喷水减温器，总喷水量为3.5%BMCR工况的再热器流量。

低温再热器布置在尾部竖井中，用两根规格为ϕ762×25mm的蒸汽导管将汽轮机高压缸排出的蒸汽送入水平低温再热器入口联箱。低温再热器共240片，每片6根管子，横向节距为133.5mm，管子规格为ϕ63.5mm，材质依次为SA209T1、SA209T2及SA213T22，壁厚为3.5～4.1mm。水平低温再热器出口段向上拉稀成立式低温再热器，立式低温再热器共有120片，横向节距为267mm，管径为ϕ63.5mm，材质为SA213T91，壁厚为3.5 mm。立式低温再热器出口蒸汽进入高温再热器入口联箱。高温再热器管共120片，每片9根管子，横向节距为267mm，材质为Super304H和SA213TP310HCbN。由高温再热器出口联箱引出的两根热段再热蒸汽导管将再热蒸汽送往汽轮机中压缸，热段再热蒸汽导管规格为ϕ813×45mm，材质为SA335T91。

省煤器为光管式、顺列布置，每级省煤器各有354片，管子规格为ϕ45×6.6mm，横向节距为90mm，材质为SA210C。前后级省煤器向上各形成吊挂管，悬挂前后竖井中所有对流受热面，吊挂管节距为267mm。由省煤器出口联箱引出两根ϕ457×62mm的连接管将省煤器出口水向下引到水冷壁入口联箱。

锅炉设有两台半模式、双密封、三分仓容克式空气预热器，立式布置，烟气与空气为逆流换热方式。空气预热器型号为34-Ⅵ(T)-18000-SMR，转体直径为16400mm，传热元件高度为1800mm。空气预热器采用径向、轴向和环向密封系统。为防止空气预热器低温腐蚀，设有热风再循环系统。

制粉系统采用中速磨煤机冷一次风正压直吹式系统，配带动态分离器的HP1163 /DYN型磨煤机。每台锅炉配备6台磨煤机，BMCR工况下5台运行、1台备用。每台磨煤机出口有4根煤粉管道，通过煤粉分配器在炉前后分成8根煤粉管道，分别连接到同层燃烧器的PM型分离器上。

燃烧器采用日本三菱公司的PM型浓淡燃烧器和MACT燃烧系统，PM型浓淡燃烧器结构见图2-4。风粉混合物通过入口PM型分离器分配成浓淡两股气流，分别通过浓相和淡相两只喷口进入炉膛。PM型主燃烧器上方增设4层附加风喷嘴（AA风）。低NO_x PM-MACT型八角反向双切圆布置的摆动燃烧器，在热态运行中一、二次风均可上下摆动，最大摆角±30°用于调节再热器汽温。

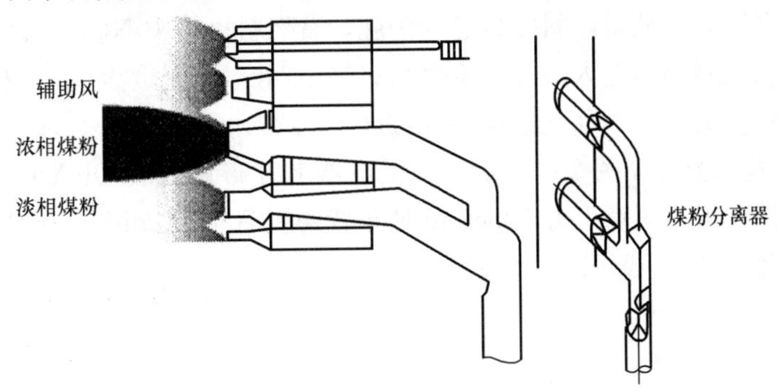

图2-4　PM型浓淡燃烧器结构

全炉膛八角共布置48只浓相煤粉喷嘴和48只淡相煤粉喷嘴，一次风粉混合物流经PM型煤粉分离器（通过内部挡块和惯性力的作用，在弯头处产生浓淡分离）后，形成浓淡两股气流，分别通过各自的管道引入对应的煤粉喷嘴。PM型煤粉分离器将煤粉浓淡比分配成6∶4～8∶2，同时根据浓相和淡相的压降不同，将一次风量分配成接近于1∶1比例。上述设计在浓相喷嘴出口形成了一个高温区和高煤粉浓度区，不仅有利于煤粉初期的着火，更加有效地抑制NO_x的生成。同时在燃烧器出口一定距离后的炉内温度呈逐渐上升趋势，中心高温区出现推迟的工况，使后期分级燃烧充分，能够有效地控制NO_x的生成。

图2-5所示为PM型燃烧器NO_x生成量，上面一条曲线是普通燃烧器形成的火焰中NO_x浓度和一次风中空气和煤粉质量比A/C的关系；下面一条曲线为分级燃烧类型的燃烧器（也包括PM型燃烧器）形成的火焰中NO_x浓度和A/C的关系。$A/C=3\sim4$时，相当于某些类型燃料（$V_{daf}>24\%$的烟煤）挥发分完全燃烧所需的化学当量比；在$A/C=7\sim8$时，相当于煤完全燃烧所需的化学当量比。在$A/C<3\sim4$的区域，随着A/C的增加，主要是燃料型

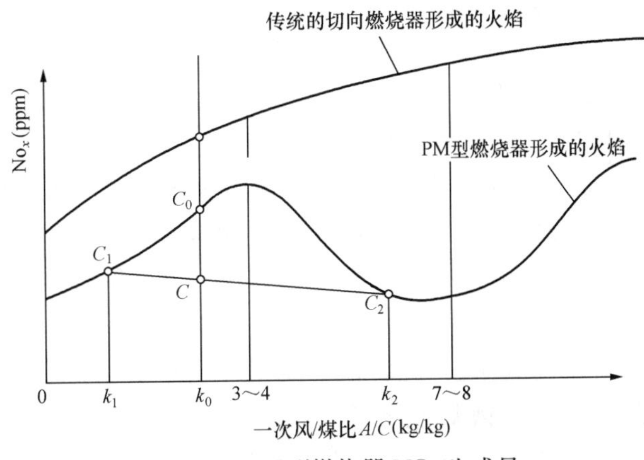

图2-5　PM型燃烧器NO_x生成量

挥发分 NO_x 的生成量增加，在 $A/C=3\sim4$ 时，生成的 NO_x 达到一个峰值。在 $3\sim4<A/C<7\sim8$ 的区域，NO_x 在还原性气氛中由于还原而减少，至 $A/C\approx7\sim8$ 时达到一个最低值。

如果从煤粉输送管来的煤粉空气混合物的 $A/C=k_0$（对所讨论的煤种，$V_{daf}=20\%$的煤种，$k_0=2\sim3$kg/kg)，对一般分级燃烧的燃烧器，此时火焰中的 NO_x 生成量为 C_0，但对不仅具有分级燃烧功能，而且具有贫、富燃料燃烧功能的PM型燃烧器，由于将煤粉气流分为两股，一股为 $A/C=k_1$，从贫燃料喷口送入炉膛，贫燃料火焰中 NO_x 生成量为 C_1。另一股为 $A/C=k_2$，从富燃料喷口送入炉膛，富燃料火焰中 NO_x 生成量为 C_2。这样，整个PM型燃烧器在这一区域生成的总 NO_x 按质量平均为 C。显然，C 比 C_0 小得多。

MACT燃烧技术原理如图2-6所示，在燃烧器上方布置两层OFA（Over Fire Air ）喷口，同时最上层浓相煤粉喷嘴上方7206mm处布置四组AA（Addition Air)喷口。MACT分层燃烧技术，可使 NO_x 生成量减少约25%。

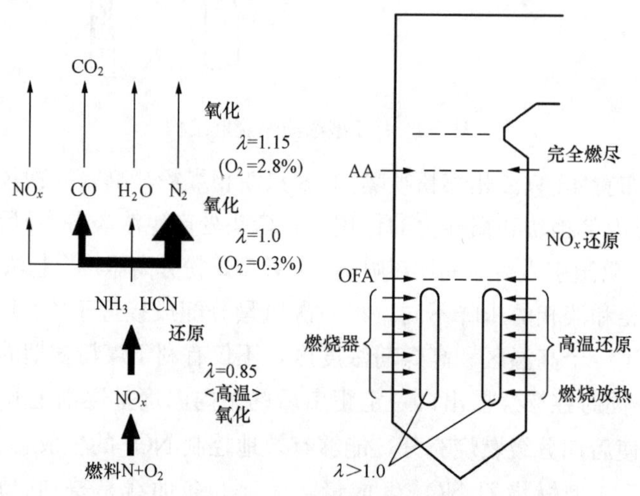

图2-6　MACT燃烧技术原理

锅炉采用较低的过量空气系数1.15，主燃烧器区域 O_2 为0.75～0.85，使主燃烧器区域处于高温、高煤粉浓度、高还原性气氛中，有利于煤粉着火的同时最大限度地抑制 NO_x 的生成量。在7206mm的高度空间内，已生成 NO_x 将处于还原区。AA喷口区域以上为二次燃尽区，用于煤粉的后期燃尽。

锅炉配置了带再循环泵的改进型内置式启动系统，如图2-7所示。由立式布置的内置式分离器、储水箱、炉水再循环泵、分离器储水箱水位调节阀WDC、大气扩容器及炉水回收水箱、炉水回收泵、管道及附件组成。由于水冷壁系统的出口温度(即分离器的入口温度)为434℃，因此分离器和储水箱均由SA387-F1的低铬钢制成，它们是除过热器出口联箱外的仅有厚壁部件。

为了尽可能减少锅炉启动期间工质热损失，在启动初期(包括冷态清洗、汽水膨胀和热态清洗期间)，只要水质合格就将这些疏水扩容后全部送往冷凝器回收；若水质不合格，则排向废水集水槽不予回收。

首台HG-1000MW超超临界锅炉安装在华能玉环电厂，于2006年11月投入商业运行，性能考核试验数据表明，锅炉热效率93.88%，发电煤耗270.6g/kWh，供电煤耗283.2g/kWh，NO_x 排放量270mg/m³，机组发电效率45.4%，机组供电效率42.2%。

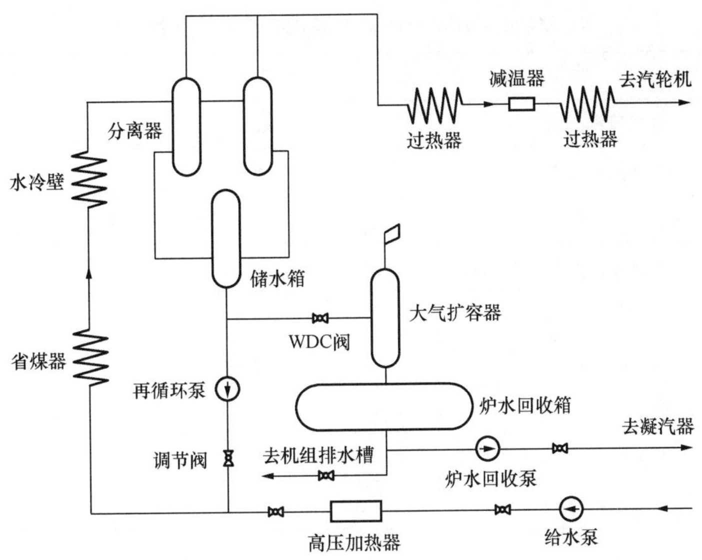

图 2-7　带再循环泵的内置式启动系统

二、SG-1000MW 超超临界塔式锅炉

上海锅炉厂 SG-1000MW 超超临界塔式锅炉采用 Alstom-Power 公司技术设计制造。该型 1000MW 超超临界塔式锅炉为单炉膛、一次中间再热、采用切圆燃烧方式、平衡通风、固态排渣、全悬吊结构。锅炉结构如图 2-8 所示，锅炉设计参数见表 2-4。

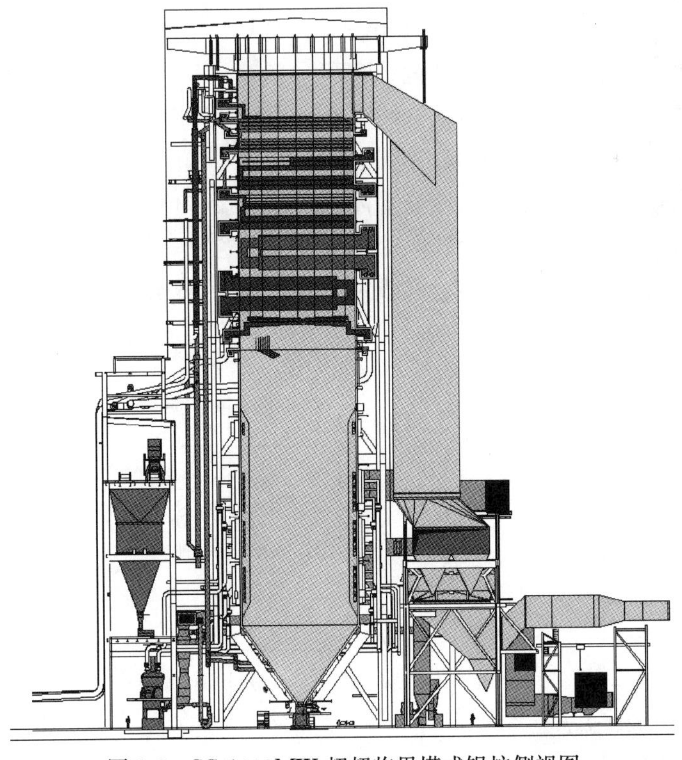

图 2-8　SG-1000MW 超超临界塔式锅炉侧视图

表 2-4　　SG-1000MW 超超临界塔式锅炉设计参数

序号	项　　目	单　位	数值（BMCR）
1	过热蒸汽流量	t/h	2955
2	过热蒸汽压力	MPa	27.9
3	过热蒸汽温度	℃	605
4	再热蒸汽流量	t/h	2443
5	再热器进口压力	MPa	6.20
6	再热器出口压力	MPa	6.01
7	再热器进口温度	℃	367
8	再热器出口温度	℃	603
9	给水温度	℃	297

SG-1000MW 塔式锅炉的主要尺寸见表 2-5 和图 2-9，炉膛为正方形炉膛，宽度及深度均为 21 480mm×21 480mm，炉膛高度 115.3m。炉膛由膜式壁组成，水冷壁采用螺旋管加垂直管的布置方式。从炉膛冷灰斗进口（标高 4000mm）到标高 69 240mm 处，炉膛四周采用螺旋管圈（倾角 26.21°），管子规格为 ϕ38.1×7.33mm，节距为 53mm，所经历的螺旋圈数为 1.21 圈，如图 2-10 所示。在此上方为垂直管圈，垂直管圈分为 2 部分，首先选用管子规格为 ϕ38.1mm，节距为 60mm，管子材质为 SA213T23，在标高 90 685mm 处，2 根垂直管合并成为 1 根垂直管，管子规格为 ϕ44.5mm，节距为 120mm，管子材质为 SA213T23。

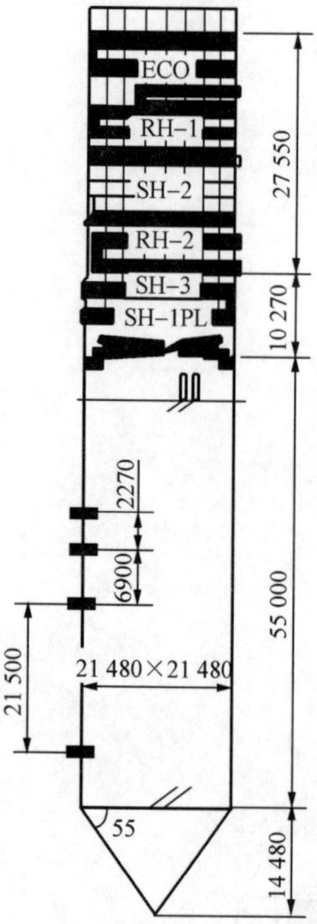

图 2-9　SG-1000MW 超超临界塔式锅炉几何尺寸

炉膛设计容积热负荷（BMCR）为 65.93kW/m^3；炉膛截面热负荷（BMCR）为 4.47MW/m^3；燃烧器区域壁面热负荷（BMCR）为 1.07MW/m^3。

水冷壁管内质量流速设计值见表 2-6。

炉膛上部依次分别布置有一级过热器、三级过热器、二级再热器、二级过热器、一级再热器、省煤器。

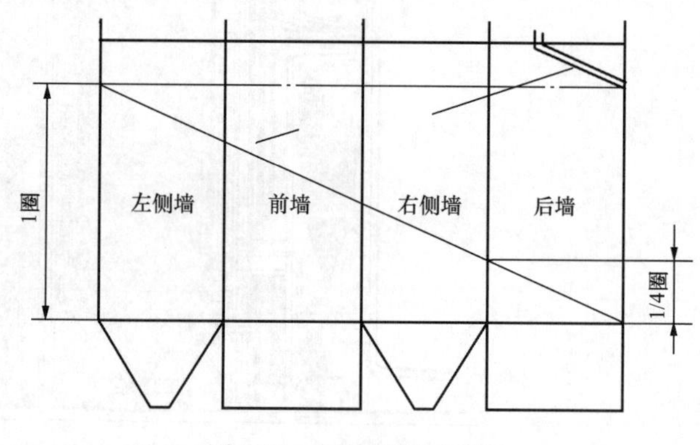

图 2-10　螺旋圈数示意图

表 2-5　　SG-1000MW 超超临界塔式锅炉尺寸

序号	项　　目	单　位	数　值
1	炉膛宽度	mm	21 480
2	炉膛深度	mm	21 480
3	上排燃烧器至屏底距离	mm	28 400
4	下排燃烧器至冷灰斗上沿距离	mm	5100
5	上下一次风喷口距离	mm	21 500
6	相邻层燃烧器间距	mm	2540
7	水冷壁下联箱标高	mm	4000
8	炉顶管标高	mm	119 300
9	大板梁顶标高	mm	126 300
10	锅炉宽度	mm	51 000
11	锅炉深度	mm	60 875
12	中间过渡联箱标高	mm	69 230

表 2-6　　水冷壁管内质量流速设计值

项 目	单 位	BMCR	30%BMCR
螺旋管	kg/（m^2·s）	2266	701
垂直管下部	kg/（m^2·s）	1133	349
垂直管上部	kg/（m^2·s）	1534	472

锅炉炉前沿宽度方向垂直布置 6 个 ϕ621.4×85.71mm 的汽水分离器，每个汽水分离器筒身上方布置 1 根内径为 240mm 和 4 根外径为 219.1mm 的管接头，其进出口分别与水冷壁和一级过热器相连接。锅炉各受热面的材料及管子规格见表 2-7。

表 2-7　　锅炉受热面的材料及管子规格

受热面	管子规格（mm）	材　　料
一级过热器 SH-1	ϕ48.3×7.62	T92
二级过热器 SH-2（A）	ϕ48.3×6.60	T91
	ϕ48.3×7.11	T91
二级过热器 SH-2（B）	ϕ48.3×8.64	T91
	ϕ48.3×7.11	Super304H 或 DMV304HCu（德国）
三级过热器 SH-3	ϕ48.3×7.11	Super304H（SB）一喷丸或 DMV304HCu
	ϕ48.3×7.11	Super304H（SB）一喷丸或 DMV304HCu
	ϕ48.3×8.13	TP310HCbN（HR3C）
	ϕ48.3×9.14	TP310HCbN（HR3C）

续表

受热面	管子规格（mm）	材　　料
一级再热器 RH-1	ϕ57.2×3.05	T22
	ϕ57.2×3.05	T23 或 T24
	ϕ57.2×3.43	T91
二级再热器 RH-2	ϕ60.3×3.05	Super304H 或 DMV304HCu
	ϕ60.3×3.81	TP310HCbN（HR3C）
	ϕ60.3×4.19	TP310HCbN（HR3C）

锅炉燃烧系统按配中速磨煤机正压直吹式制粉系统设计，配置 6 台磨煤机，每台磨煤机引出 4 根煤粉管道到炉膛四角，炉外安装煤粉分配装置，每根管道分配成 2 根管道分别同 2 个一次风喷嘴相连，共计 48 只直流式燃烧器分 12 层布置于炉膛下部四角（每 2 个煤粉喷嘴为一层），在炉膛中呈四角切圆方式燃烧。

过热器汽温通过煤水比调节和二级喷水来控制。再热器汽温采用燃烧器摆动调节，一级再热器进口连接管道上设置事故喷水，一级再热器出口连接管道设置有微量喷水。

尾部烟道下方设置 2 台转子直径为 16 400mm 的三分仓受热面旋转容克式空气预热器。

锅炉配置带有循环泵的 30%BMCR 容量的启动系统，最低直流负荷设计为 30%BMCR。

首台 SG-1000MW 超超临界塔式锅炉安装在上海外高桥第三发电厂，于 2008 年 3 月投入商业运行。

三、DG-1000MW 超超临界锅炉

东方锅炉厂（DG）与巴布科克—日立公司（BHK）合作生产的 1000MW 超超临界锅炉如图 2-11 所示。该炉型首台产品安装在山东华电邹县电厂，锅炉设计参数见表 2-8。

表 2-8　　DG-1000MW 超超临界锅炉设计参数

序号	项　目	单 位	数值（BMCR）
1	过热蒸汽流量	t/h	3033
2	过热蒸汽压力	MPa	26.25
3	过热蒸汽温度	℃	605
4	再热蒸汽流量	t/h	2469.7
5	再热器进口压力	MPa	5.1
6	再热器出口压力	MPa	4.9
7	再热器进口温度	℃	354.2
8	再热器出口温度	℃	603
9	给水温度	℃	302.4

锅炉采用单炉膛Ⅱ型布置，炉膛下辐射区为带内螺纹管的螺旋管圈水冷壁（倾角 23.57°），管子规格为 ϕ38.1×6.7mm。上辐射区为垂直管屏水冷壁，管子规格为 ϕ31.8×6.7mm。水冷壁系统见图 2-12。

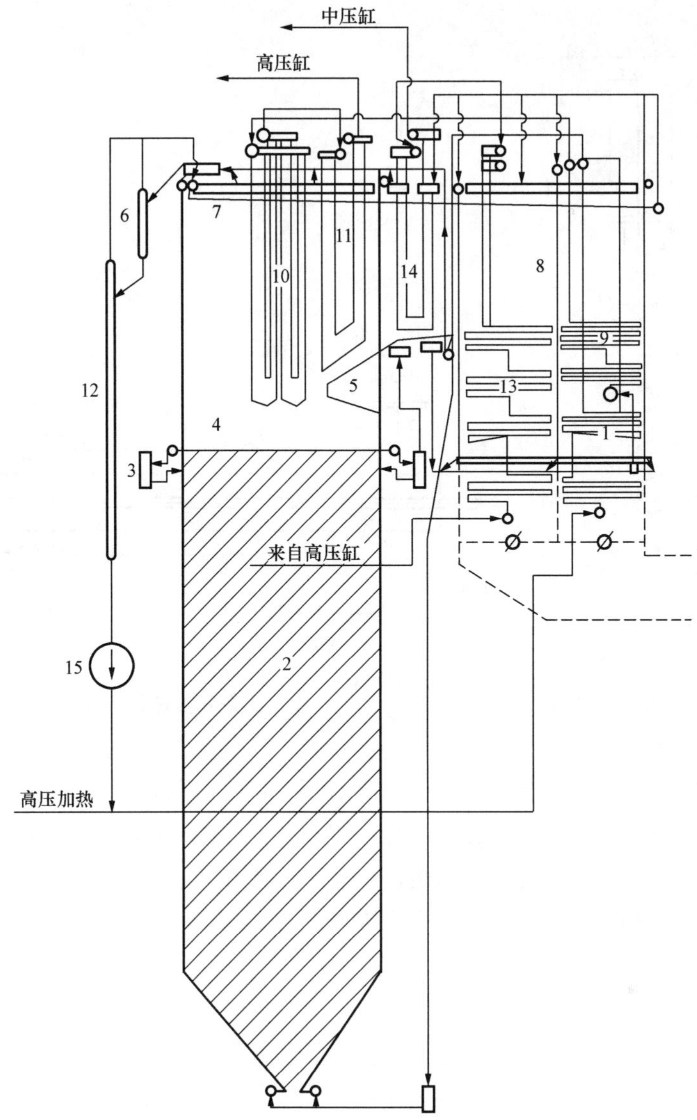

图 2-11 DG-1000MW 超超临界锅炉系统布置

1—省煤器；2—螺旋水冷壁；3—螺旋水冷壁出口混合联箱；4—上部水冷壁；5—折焰角；6—启动分离器；7—顶棚过热器；8—包墙过热器；9—低温过热器；10—屏式过热器；11—高温过热器；12—储水箱；13—低温再热器；14—高温再热器；15—锅炉再循环泵（BCP）

锅炉采用双调风低 NO_x 旋流式 HT-NR3 煤粉燃烧器，前后墙对冲燃烧方式。燃烧器结构见图 2-13。尾部为双烟道，再热器汽温采用烟气挡板调节。

锅炉配置双进双出钢球磨煤机，正压直吹式制粉系统，每台锅炉配 6 台磨煤机，5 台磨煤机运行时带锅炉连续负荷（BRL）。

过热器由四级组成，即顶棚及包墙管、水平对流低温过热器、屏式过热器、高温过热器。过热器汽温调节采用两级喷水减温，减温水量为 8%BMCR。再热器由位于尾部烟道的水平对流低温再热器及水平烟道出口处的高温再热器组成，在两级再热器之间设有事故喷水减温器。

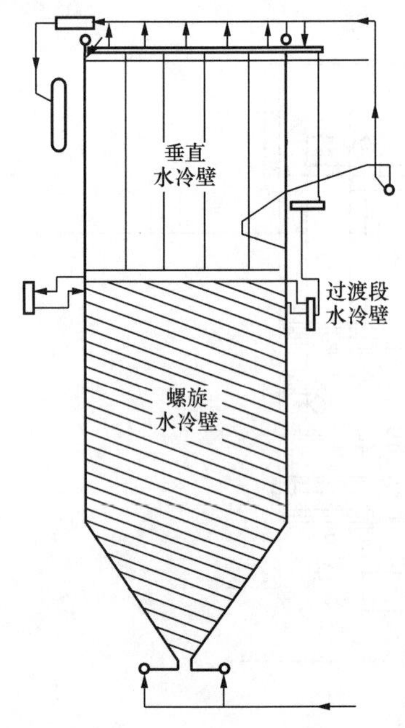

图 2-12 DG-1000MW 超超临界锅炉水冷壁系统

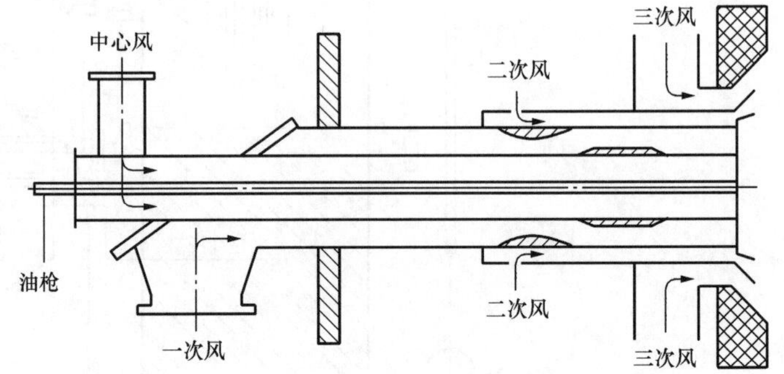

图 2-13 燃烧器结构

省煤器采用较低的烟气流速，并装设防磨盖板等措施有效地减少受热面的磨损。省煤器采用光管，管子直径为 57mm，4 管圈，材质 SA-210C，横向节距 114.3mm，共 296 排，顺列布置于低温过热器下方，逆流方向换热，分上下两组布置。

DG-1000MW 超超临界锅炉汽水启动系统见图 2-14，为带再循环泵的内置式启动系统，设计最低直流负荷为 25％BMCR。

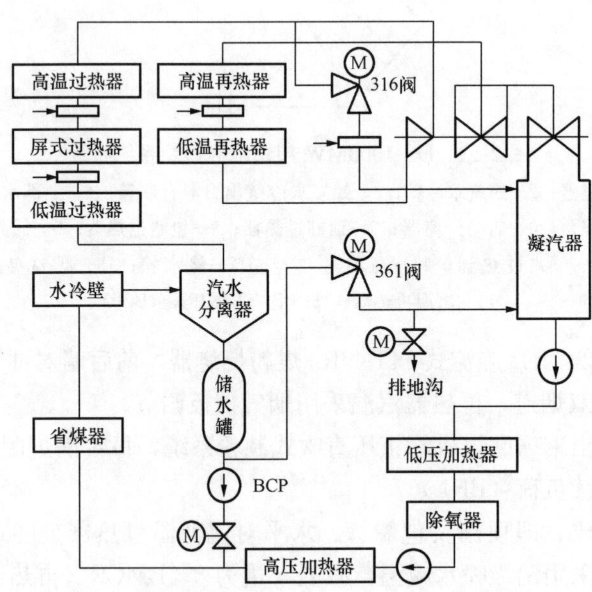

图 2-14 DG-1000MW 超超临界锅炉汽水启动系统

表 2-9 给出了 DG-1000MW 超超临界锅炉过热器和再热器管尺寸和材料。

表 2-9　　DG-1000MW 超超临界锅炉过热器和再热器管尺寸和材料

受热面	管规格（mm）	材　质
低温过热器	ϕ50.8×10.2	SA-213T22
	ϕ57×11	SA-213T22
	ϕ57×9.4	SA-213T12
屏式过热器	ϕ45×6.7/8.3	Super304H
	ϕ45×7.3/9.2	HR3C
	ϕ50.8×8.2/10.3	HR3C
高温过热器	ϕ50.8×6.8/10	HR3C
	ϕ45×6.0/8.8	HR3C
	ϕ45×5.6/8.0	Super304H
低温再热器	ϕ50.8×5.4	SA-213T22
	ϕ57×5.2/3.2	SA-209T1a
高温再热器	ϕ50.8×3.2	HR3C

第二节　1000MW 超超临界汽轮机

东方汽轮机厂（东汽）、哈尔滨汽轮机有限公司（哈汽）、上海汽轮机有限公司（上汽）3 个制造厂分别与国外支持方（日立、东芝、西门子等公司）在不同合作方式下设计生产了超超临界 1000MW 汽轮机，这些超超临界 1000MW 汽轮机的总体概况为：一次中间再热、单轴、四缸四排汽、单背压或双背压、凝汽式、8 级回热抽汽等。新汽参数为：上汽(26.25～27.00)MPa/ 600℃/600℃；哈汽、东汽 25MPa/ 600℃/ 600℃；保证热耗率均小于 7360kJ/kWh，居国际先进水平。1000MW 超超临界汽轮机结构特点见表 2-10。

表 2-10　　1000MW 超超临界汽轮机结构特点（朱宝田，2008）

项　　目	东汽—日立	哈汽—东芝	上汽—西门子
汽轮机外形尺寸（长×宽×高，mm×mm×mm）	37.9×9.9×6.8	40×10.1×7.5	29×10.4×7.75
本体总质量（t）	1920.2	1482	1570
转子形式	整锻无中心孔	整锻无中心孔	整锻无中心孔
高压级数	2×I+8	2×I+9	13
中压级数	2×6	2×7	2×13
低压级数	2×2×6	2×2×6	2×2×6
调节级特点	整体围带＋铆接围带成组	整体围带＋铆接围带成组	无调节级、斜置式静叶
高中压缸叶片	冲动式、三维、整体围带	冲动式、三维、整体围带	反动式、整体围带、三维、T 形叶根
低压缸叶片	整体围带	整体围带	反动式、整体围带

续表

项　目	东汽—日立	哈汽—东芝	上汽—西门子
次末级叶片（mm）	637（整体围带）	625.6（整体围带）	633.9（整体围带）
末级叶片（mm）	1092.2（整体围带+凸台阻尼拉筋，8 叉叶根）	1219.2（整体围带+ 阻尼凸台/套筒拉筋，圆弧枞树形叶根）	1146（自由叶片，枞树形叶根）
末级排汽面积（m^2）	4 ×10.11	4 ×11.87	4 ×10.96
汽　缸	内、外缸，螺栓连接水平中分面	内、外缸，螺栓连接水平中分面	轴向对分筒形外缸
低压缸与凝汽器连接	弹性连接	弹性连接	刚性连接
转子支承方式	双支承（共 8 个）	双支承（共 8 个）	N+1 支承（共 5 个）
支持轴承数量/形式（高中压转子）	4/可倾瓦	4/可倾瓦	
支持轴承数量/形式（低压转子）	4/椭圆瓦	4/椭圆瓦	5/椭圆瓦
防固体颗粒冲蚀	在高压调节级采用斜面喷嘴型线和 Cr-C 保护涂层；中压第 1 级静叶采用 Cr-C 保护涂层并加大动静叶轴向间距	在高压调节级采用斜面喷嘴型线和表面渗硼；中压第 1 级静叶涂陶瓷材料并加大动静叶轴向间距	无调节级，高中压第 1 级反动度约 20%，冲蚀性低于冲动级；第 1 级静叶为切向斜置式，动静叶片的轴向间距较大；全周进汽滑压运行，静叶出口流速较低；未采取表面处理措施
末级叶片防水蚀	有去湿槽空心静叶，动叶片顶部进汽边高频淬硬处理	末级隔板内环、外环、静叶片采用空心去湿设计和去湿槽，动叶片采用与斯太立合金硬度（HV390）相当的 15Cr 高硬度材料（HV380～HV415）	有去湿槽空心静叶，动叶片顶部进汽边激光硬化

一、本体结构

东汽、哈汽为冲动式机型。上汽为反动式机型，高压外、内缸为垂直中分面筒形结构。典型 1000MW 汽轮机结构见图 2-15。

二、进汽方式

东汽采用复合配汽（喷嘴调节+节流调节）调节方式，哈汽采用成熟的喷嘴调节方式。这两种调节方式在部分进汽情况下调节级叶片承受较苛刻的强度、振动问题，不得不使用分流调节级，这对提高高压缸效率不利。上汽采用全周进汽+补汽阀调节方式，无调节级，高中压缸第 1 级斜置静叶、切向进汽，第 1 级动叶与一般压力级无异，不存在特殊的强度和振动问题；阀门（不含补汽阀）全开对提高汽轮机效率有利，但在夏季运行工况补汽阀开启后效率要降低，调频任务要由补汽阀来承担。全周进汽加补汽阀的进汽方式在大型机组的运行业绩中较少。

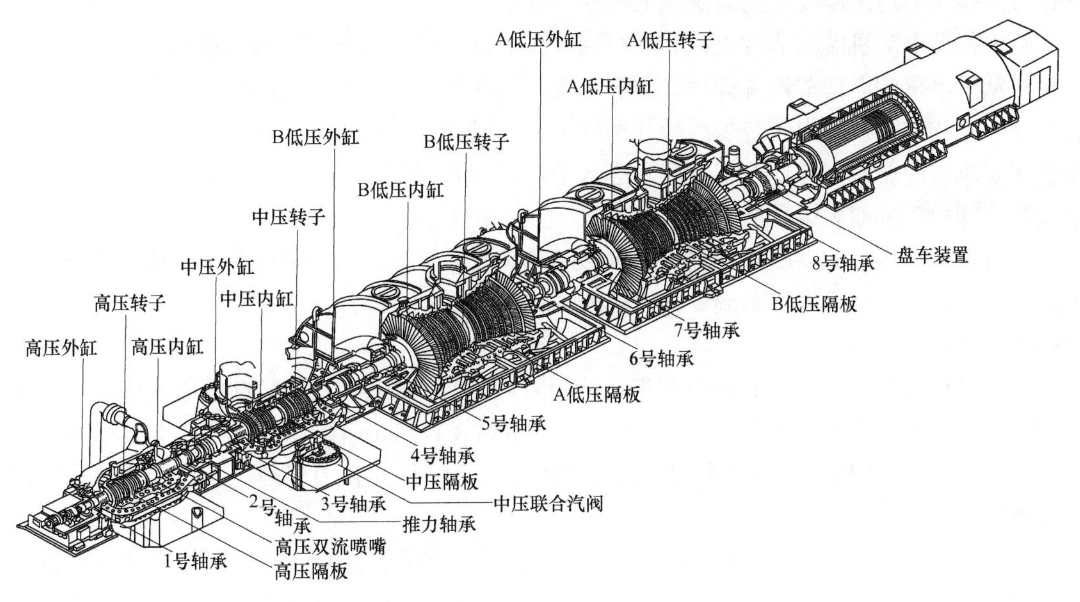

图 2-15　典型 1000MW 汽轮机结构

三、转子支承方式

东汽、哈汽每根转子采用双支承方式。上汽 N 根转子采用 $N+1$ 个轴承支承方式，轴承数量少，机组长度要短 8～10m，对轴系的稳定性较为有利。上汽机型采用柔性基座。

上汽高、中压缸模块在工厂总装后整体安装，低压缸分 8 件焊接、安装。东汽、哈汽按常规方式在现场安装汽缸。

四、防固体颗粒冲蚀

东汽机型的高压调节级采用汽流折转角较小的斜面喷嘴型线和 Cr-C 保护涂层，中压第 1 级静叶采用 Cr-C 保护涂层并加大动、静叶轴向间距。

哈汽机型的高压调节级采用汽流折转角较小的斜面喷嘴型线和表面渗硼，中压第 1 级静叶涂陶瓷材料并加大动、静叶轴向间距。

上汽机型无调节级，高、中压第 1 级反动度约 20%，冲蚀性低于冲动级；第 1 级静叶为切向斜置式，动、静叶片的轴向间距较大；全周进汽滑压运行使第 1 级的压降比及焓降不会随负荷降低而大幅度增加，静叶出口流速较低；未采取表面处理措施。

五、高温区冷却措施

东汽机型主蒸汽依次经过主蒸汽管、进汽导管，直接进入汽轮机通流部分（从主汽阀进口到汽轮机排汽口的汽流通道），与高压外缸不直接接触，与内缸接触在喷嘴组之后。在主蒸汽管道上靠近外缸处引自高压一段抽汽的冷却蒸汽（小于 400℃），流经外缸与导汽管之间及外缸与内缸之间形成的狭小夹层，对外缸内壁进行隔离与冷却。引入一段抽汽用于冷却中压转子的进汽弧段及第 1、2 级叶根，并对中压内、外缸夹层进行冷却。高压内缸中分面高温段螺栓孔设计有小孔与高压缸第 6 级后相通，利用小孔内蒸汽的自动倒流，机组启动过程中对螺栓进行加热，正常运行时对螺栓进行冷却，从而减小螺栓与法兰间的温差，降低正常运行时螺栓的使用温度，提高螺栓的抗松弛性能。

哈汽机型电动机端调节级出口压力略高于调节器端调节级出口压力，使调节级出口的部分蒸汽从发电机端向调节器端流动，防止高温蒸汽在转子和喷嘴室之间的腔室内停滞，冷却高温喷嘴室和转子。对中压转子的冷却蒸汽来自一段抽汽和高压缸排汽，两股蒸汽混合使温度达到要求，混合蒸汽通过冷却蒸汽管进入中压缸，并利用菌形叶根与轮槽的间隙通过的流动蒸汽冷却中压缸前 2 级叶根。

上汽机型高压缸第 1 级静叶内壁有屏蔽结构。中压缸进汽室上切向有 4 个孔，将蒸汽引入进汽室与转子之间并形成涡流冷却转子表面，表面温度可降低 10℃。

六、末级叶片

东汽机型采用 1092.2mm 整体围带＋凸台阻尼拉筋整圈连接、8 叉叶根的末级叶片，排汽面积 10.11m^2。该叶片于 2002 年在日本苫东厚真（Tomato-Atsuma）电厂 4 号机组（功率 700MW）上投入使用，其抗水蚀方式为采用空心去湿静叶和去湿槽，动叶片顶部进汽边高频淬硬处理。

哈汽机型采用 1219.2mm 整体围带＋阻尼凸台/套筒拉筋整圈连接，圆弧枞树形叶根的末级叶片，排汽面积 11.87m^2。此叶片由 GE 公司与东芝公司共同开发设计，2001 年完成了全部开发设计工作和试验验证工作，2005 年于意大利 Torviscosa 电厂联合循环机组投入运行，其抗水蚀方式为末级隔板内、外环，静叶片采用空心去湿和疏水槽，动叶片采用与斯太立合金硬度（ HV390）相当的 15Cr 高硬度材料（HV380～HV415）。

上汽机型采用 1146mm 枞树形叶根自由叶片作为末级叶片，排汽面积 10.96m^2。该叶片自 1997 年开始使用，已有数万小时的运行业绩，其抗水蚀方式为有抽汽槽的空心静叶，动叶片顶部进汽边激光硬化。

七、启动方式

东汽推荐高压缸启动，上汽和哈汽推荐高中压缸联合启动。由于结构的特点，上汽机组启停方便，极热态启动时间仅为 10min；东汽及哈汽机组的启动方式在国内外也有成熟的经验。

八、高温静止部件

东汽机型调节阀、再热联合汽阀的阀壳采用 KT5917。日立公司超超临界机组早期采用 KT5031A（9%Cr 钢），自从性能更优的 12%Cr 钢开发出来后就改为 KT5917。

上汽机型的高压缸进汽部分、主汽阀、高压内缸及再热联合汽阀、中压内缸等高温静止部件，西门子公司曾用过 GX12CrMoWVNbN1012121 和 GX12CrMoVNbN921，这两种材料同属 600～610℃档次的 9%Cr 钢和 10%Cr 钢，均能满足要求；但含 W 的材料在高温强度提高的同时，疲劳强度（低周疲劳和热疲劳）并未提高甚至相对下降，不含 W 的材料高温强度性能相对要略低一些，疲劳强度则相对较高。因此，在静强度满足安全的条件下，上汽机型选用不含 W 的 GX12CrMoVNbN921。对于转子材料，仍继续采用含 W 的材料。

哈汽机型根据东芝公司已将主汽阀及再热联合汽阀材料由 9%Cr 钢锻件改为 12%Cr 铸钢，主汽阀与调节阀组成的联合汽阀和再热联合汽阀采用 GX12CrMoWVNbN1011 。虽然铸造材料的强度比应用于橘湾电厂 1 号机组的锻造 9Cr1MoNbV 钢材料略低，但可通过增加阀壳的厚度来解决强度问题。

九、转子

蒸汽温度达600℃的高中压转子应采用新开发的材料，其预定目标为10万h蠕变断裂强度为100MPa，蠕变断裂延伸率不小于10%，淬透直径不小于1200mm，屈服极限不小于600～700MPa，其他断裂敏感度及韧度不劣于12%CrMoV及1%CrMoV钢。

目前3个制造厂的转子材料均为10%Cr钢并含W（东汽0.6%，其他两家1%），其10万h蠕变断裂强度由3万h试验结果用拉森—米勒公式推算略低于100MPa，这个数值与实际数值有一定差异。全部转子材料可以满足600℃高中压转子的要求。

各制造厂对转子材料的使用比较慎重。上汽在转子轴端中心设计有直径100mm、深1000mm的孔，用于材料检查；东汽、哈汽的转子为无中心孔设计但仍按有中心孔校核。

低压缸进汽温度：东汽机组为390℃，哈汽机组为350℃，均使用超纯净转子材料；上汽机组低压缸进汽温度较低，对材料没有特殊要求。图2-16为某台1000MW汽轮机低压转子实体。

图2-16　某台1000MW汽轮机低压转子实体

十、滑销系统

以东汽1000MW汽轮机为例，1000MW汽轮机共设有三个绝对死点，分别位于中压缸和1号低压缸之间的中低压间轴承箱下及1号低压缸和2号低压缸的中心线附近，死点处的横键限制汽缸的轴向位移，同时，在前轴承箱、高中压间轴承箱及两个低压缸的纵向中心线前后设有纵向键，它引导汽缸沿轴向自由膨胀而限制横向跑偏。机组在运行工况下膨胀和收缩时，前轴承箱和高中压间轴承箱可沿轴向自由滑动，如图2-17所示。

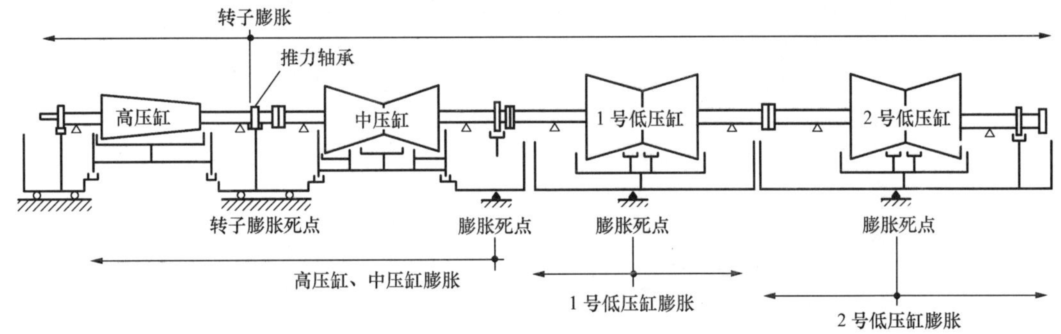

图2-17　1000MW汽轮机热膨胀方向

第三节　超超临界机组的高温氧化特性

高温氧化是金属在高温下腐蚀的特殊形式。目前已经运行的超临界参数机组的实践表明，机组蒸汽通流部分的高温氧化和氧化皮堵塞引起的短期过热现象比较严重，主要是由于对水蒸气氧化的特点、温度的影响以及奥氏体不锈钢氧化层的易剥落性的规律认识不足，有关对应措施实施不力所致。

国外从1970年代就开始报道过热器、再热器管子的氧化层分裂剥离和堵塞的问题。例如，英国发现小口径的奥氏体不锈钢管子内表面剥离下的氧化皮堵塞管子的弯头、妨碍蒸汽流动导致管子超温而早期失效。同期美国电厂则出现从过热器、再热器铁素体钢剥离的氧化皮对汽轮机入口通流部分的固体颗粒侵蚀（SPE）。

近几年，新投产的国产和进口的超临界机组先后有石洞口二厂、伊敏、厚石、盘山、沁北、阳逻、湘潭等电厂都曾发生铁素体钢和奥氏体不锈钢管内壁氧化膜剥落堵管或引起超温爆管泄漏事故。亚临界机组发生奥氏体不锈钢管内壁氧化膜剥落堵管和爆管见诸文献的有宝钢热电、阳城、南通、日照、洛阳热电、邯峰、上安等多个电厂。

一、高温氧化的一般原理

在较高的温度（400℃以上）下，铁/水系统的反应主要是化学反应，其反应式为

$$3Fe + 4H_2O \Longrightarrow Fe_3O_4 + 4H_2\uparrow$$

在无氧条件下，由于铁与蒸汽直接反应，生成四氧化三铁并放出氢气分子。在该反应过程中，水蒸气分子通过物理碰撞和化学吸附提供与铁离子反应所需的氧离子（O^{2-}），由于铁离子向外扩散，氧离子向里扩散，整个氧化层同时向钢原始表面两侧生长。水蒸气与铁直接反应生成等厚度的致密双层 Fe_3O_4 氧化膜，内层为尖晶形细颗粒结构，外层为棒状形粗颗粒结构。随着时间的推移，氧化膜的厚度会增加，当氧化膜的厚度达到一定程度时，特别是当氧化膜变为多层结构时，氧化膜会随温度变化发生剥落现象。

二、高温氧化—不同气体氧化反应活性的差别

美国橡树岭研究所试验结果证明在试验条件下，在氩气和1%水蒸气的混合气体中只能在金属表面生成FeO，在氩气和50%水蒸气的混合气体中，金属的氧化速度在650℃条件下比在空气（含21%的 O_2）的氧化速度快得多，见图2-18。

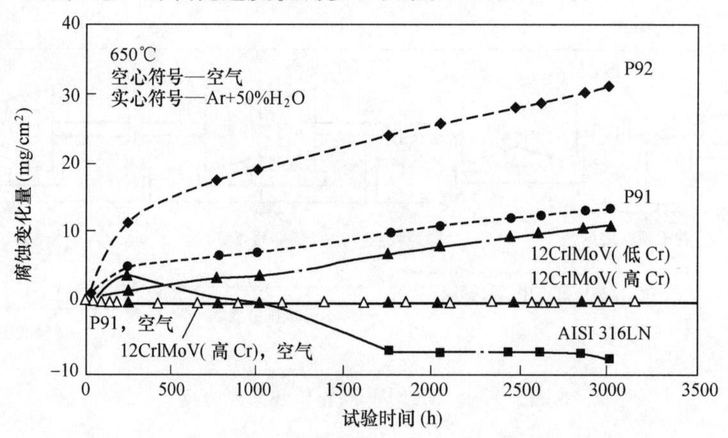

图2-18　9%～12%Cr钢的氧化行为

日本住友金属公司650℃的高温氧化试验证明，水蒸气对18Cr系列奥氏体不锈钢的氧化比空气高10～20倍，见表2-11。

表 2-11 不锈钢在水蒸气和空气中的氧化速率

钢种	空气中的氧化皮增量 (mg/cm²)	水蒸气中的氧化皮增量 (mg/cm²)
SUS304H	0.52	10.7
SUS316H	0.74	17.61
SUS321H	0.53	10.10
SUS347H	0.58	5.59

英国国家物理实验室于 2006 年发表的试验研究结论认为，蒸汽中氧含量越低，奥氏体不锈钢氧化的速度越快，表明加入的氧气有可能起到抑制水蒸气氧化速度的作用。同时该项试验也证明，在氩气和 50%水蒸气的无氧气的混合气体中，试样表面形成的氧化层形貌在热交变试验时最接近运行条件下管样表面的氧化层形貌，试验结果如图 2-19 所示。

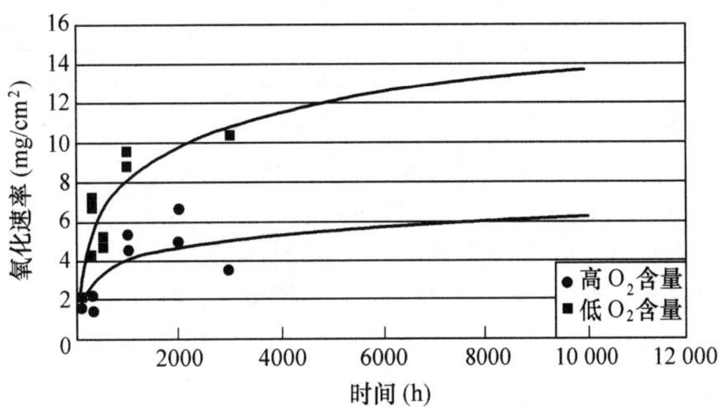

图 2-19 在 700℃流动蒸汽中 Esshete1250 奥氏体不锈钢的氧化速率
[O_2 的含量为 10μg/kg(低含量)、100μg/kg(高含量)]

三、氧化物生成的温度范围和氧化加速的温度范围

图 2-20 给出了水蒸气有效氧分压和氧化物的平衡氧分压的关系，其前提是该分解（作为温度的函数）通过 $H_2O = H_2 + 1/2O_2$ 的反应，在金属一蒸汽界面达到平衡状态。从图 2-20 看出，蒸汽压力为 17.93～34.44MPa，在 500～700℃时，蒸汽平衡氧分压为1×10^{-9}～1×10^{-7}MPa。

由图 2-20 还可看出，Fe_3O_4 在所有温度条件下都是稳定相；Fe_2O_3 是强烈与温度相关的

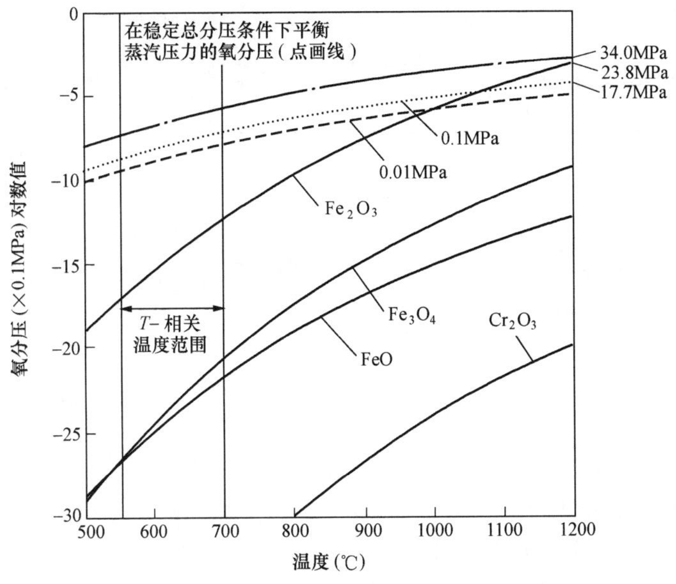

图 2-20 水蒸气有效氧分压和氧化物的平衡氧分压的关系

氧化物，在水蒸气体系中，金属表面生成 Fe_2O_3 的厚度与时间长短和温度高低有关；在温度 1000℃以上时，Fe_2O_3 变得不稳定。温度大于 570℃时，FeO 成为稳定相，因其含有大量的缺陷，成为造成氧化速率加快的主要因素。

不同的材料的金属高温氧化加速的温度区域不同，碳钢为 570℃。在 575℃以上，水蒸气与纯铁反应除了生成 Fe_3O_4 以外，还会在 Fe_3O_4 层下生成 FeO 相。FeO 相的增长速度比 Fe_3O_4 相快得多。

在超超临界温度范围内，FeO 成为稳定相，因其含有大量的缺陷，支持相当快速的氧化速率。FeO 的稳定性也取决于 Cr 含量，Cr 含量太低，则不能生成 FeO。18Cr 系列奥氏体不锈钢高温氧化加速的温度区域为600～650℃。

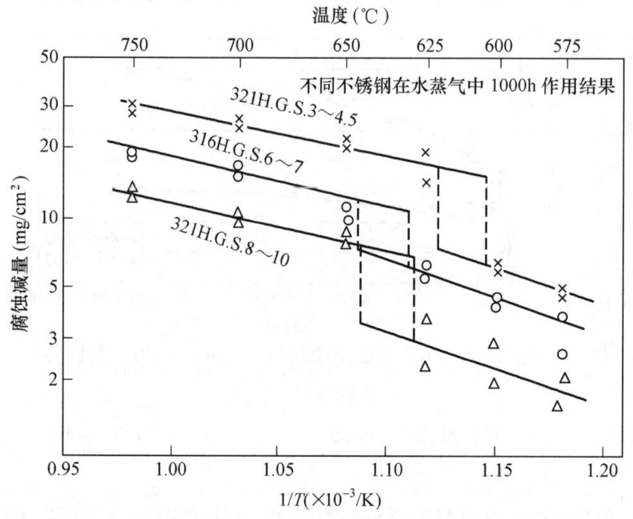

图 2-21　不锈钢在水蒸气中高温氧化 1000h 的试验结果

图 2-21 所示为不锈钢在水蒸气中高温氧化 1000h 的试验结果。在温度超过 570℃的条件下，不锈钢氧化速度逐渐加快；在 600～650℃时，金属的氧化速度有一个突变点，这个突变点表明，不锈钢在氧化过程中随着温度的增加很可能产生了新相。此时，不锈钢的氧化层会迅速增厚，氧化层达到一定的厚度，就会在运行条件（如温度）变化时剥落，成为氧化皮。

图 2-22 所示为奥氏体钢蒸汽氧化皮的形成过程，已被大量的试验和运行机组所验证。

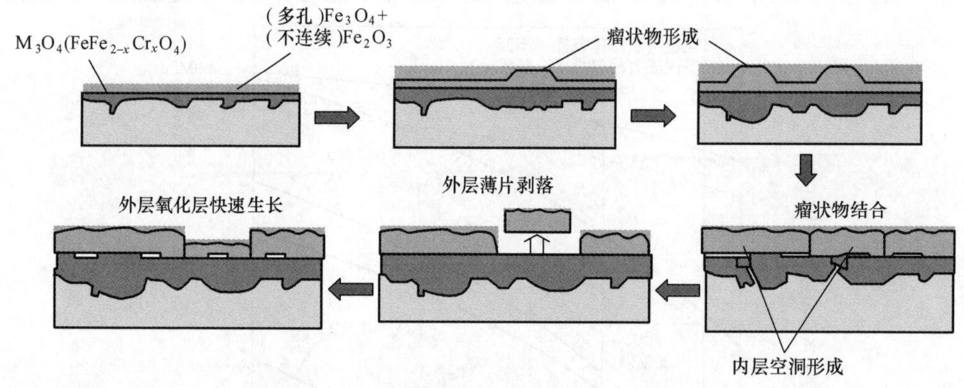

图 2-22　奥氏体钢蒸汽氧化皮的形成过程

图 2-23 所示为某台超临界锅炉的屏式受热面弯头处的氧化皮形态。

剥落的氧化皮一般堆积在受热面的下弯头，且气流出口侧弯头处堆积量大于进口侧，有焊缝及节流孔处也存在部分氧化皮堆积，氧化皮堆积的形式如图 2-24 所示。

图 2-25 所示为几种典型材料的蒸汽氧化皮平面结构。

图 2-23 某台超临界锅炉的屏式受热面弯头处的氧化皮形态（李志刚，2010）

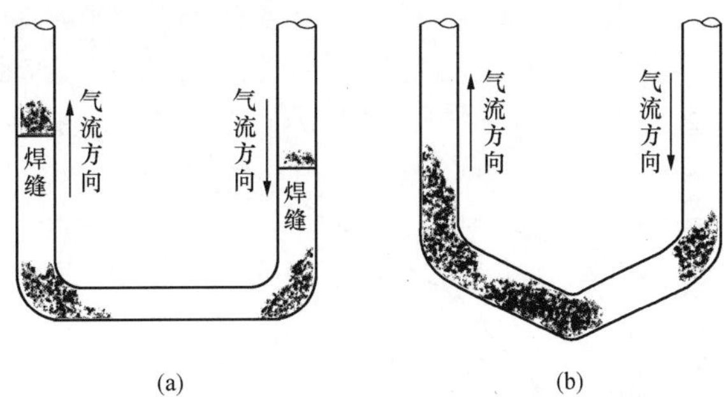

图 2-24 氧化皮堆积形式

(a) 焊缝处堆积；(b) 弯头处堆积

(a)

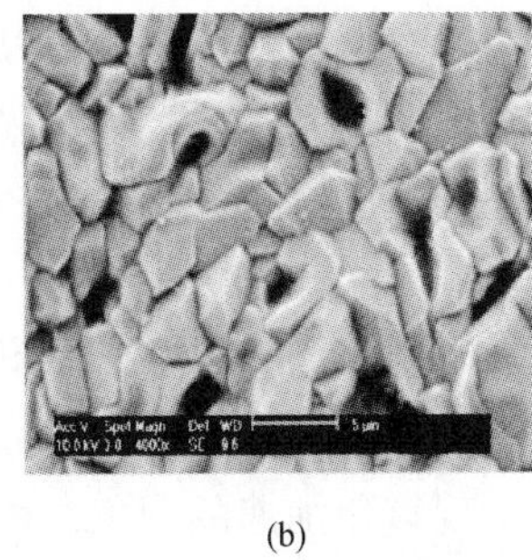

(b)

(c)

图 2-25 几种典型材料的蒸汽氧化皮平面结构（黄兴德等，2009）

(a) T23；(b) 18Cr8Ni；(c) T91

根据国内外超临界机组运行经验，奥氏体不锈钢材料虽然有良好的抗氧化能力，但粗晶粒钢在一定的运行条件下，会发生氧化层很薄时就剥落的情况，造成堵塞管短期过热甚至爆管事故。因此，锅炉设计选材时，使用组织均匀性的细晶粒不锈钢，晶粒度由原来 4、5 级提高到 7、8 级，可减少氧化皮剥落现象。例如，TP347HFG 钢是通过特定的热加工和热处理工艺得到的细晶奥氏体热强钢，其晶粒通过热处理细化到 8 级以上，大大提高了抗蒸汽氧化能力，对提高过热器管的稳定性起到了重要的作用，在国外许多超临界机组上得到了大量应用。通过这个工艺处理的钢管不但有极好的抗蒸汽氧化性能，而且比 TP347H 粗晶钢的许用应力高 20%以上。

超超临界机组的温度提高到 580～600℃，甚至提高到 650℃，这对金属材料提出了更高的要求，除了高温强度指标外，还应充分考虑材料的抗水蒸气氧化能力和抗氧化层剥落能力。

表 2-12 为常用超超临界锅炉过热器和再热器材料的化学成分和使用温度。

表 2-12 常用超超临界锅炉过热器和再热器材料的化学成分和使用温度

钢　种	公 称 成 分	使用温度限值（℃）
T91	0. 1C-9Cr-1Mo-V-Nb-N	610
T92	0. 1C-9Cr-0. 5Mo-1. 8W-V-Nb-B-N	625
TP347HFG	0. 01C-18Cr-10Ni-1Nb	650
Super304H	0. 01C-18Cr-9Ni-0. 4Nb-Cu-N	650
NF709	0. 01C-20Cr-25Ni-1. 5Mo-0. 25Nb-0. 05Ti-N	676
TP310HCbN（HR3C）	0. 01C-25Cr-20Ni-1Nb	700

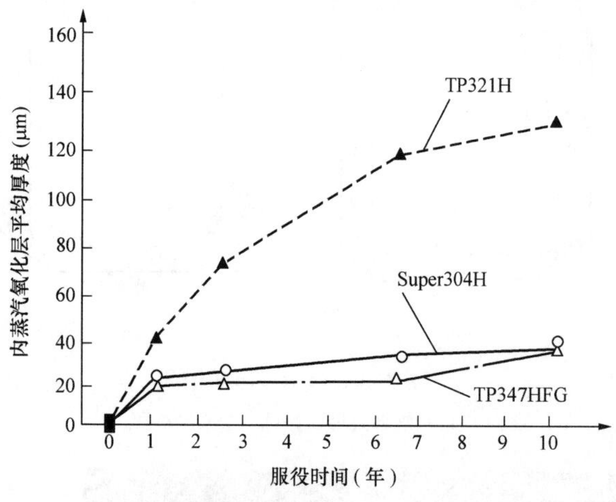

图 2-26　三种材料的蒸汽氧化层与服役时间的关系

三种材料的蒸汽氧化层与服役时间的关系见图 2-26，Super304H 的抗蒸汽氧化性能和细晶粒 TP347HFG 相同，TP347HFG 的抗蒸汽氧化性能比 TP321H 更优越。

Super304H 钢是近年来迅速发展的新型细晶粒奥氏体耐热钢，其主要特点是在 TP304H 钢的基础上添加 3%铜和 0.5%铌，在奥氏体基体中形成 Nb-CrN、Nb（N，C）、$M_{23}C_6$ 和细富铜相，从而提高其持久强度、高温抗氧化及抗蒸汽腐蚀性能，广泛用于超超临界机组锅炉过热器和再热器。在相同的温度和压力下，Super304H 钢与其他合金材料相比，壁厚显著减薄，受热面重量也随其性能的提高而减少。

HR3C 和 TP347H 等不锈钢材料在水蒸气中高温氧化 500h 和 1000h 的试验结果如图 2-27所示。HR3C 在超超临界锅炉运行条件下的水蒸气氧化速度比 18Cr 系列的奥氏体不锈钢低得多，即使在 700℃时，也未出现氧化加速的现象。因此，超超临界锅炉的对流受热面高温区选用 HR3C，是防止水蒸气高温氧化和氧化皮剥落问题的关键。

为了检测奥氏体不锈钢管内壁氧化皮脱落堆积现象，彭欣（2008 年）、刘玉民（2010 年）等先后研究开发了氧化皮无损检测仪，如图 2-28 所示。氧化皮无损检测仪采用了铁磁性检测感应元件和数据导出分析模型的一体化设计，检测感应元件可高灵敏度有效地对奥氏体不锈钢管内堆积的氧化物进行检测。数据导出分析模型可将感应元件检测的结果导出并进行量化分析，从而形成快速有效的检测结果。检测信号的强度与钢管内部氧化物的重量及堆积形状有关，同时还与管子的规格尺寸（管壁厚度）有关。由检测结果可确定氧化皮的空间堆积状态，以此作为依据判断是否需进行割管清空处理。氧化皮无损检测仪已应用于澳洲 Millmerran 电厂和国内众多电厂，如上安、日照、绥中、伊敏、沁北电厂的高温过热器和

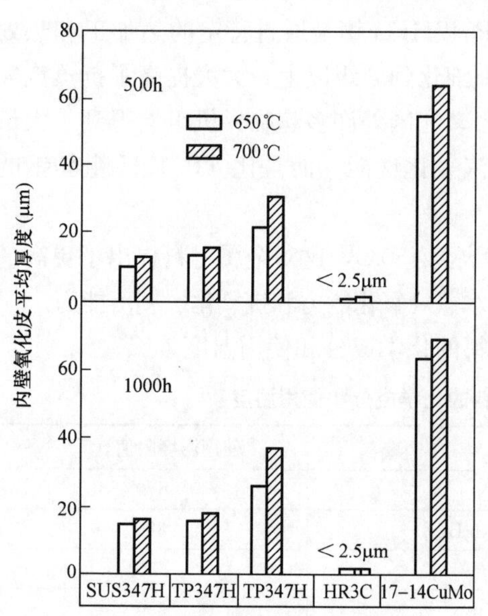

图 2-27　不同铬含量奥氏体不锈钢蒸汽氧化试验结果

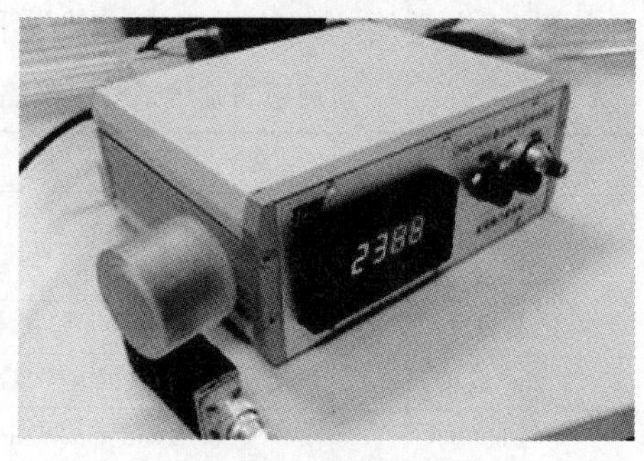

图 2-28　TPRI 型奥氏体不锈钢氧化物检测仪

高温再热器不锈钢管氧化物堆积检测。

第四节　供电效率高达43%的超超临界机组实例

1992年8月在德国斯道丁格（Staudinger）电厂投运的553MW超超临界机组，是一台典型的超超临界机组的工程实例。该机组为供电功率为509MW的热电联供机组，最大供热功率为300MW，主要设计参数见表2-13，汽水系统见图2-29。

表2-13　　斯道丁格电厂553MW超超临界机组主要设计参数

序　号	项　　目	单　位	数　　值
1	发电功率	MW	553
2	供电功率	MW	509
3	锅炉蒸发量	t/h	1051.2
4	主蒸汽压力	MPa	26.2
5	主蒸汽温度	℃	545
6	再热蒸汽温度	℃	562
7	给水温度	℃	270
8	锅炉排烟温度	℃	125
9	凝汽器冷却温度	℃	18
10	冷却水流量	t/h	41 400
11	凝汽器压力	MPa	0.003 8/0.005 2
12	最大供热能力	MW	300
13	热网送/回水温度	℃	145/60
14	机组设计热效率	%	49.2
15	机组设计供电效率	%	42.5
16	SO_2 排放值	mg/m^3	200
17	NO_x 排放值	mg/m^3	200

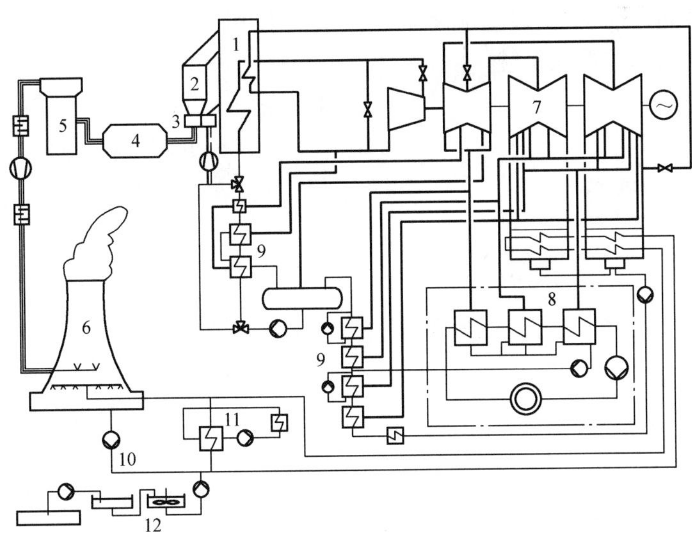

图2-29　汽水系统示意图

1—锅炉；2—脱氮设备；3—空气预热器；4—电除尘器；5—烟气脱硫；6—冷却塔；7—汽轮机；8—城市供热；9—加热器；10—冷却水主循环泵；11—中间冷却循环泵；12—补给水处理系统

一、锅炉结构

斯道丁格电厂553MW超超临界锅炉的设计煤种为德国鲁尔煤、萨尔煤和进口煤，煤质特性见表2-14。

表2-14　　斯道丁格电厂锅炉煤质特性

序号	项　目	符号	单位	数　值
1	全水分	M_t	%	6～13
2	灰分	A_{ar}	%	6～16.5
3	干燥无灰基挥发分	V_{daf}	%	19.0～43.0
4	低位发热量	$Q_{net,ar}$	MJ/kg	24.3～29.8
5	收到基氮	N_{ar}	%	1.1～1.8
6	收到基全硫	$S_{t,ar}$	%	0.3～1.5
7	可磨性系数	HGI		45～80
8	灰软化温度	ST	℃	1100～1550

锅炉为单烟道固态排渣炉型，低NO_x燃烧系统由16只旋流燃烧器组成，分四层对冲布置。通过在燃烧器上实现多次空气分级（两个二次风，一个三次风）和布置分级燃尽风，标况下NO_x排放值可控制在小于600mg/m³。为防止CO腐蚀，布置有贴壁风。

炉膛的灰斗采用垂直管水冷壁，进入螺旋管圈前有一个中间联箱平衡焓差。灰斗采用垂直管水冷壁后使灰斗锥角由55°减小到45°，从而使锅炉高度降低2.5m。在设计时对燃烧器和吹灰器等穿墙孔的弯管阻力进行配平，因而未采用容易堵塞的节流圈。

锅炉采用带有循环泵的启动系统，配一台循环泵。当该循环泵故障停用时，经扩容器启动。省煤器采用鳍片管，由此可较光管省煤器节约布置高度1m左右。

末级过热器和再热器采用X20CrMoV121材料，分四路布置，在烟气中交叉布置，再辅以喷水减温，控制汽温偏差。

主蒸汽管道和再热蒸汽管道热段均为两路，采用X20CrMoV121材料，规格分别为ϕ346×48mm和ϕ588×29mm，管内流速为53m/s和62m/s。

二、烟气净化系统和烟风系统

烟气系统采用单台引风机、单台空气预热器的布置方式。烟气脱硝装置（SCR）位于锅炉出口。石灰石湿法脱硫装置布置在电除尘器后，不设脱硫和脱硝装置的烟气旁路。脱硫塔前有双层隔绝门，在锅炉停用和空气预热器故障时隔断烟气，保护脱硫塔内的胶衬。脱硫塔采用螺旋喷嘴。

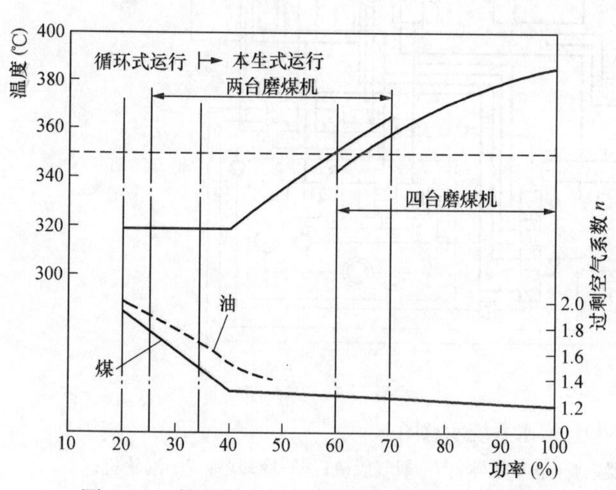

图2-30　催化剂入口烟气温度及过量空气系数

在低负荷运行时，通过提高过量空气系数维持脱硝催化剂要求的320℃最低工作温度，省去了烟气侧或水侧的旁路。在20%负荷时，过量空气系数将提高到2，见图2-30。

三、运行性能

机组启停实现全自动控制，为了保证快速、低损失启动并减少材料的寿命损耗，采取了以下措施：

（1）冷态启动时向水冷壁注入外来蒸汽循环运行将炉体加热到 180℃，使锅炉点火后即可产生蒸汽，当锅炉温升到 140℃，即用通过省煤器加热的空气将催化剂、空气预热器和电除尘器加热到 60℃（高于水的露点温度）。

（2）有控制地抽取辅助蒸汽量以改善对再热器的冷却。

（3）在旁路运行时即开始对蒸汽管道和汽轮机进汽阀进行加热。

从锅炉点火到满负荷的机组启动时间，热态启动时为 40min，周末停机后温态启动时为 240min，温态启动曲线见图 2-31。

纯滑压运行时，机组在 50%～90% 负荷范围的变负荷速率为 7%/min。

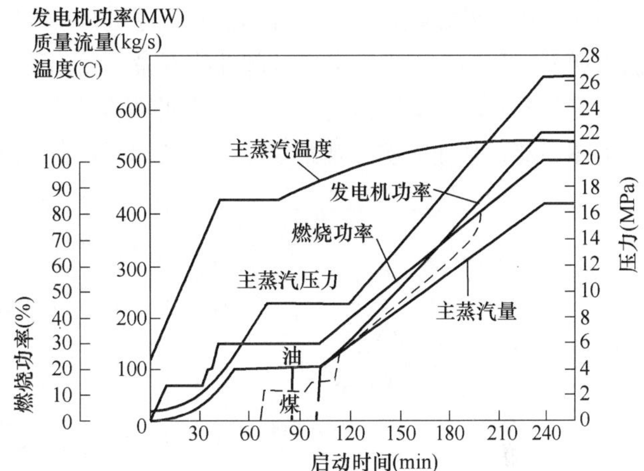

图 2-31　周末停炉后的温态启动曲线

四、验收试验

热力试验结果表明，满负荷和低负荷运行性能与设计指标达到良好的一致。高压蒸汽管道阻力小于设计值。在设计条件下锅炉、管道、汽轮机热效率略高于设计值，包括烟气净化装置在内的整台机组净效率为 43%，见图 2-32。

为了监测锅炉受热面的温度分布，安装了大量的温度测点，在蒸发受热面螺旋管圈出口处的 322 根管子上均装有测温点，在垂直管水冷壁管出口 484 根管子上，每 5 根装一热电偶监督工质温度。温度分布测量结果示于图 2-33 中。与平均值的最大偏差为 13～24℃，明显低于允许值。低负荷运行时情况相同。

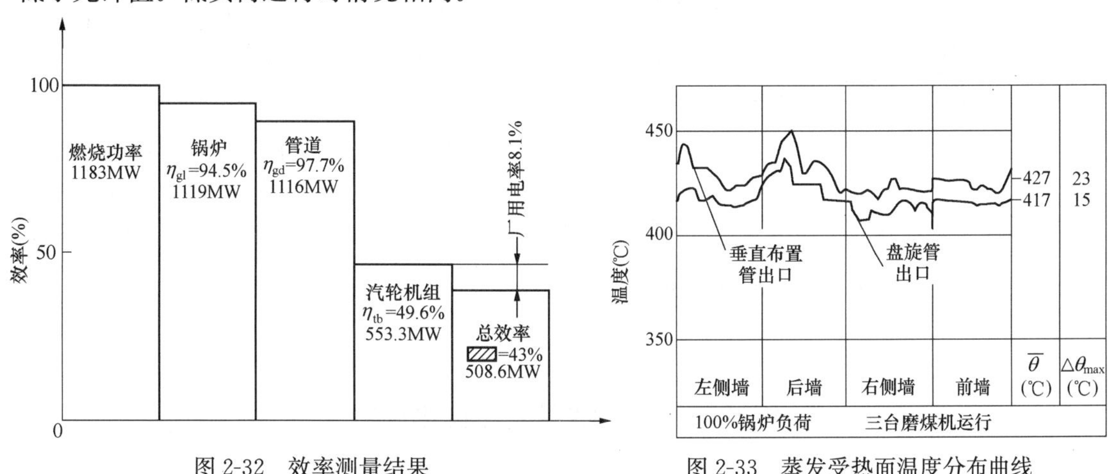

图 2-32　效率测量结果　　图 2-33　蒸发受热面温度分布曲线

在过热器和再热器出口联箱出口也装有温度测点以监督温度偏差，联箱入口各管子上的实测蒸汽温度与平均温度的偏差在过热器上为4～10℃，低于允许的22℃。再热器出口联箱实测温度偏差为6～19℃，也比允许值27℃低，见图2-34。

锅炉出口烟气温度的均匀分布对于脱硝催化剂非常重要，为此进行了24个测点的网格测量，满负荷时实测平均温度为386℃，标准偏差为5.4℃，在20%负荷点也保证了所要求的催化剂最低工作温度322℃，标准偏差为4.2℃。

五、运行监督

对于厚壁部件如联箱、启动分离器和三通进行了严密的运行监督，测定启停和负荷变化时的温度梯度，利用计算程序求出各部件的寿命损耗，运行人员可以在启停过程中对厚壁部件的温度梯度与允许温度梯度进行比较，并在监视器上显示出各部件允许温度梯度曲线与压力关系，见图2-35，从而可实时观察实际的温度梯度，在达到极限曲线前及时采取调整措施。

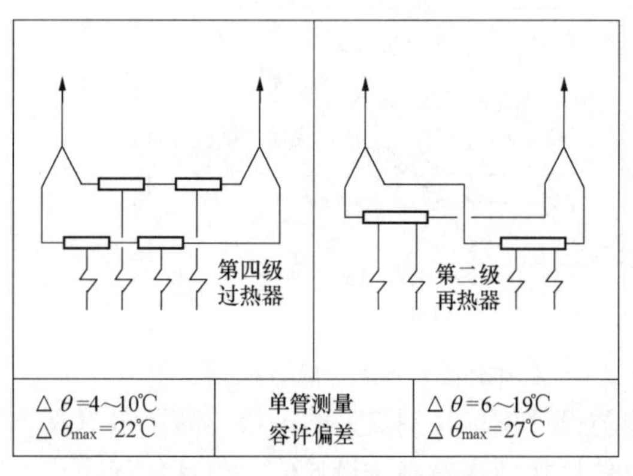

图2-34　出口联箱温度分布

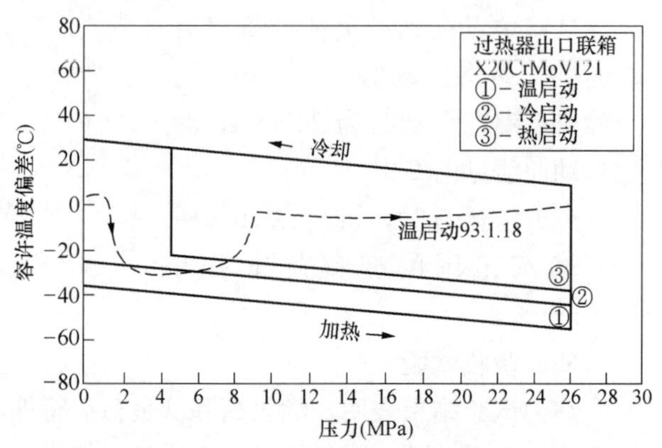

图2-35　对厚壁部件的温度监督

为了保证机组经济运行，除了实现最佳的设计质量外，还需要连续监督生产过程的质量，对于锅炉则主要是连续监督受热面的沾污和空气预热器漏风，为此采用了锅炉诊断系统，根据各部分受热面之间水汽侧的测量值和空气预热器范围烟风数据在线计算锅炉热平衡。通过与参考值的比较，可以及时识别与最佳运行工况的偏差。同时，该系统也可求出各受热面的沾污系数，以二进制信号送入自动控制系统，有选择地投入相应的吹灰器，既减少了吹灰汽耗，也减少了对受热面的冲刷磨损，见图2-36。

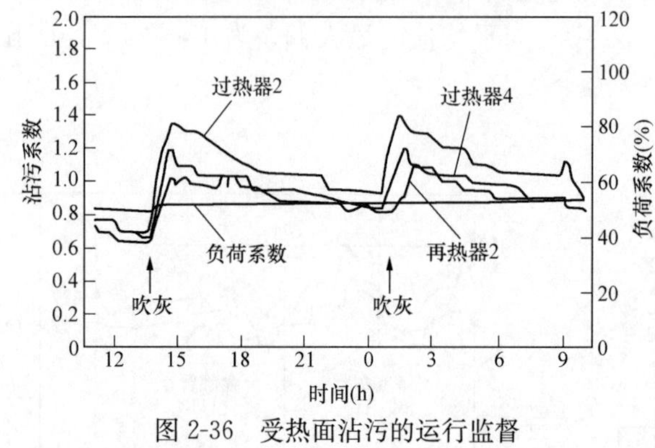

图2-36　受热面沾污的运行监督

第五节　超超临界二次再热机组

一、概述

提高蒸汽参数、增加再热次数均为提高发电机组效率的有效方法。

蒸汽压力参数提高使过程线在焓熵图上向左移动，汽轮机末级湿度增大，末级动叶的水蚀趋于严重。低压缸的排汽湿度最大不应超过 12%。若蒸汽参数选择 28.0MPa/580℃/600℃，汽轮机背压为 4.9kPa 时，排汽湿度将达到 10.7%。在主蒸汽温度/再热蒸汽温度 600℃/600℃、主蒸汽压力大于 30MPa 条件下，若不采用二次再热，汽轮机末级的湿度已超过设计规范。

在超超临界参数条件下，采用二次再热使机组热经济性得到提高，其相对热耗率改善值为 1.43%～1.60%，但机组的造价提高 10%～15%，而机组的投资一般占电厂总投资的 40%～45%，电站投资增加 4%～6.8%。

图 2-37 为二次再热机组蒸汽温度参数一定时，蒸汽压力变化对机组热效率的影响。

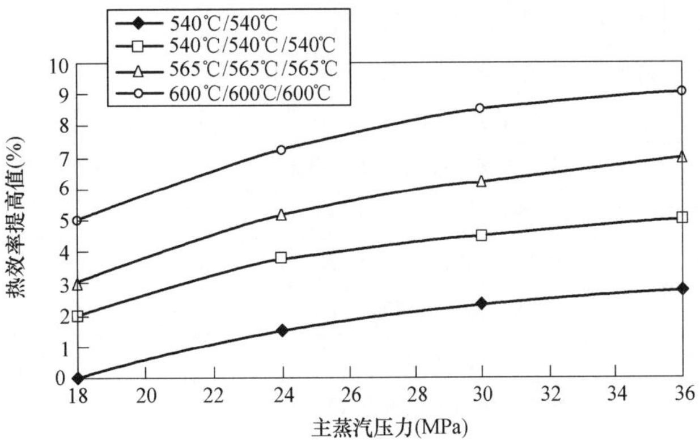

图 2-37　二次再热机组热效率相对提高值

在国际上，从 20 世纪 50 年代开始，美国、西德、日本等国家均建造了一定数量的二次再热发电机组。

截至 1976 年底，美国共建造了 25 台二次再热发电机组。在二次再热机组中，又以再热汽温逐步升高的 538℃/552℃/566℃这种机组使用得最普遍，共有 12 台，占二次再热机组的 48%。

截至 1976 年底，日本共建造了 23 台二次再热发电机组，且以 538℃/552℃/566℃这种再热蒸汽温度逐步上升的机组较多，占二次再热机组的 54.5%，采用的燃料多为重油。

二次再热机组发展的初期，由于过分注重初压的提高（大于 30MPa），采用二次中间再热而导致机组结构复杂、运行困难、可用率不高，其后运行参数被迫下降，出现了发展停滞和参数反复的现象。

国际上具有代表性的二次再热机组是日本川越电站两台 1989 年投运的 700MW（31MPa/566℃/566℃/566℃）超超临界机组和丹麦两台 1998 年投运的 415MW（28.5 MPa/580℃/580℃/580℃）超超临界机组。

二、二次再热型锅炉结构

二次再热型锅炉设有两个再热器，同时也使锅炉的受热面吸热量及比例发生了变化，表 2-15 给出了典型的 1000MW 一次再热和二次再热超超临界锅炉主要参数的比较，其中再热蒸汽吸热量的变化值达到了 53%。

表 2-15　　1000MW 一次再热和二次再热超超临界锅炉主要参数比较

序号	项 目 名 称	二次再热 1000MW 锅炉 (BMCR)	一次再热 1000MW 锅炉 (BMCR)	变化量
1	过热蒸汽流量（t/h）	2691	3040	－349
2	过热蒸汽出口压力［MPa（g）］	33.11	27.46	＋5.65

续表

序号	项目名称	二次再热 1000MW 锅炉（BMCR）	一次再热 1000MW 锅炉（BMCR）	变化量
3	过热蒸汽出口温度（℃）	605	605	
4	给水温度（℃）	314	297	+17
5	给水压力［MPa（g）］	37.11	31.46	+5.65
6	给水进口到过热蒸汽出口吸热量的变化（%）	82.6	100	−17.4
7	一次再热蒸汽流量（t/h）	2548	2540	
8	一次再热蒸汽进口压力（MPa）	11.82	6.07	+5.75
9	一次再热蒸汽进口温度（℃）	427	373	+54
10	一次再热蒸汽出口压力（MPa）	11.63	5.87	+5.76
11	一次再热蒸汽出口温度（℃）	613	603	+10
12	二次再热蒸汽流量（t/h）	2184		
13	二次再热蒸汽进口压力（MPa）	3.81		
14	二次再热蒸汽进口温度（℃）	433		
15	二次再热蒸汽出口压力（MPa）	3.56		
16	二次再热蒸汽出口温度（℃）	613		
17	再热蒸汽吸热量的变化（%）	153	100	+53
18	总热量的变化（%）	95	100	−5

日本姬路第二电厂 6 号锅炉是较为典型的二次再热型 600MW 超临界锅炉，该锅炉由石川岛播磨-福斯特惠勒公司设计制造，其整体结构如图 2-38 所示，于 1973 年 11 月正式投运。锅炉采用表面式热交换器来控制再热蒸汽温度，采用烟气再循环和二次燃烧方式以减少 NO_x 排放值。为了单烧和混烧各种重油、原油、粗汽油以及液化天然气，采用了管路混合方式。

炉膛水冷壁为多次上升垂直管屏、平炉底结构，燃烧器对冲布置。

再热器分一次再热器与二次再热器两个系统，一次再热器布置在尾部平行烟道的前烟道内，由烟道出口处的烟气挡板调节一次再热器的出口蒸汽温度。

二次再热器的水平段布置在尾部平行烟道的后烟道内，其垂直段布置在水平烟道的烟温较高处。二次再热器出口汽温是由布置在水平段与垂直段之间的管壳式热交换器（表面式减温器）进行调节。在热交换器内水平段二次再热器的出口蒸汽（高温工质）与省煤器进口的一部分给水（低温工质）进行热交换。通过调节阀调节热交换器进口的给水量来控制热交换量，使二次再热器的出口蒸汽温度保持在规定值。再热蒸汽通过热交换器降低温度，然后进入垂直段二次再热器，而来自热交换器的给水在炉膛第 3 回路进口处与流经省煤器、炉膛第 1 回路及炉膛第 2 回路的工质汇合。

烟气再循环是由 2 台 50%容量的烟气再循环风机把省煤器出口的一部分烟气升压后与空气预热器出口的空气混合。再循环烟气量为燃烧空气的 20%（质量比）。

考虑空气预热器的经济性，从省煤器出口的排烟中取出烟气，并送入风箱进口。采用烟气再循环使通过锅炉本体受热面的烟气量增加，从而容易达到所要求的蒸汽温度。布置受热

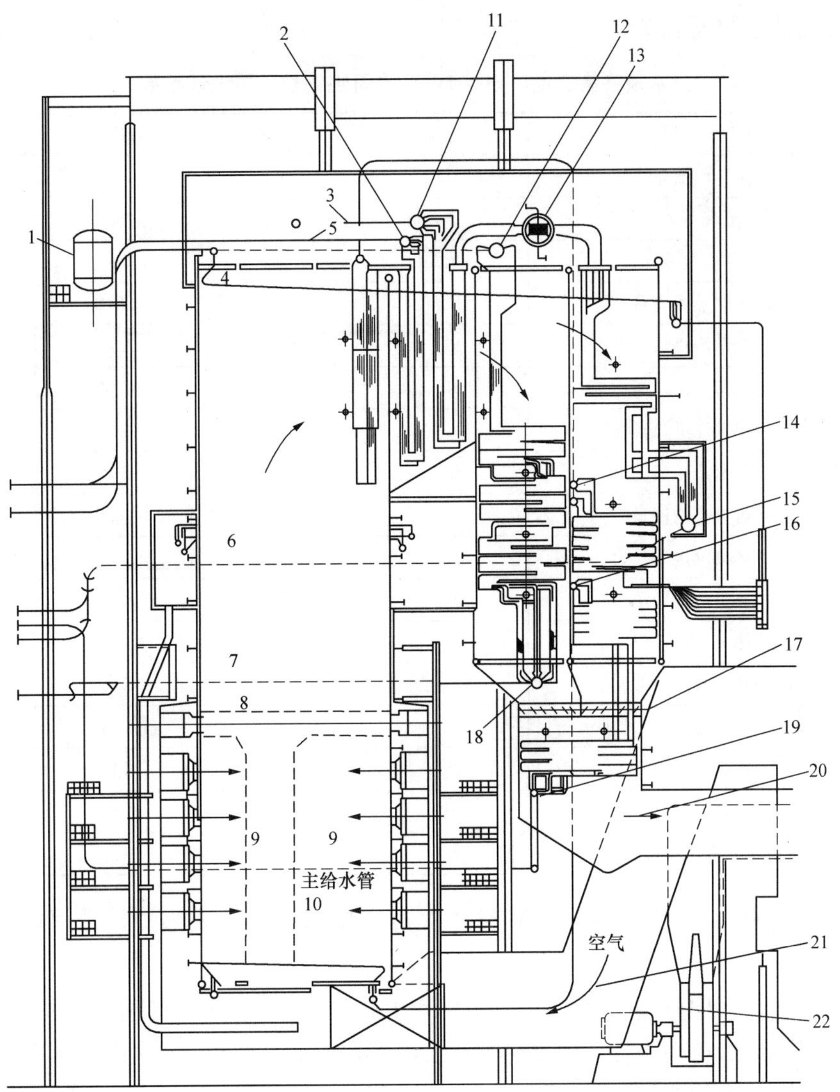

图 2-38　日本姬路第二电厂 600MW 二次再热锅炉

1—启动分离器；2—末级过热器出口联箱；3—二次高温再热蒸汽管道；4——次高温再热蒸汽管道；5—主蒸汽管道；6—二次低温再热蒸汽管道；7——次低温再热蒸汽管道；8—过量空气喷口；9—燃烧器；10—主给水管道；11—二次再热器出口联箱；12——次再热器出口联箱；13—二次再热器热交换器；14—水平式一级过热器出口联箱；15—二次再热器进口联箱；16—省煤器出口联箱；17—再热蒸汽温度调节挡板；18——次再热器进口联箱；19—省煤器进口集箱；20—烟气；21—空气；22—烟气再循环风机

面时已考虑烟气再循环的效果。锅炉运行中停用 1 台或 2 台再循环风机时，为了使得热烟气与热空气密封，设置了空气导管。

二次燃烧就是在炉膛前、后墙最上面一排燃烧器的上部各装置 4 个（共计 8 个）过量空气喷口，由此，把风箱里的一部分燃烧空气引入炉内。喷口位置与口径的选择以能使炉内烟、空气达到良好的混合以及减少 NO_x 排放值为原则。

锅炉按设计能燃用重油、原油、粗汽油、液化天然气 5 种燃料或其中任意 2 种燃料混烧，其主要设计参数见表 2-16。

表 2-16　　日本姬路第二电厂 600MW 二次再热锅炉主要设计参数

序号	项　　目	符号	单位	BMCR	BRL
1	过热蒸汽流量	D	t/h	1780	1703
2	主蒸汽压力	p_{gr}	MPa	25.0	25.0
3	主蒸汽温度	t_{gr}	℃	541	541
4	一次再热蒸汽流量	D_{zr1}	t/h	1578	1513
5	一次再热蒸汽进口压力	p_{zr11}	MPa	7.25	6.88
6	一次再热蒸汽出口压力	p_{zr12}	MPa	6.93	6.60
7	一次再热蒸汽进口温度	t_{zr11}	℃	360	355
8	一次再热蒸汽出口温度	t_{zr12}	℃	554	554
9	二次再热蒸汽流量	D_{zr2}	t/h	1355	1302
10	二次再热蒸汽进口压力	p_{zr21}	MPa	2.57	2.46
11	二次再热蒸汽出口压力	p_{zr22}	MPa	2.37	2.29
12	二次再热蒸汽进口温度	t_{zr21}	℃	407	407
13	二次再热蒸汽出口温度	t_{zr22}	℃	568	568
14	给水温度	t_{gs}	℃	288	285
15	排烟温度	θ_{py}	℃	145	143
16	空气预热器进口风温	t_{rk1}	℃	70	70
17	空气预热器出口风温	t_{rk2}	℃	365	360

图 2-39 是某锅炉厂设计的 1000MW 二次再热超超临界塔式锅炉，采用切向燃烧及低 NO_x 燃烧系统。

锅炉炉膛上部采用分隔烟道结构，受热面为卧式布置，前烟道布置高温过热器、一次再热器和省煤器。后烟道内布置高温过热器、二次再热器和省煤器。采用燃烧器摆动＋烟气挡板作为再热蒸汽温度的调节手段。喷水减温作为事故情况下的紧急调温手段。

图 2-40 所示为某锅炉厂设计的 1000MW 二次再热Ⅱ型锅炉，炉膛及折焰角上部布置分隔屏、后屏及末级过热器。水平烟道布置二次再热高温再热器、一次再热高温再热器。

锅炉尾部采用分隔烟道结构，前烟道内布置二次再热低温再热器及省煤器，后烟道内布置一次再热低温再热器及省煤器。采用烟气再循环＋烟气挡板作为再热蒸汽温度的调节手段。

三、国内设备研制进展

2012 年 3 月，国电泰州电厂二期 2×1000MW 超超临界二次再热发电项目经过研究论证，决定在国内首次采用二次再热技术，主蒸汽流量为 2639t/h，主蒸汽压力为 31MPa，主蒸汽温度为 600℃、再热温度为 610℃/610℃，发电效率高达 47.94%，比国内常规一次再热机组最高效率高出 2.12%，设计发电煤耗 256.2g/kWh，比常规超超临界机组煤耗低 14g/kWh。该项目的主机设备由上海电气电站集团设计制造。

2012 年 11 月，华能莱芜电厂 2×1000MW 二次再热机组工程项目签订了三大主机设备

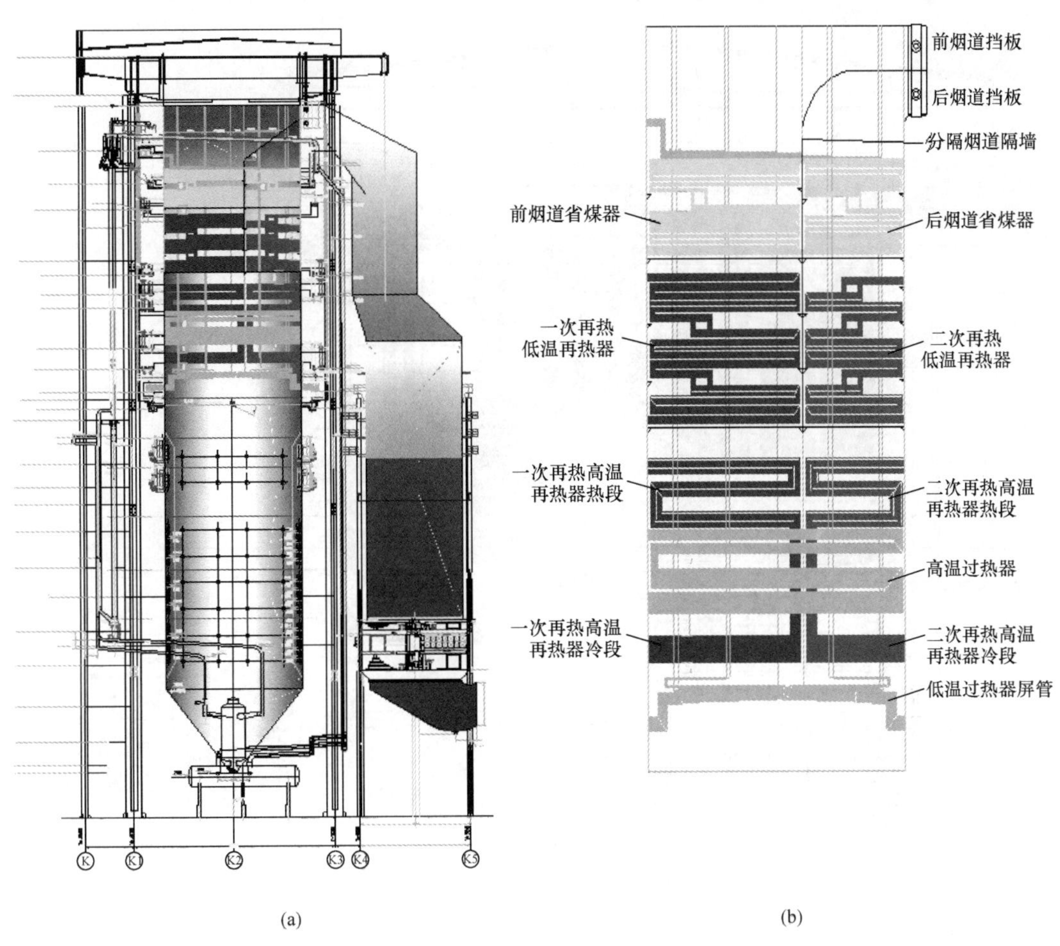

图 2-39 1000MW 二次再热塔式锅炉及受热面结构

(a) 锅炉整体布置；(b) 炉膛上部受热面结构

采购合同。锅炉采用哈尔滨锅炉厂设计的二次再热塔式锅炉，汽轮发电机组由上海电气电站集团提供。该机组设计蒸汽参数为 31MPa/600℃/620℃/620℃。

2012 年 11 月，华能安源电厂 2×660MW 二次再热机组工程项目签订了主机设备采购合同。锅炉采用哈尔滨锅炉厂设计的二次再热Ⅱ型锅炉，汽轮发电机组由东方电气集团提供，第一台机组计划于 2014 年底投运。

华能安源电厂二次再热型 660MW 超超临界锅炉主要设计参数见表 2-17，与之相匹配的汽轮机的入口参数为 31MPa/600℃/620℃/620℃（VWO 工况），锅炉的蒸汽流程见图 2-41。水冷壁为带有二次混合的中间混合联箱的垂直管圈结构，在下炉膛出来的汽水混合物在混合联箱中进行充分混合，以减少垂直水冷壁沿炉膛四墙工质出口温度的偏差。过热器采用三级布置，即分隔屏过热器、屏式过热器、末级过热器。高压再热器由低温再热器、末级再热器组成。低压再热器由低温再热器、末级再热器组成。其中高压低温再热器和低压低温再热器分别布置于尾部烟道的前、后竖井中，均为逆流布置。

过热器采用煤/水比作为主要汽温调节手段，并配合二级四点喷水作为主蒸汽温度的细调节。

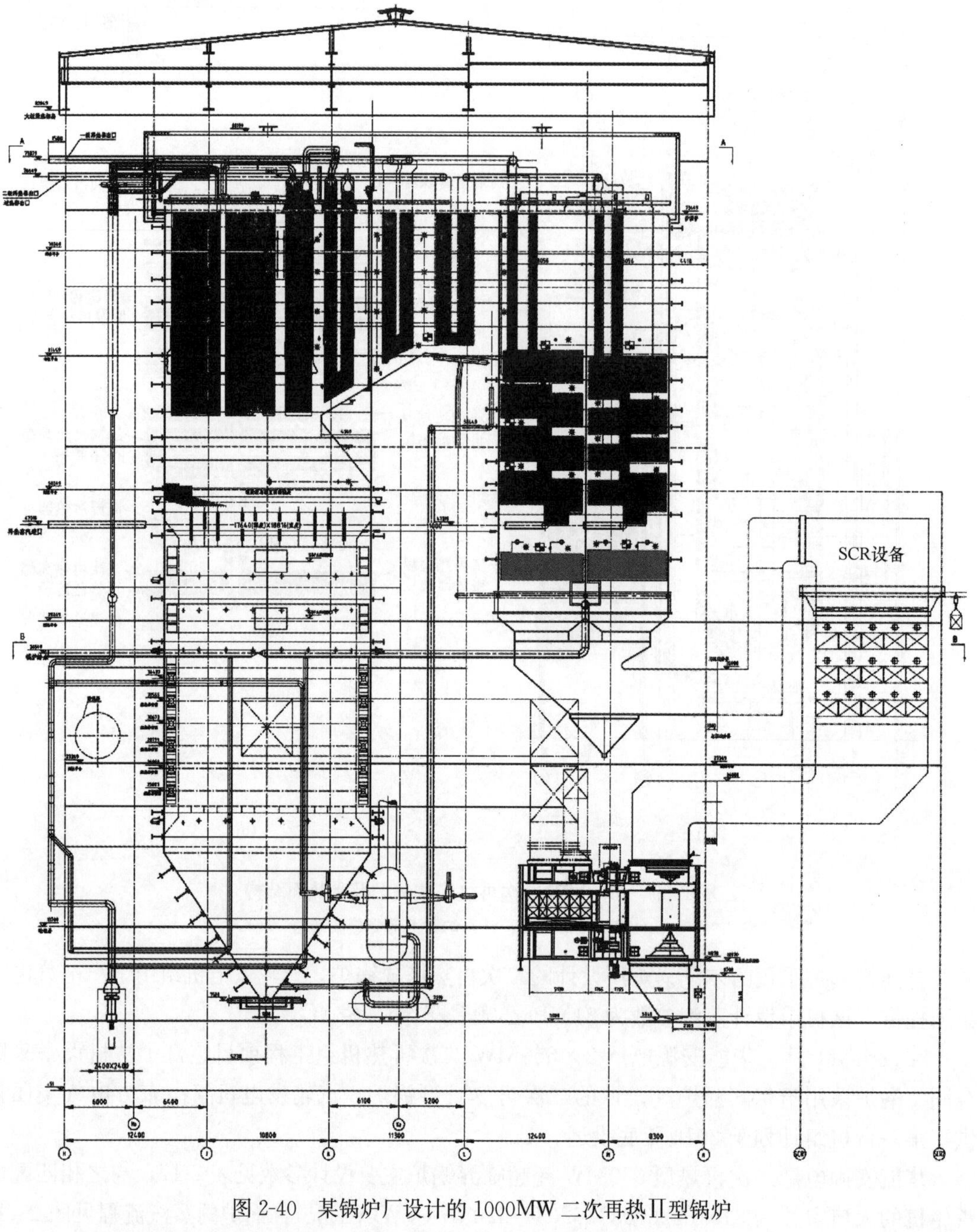

图 2-40　某锅炉厂设计的 1000MW 二次再热Ⅱ型锅炉

再热蒸汽温度以烟气调节挡板和烟气再循环为主要调温手段，同时在一、二级再热器之间的连接管道上装有事故喷水装置。摆动燃烧器作为辅助的调节手段。

表 2-17　　华能安源电厂 660MW 二次再热锅炉主要设计参数

序号	项　目	符号	单位	BMCR
1	过热蒸汽流量	D	t/h	1896
2	主蒸汽压力	p_{gr}	MPa	32.55
3	主蒸汽温度	t_{gr}	℃	605

续表

序号	项　　目	符号	单位	BMCR
4	一次再热蒸汽流量	D_{zr1}	t/h	1661
5	一次再热蒸汽进口压力	p_{zr11}	MPa	11.41
6	一次再热蒸汽出口压力	p_{zr12}	MPa	11.04
7	一次再热蒸汽进口温度	t_{zr11}	℃	430.4
8	一次再热蒸汽出口温度	t_{zr12}	℃	623
9	二次再热蒸汽流量	D_{zr2}	t/h	1409.8
10	二次再热蒸汽进口压力	p_{zr21}	MPa	3.51
11	二次再热蒸汽出口压力	p_{zr22}	MPa	3.32
12	二次再热蒸汽进口温度	t_{zr21}	℃	441.3
13	二次再热蒸汽出口温度	t_{zr22}	℃	623
14	给水温度	t_{gs}	℃	330.4
15	排烟温度	θ_{py}	℃	123
16	锅炉热效率	η_{gl}	%	94.3

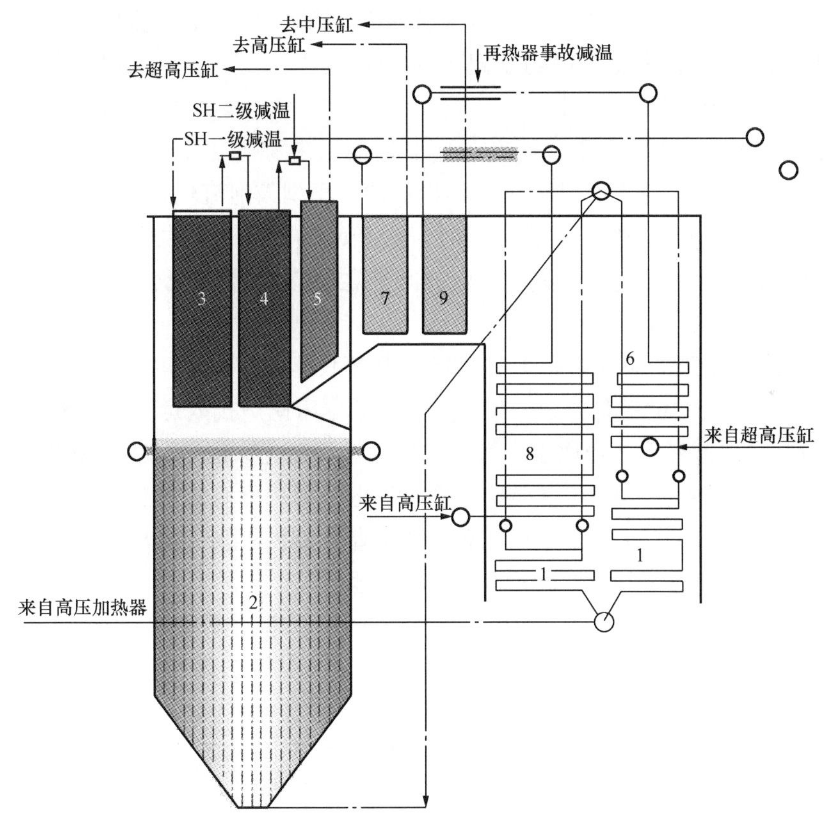

图 2-41　二次再热型 660MW 超超临界锅炉蒸汽系统流程

1—省煤器；2—水冷壁；3—分隔屏过热器；4—屏式过热器；5—末级过热器；6—低压低温再热器；7—高压末级再热器；8—高压低温再热器；9—低压末级再热器

第三章 循环流化床锅炉

第一节 循环流化床锅炉燃烧技术

循环流化床（CFB）锅炉是近20余年来发展起来的一种新型清洁煤燃烧技术。在短短的20多年期间，CFB锅炉技术得到了迅速发展，其工程应用已由小型CFB锅炉发展到600MW的超临界CFB锅炉。

CFB锅炉的技术基础是流态化，流态化工艺最初来源于化工生产中的流态化反应器。20世纪50年代流化床燃烧技术问世，60年代初期，小型鼓泡流化床（BFB）锅炉开始出现并得到发展。由于鼓泡床在燃烧劣质燃料时，受到诸如固体未完全燃烧损失大、脱硫效率低、埋管受热面磨损严重以及难以大型化等问题的限制，循环流化床锅炉燃烧技术应运而生。

CFB锅炉真正得到工程应用始于20世纪70年代末80年代初。1979年，芬兰奥斯龙（Ahlstrom）公司开发的世界首台20t/h商用循环流化床锅炉投入运行。1982年，德国鲁奇（Lurgi）公司开发的世界上首台用于产汽与供热的循环流化床锅炉（热功率84MW）建成投运。目前，世界上容量为300～600MW的循环流化床锅炉已有近百台投入运行，其中首台超临界CFB锅炉是采用美国福斯特·惠勒公司制造，安装在波兰瓦基莎（Lagisza）电厂的460MW超临界CFB锅炉，于2009年3月年投入运行。

我国自1989年11月第一台35t/h CFB锅炉投运以来，至今已有3000多台CFB锅炉投入商业运行。西安热工研究院、中国科学研究院工程热物理所、清华大学等国内研究院所和高校与各锅炉制造厂家先后开发出20～690t/h的CFB锅炉。由西安热工研究院和哈尔滨锅炉厂合作研制的首台国产330MW CFB锅炉于2009年1月在江西分宜发电厂成功投运。

四川白马示范电厂300MW CFB锅炉是国家采用技贸结合引进法国ALSTOM公司设备，于2006年4月建成投运。通过引进国外技术和国内自主开发研制，我国已有150多台100～150MW CFB锅炉投入运行，至2013年5月，300MW级CFB锅炉已有60余台投入运行。2013年4月，我国自主研制的600MW超临界CFB锅炉在四川白马示范电站成功投入运行。

国内外工程实践经验证明，CFB锅炉具有能够稳定燃烧煤粉锅炉难以燃用的各种劣质煤、环保特性好、负荷调节范围广等技术优点。

循环流化床锅炉的工作原理见图3-1，CFB锅炉燃用的固体燃料和石灰石脱硫剂在炉膛内以一种特殊的气固流动方式（流态化）运动，离开炉膛的颗粒被分离并送回炉膛循环燃烧，炉膛内固体颗粒的浓度高，燃烧、传质、传热剧烈，温度分布均匀。

CFB锅炉本体由炉膛、布风装置、分离器、回料阀、尾部烟道及外置换热器组成。其中炉膛由膜式水冷壁构成，底部为布风板。炉膛下部锥段用耐磨耐火材料覆盖，并依燃烧工艺要求开设二次风口、循环灰回灰口、排渣口及点火启动燃烧器等孔口。上部直段炉膛四周为水冷壁受热面。炉膛出口与循环灰分离器入口相连，分离器出口与布置过热器、省煤器和空气预热器等对流受热面的尾部烟道相连接。为平衡炉膛换热热量，可在炉膛内或灰循环回路中另布置部分受热面。炉膛底部设置底渣冷却系统。

炉膛出口处、分离器及回料系统内壁面等易磨损部位覆盖耐磨耐火材料。

一次风（流化风）经过风室由炉膛底部穿过开孔的布风板送入炉膛，布风板上安装有风帽。炉膛内粒度为0～8mm的固体颗粒（燃料、石灰石、砂粒等）被流化风流化呈流体的特性并充满整个炉膛，较细的颗粒被气流夹带飞出炉膛并由旋风分离器分离收集，通过分离器下面的立管与回料器送回炉膛循环燃烧，烟气和未被分离器捕集的细小颗粒排入尾部烟道，尾部烟道和除尘器等与常规煤粉锅炉相似。

典型CFB锅炉结构如图3-2所示。

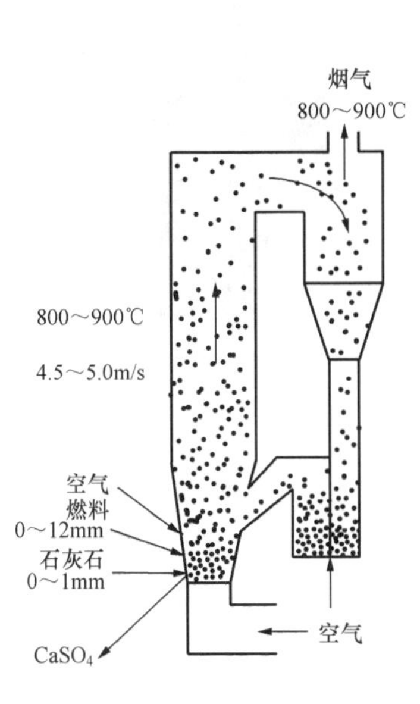

图3-1　循环流化床锅炉工作原理

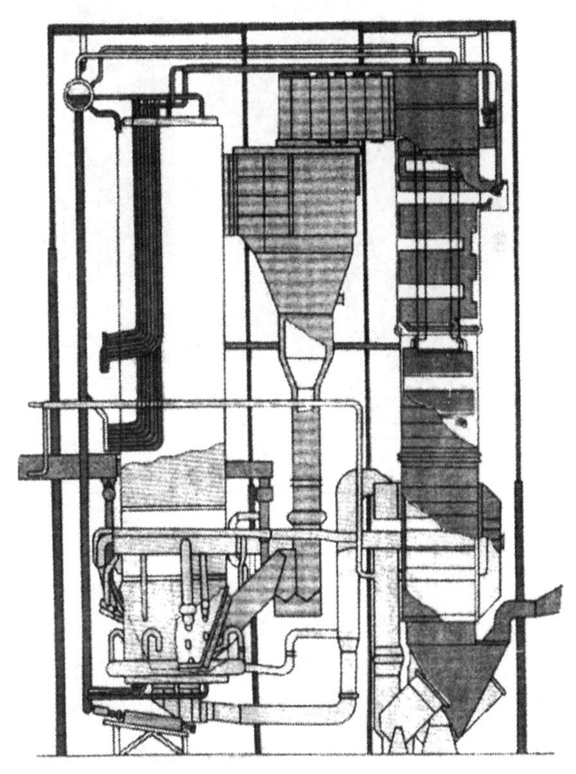

图3-2　典型CFB锅炉结构

第二节　大型循环流化床锅炉工程应用

一、美国JEA电厂300MW CFB锅炉

美国Jacksonville（JEA）电厂2×300MW CFB锅炉，是大型CFB锅炉的典型实例，该锅炉由美国Foster Wheeler公司设计制造，蒸发量为904t/h，蒸汽参数为18.9MPa、540℃/540℃，再热蒸汽流量为804t/h，再热蒸汽压力为4.0MPa，锅炉燃用石油焦和烟煤，分别于2002年5月和7月投运。

JEA电厂300MW锅炉结构如图3-3所示，该锅炉采用3个直径为7.3m的汽冷旋风分离器，汽冷旋风分离器作为初级过热器，其结构见图3-4。炉膛高度为35.1m，炉膛尺寸为26.1m×6.7m，锅炉的整体循环换热器（Integrated Recycle Heat Exchange Bed，Intrex）内布置二级过热器和三级过热器，Intrex内流化速度为0.6m/s左右，尾部采用双烟道调节。炉前共5个煤仓，给煤采用前墙通过6点和后墙4点给入炉内，采用选择性底渣冷却器。

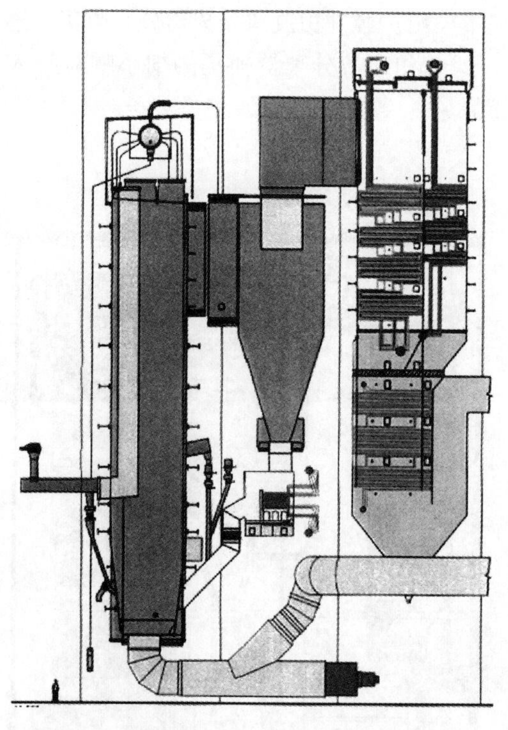

图3-3　JEA电厂300MW CFB锅炉结构

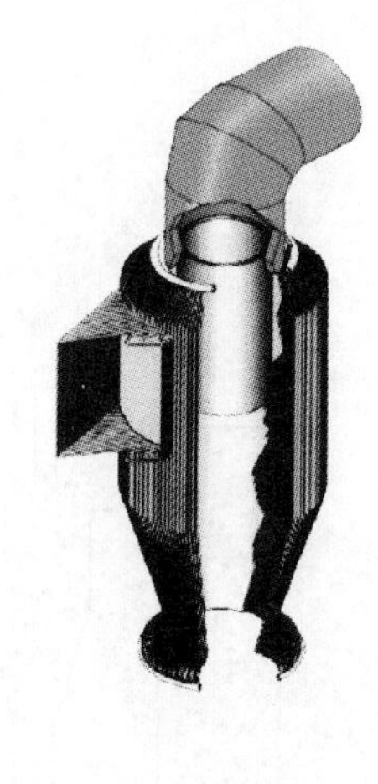

图3-4　汽冷旋风分离器

JEA电厂CFB锅炉运行稳定，能够100%的燃烧石油焦及100%的燃烧煤，或煤和石油焦混烧。该锅炉的主要运行性能参数及排放特性见表3-1。

JEA电厂2×300MW CFB锅炉除了锅炉本身采用石灰石脱硫外，还采用了第二级烟气脱硫反应器。由于该锅炉燃用的是高硫燃料，要达到高脱硫效率，采用的钙硫比为1.77～2.68（取决于不同燃料混合比例），除炉内脱硫外，在飞灰中还含有未反应的石灰CaO，在

表 3-1　　JEA 电厂 300MW CFB 锅炉运行性能参数及排放特性

项　目	符号	单位	保证值	50%石油焦与50%匹茨堡 8 号煤	100%匹茨堡 8 号煤
主蒸汽流量	D	t/h	904	840	906.8
主蒸汽压力	p_{gr}	MPa	17.23	16.55	16.54
主蒸汽温度	t_{gr}	℃	538	539	536
再热蒸汽流量	D_{zr}	t/h	804	806	826
再热蒸汽压力	p_{zr}	MPa	3.77	3.92	3.93
再热蒸汽温度	t_{zr}	℃	538	542	542
给水温度	t_{gs}	℃	253	251	251
锅炉效率（按高位热值）	η_{gl}	%	88.1	91.6	90.6
锅炉脱硫效率	η_{sb}	%	85	97.5	96.8
尾部反应器脱硫效率	η_{sda}	%	12.1	1.3	1.8
总脱硫效率	η_{s}	%	97.1	98.8	98.6
燃料含硫量	S_{ar}	%	3.3～6.7	5.34	4.84
钙硫比 Ca/S	m		2.88	1.7	1.77
SO_2 排放值	C_{SO_2}	mg/m³（标况）	185	114	125
NO_x 排放值	C_{NO_x}	mg/m³（标况）	111	86	91
CO 排放值	C_{CO}	mg/m³（标况）	285	18.45	32
SO_3 排放值	C_{SO_3}	mg/m³（标况）	0.5		
HF 排放值	C_{HF}	mg/m³（标况）	0.2	0.02	0.003 8
Pb 排放值	C_{pb}	mg/m³（标况）	0.033	0.001	0.000 43
Hg 排放值	C_{Hg}	mg/m³（标况）	0.013	0.01	0.008 9
粉尘排放值	C_{fc}	mg/m³（标况）	14		4.92
可吸入颗粒 PM10	C_{PM10}	mg/m³（标况）	14	5.41	5
烟气浊度	OPA	%	10	1.01	1.1

尾部空气预热器出口安装喷水活化石灰的脱硫反应器后，CaO 和水生成 $Ca(OH)_2$，$Ca(OH)_2$ 具有极强的反应活性，能够迅速将烟气中剩余的低浓度 SO_2 吸收，进一步降低 SO_2 的排放。该 CFB 锅炉在 2004 年 1 月的测试结果表明，在空气预热器出口脱硫效率为 97.5%，此值为锅炉本体的脱硫效率，在尾部脱硫反应器出口的脱硫效率为 98.8%，即脱硫反应器的脱硫效率为 1.3%。由于该电厂极高的脱硫效率，使其 SO_2 排放值远低于环保所要求的排放值，因此，JEA 电厂将其多出的排放指标出售给其他达不到排放要求的电厂而得到经济效益。

二、四川白马示范电厂 300MW CFB 锅炉

四川白马示范电厂引进的法国 Alstom 公司的 300MW CFB 锅炉如图 3-5 所示。

图 3-5　四川白马示范电厂 300MW CFB 锅炉

白马 300MW CFB 锅炉采用裤衩腿设计，炉膛高约 35.5m，炉膛截面积 189m^2，锅炉设有 4 个旋风分离器，直径 7.95m，分别布置于炉膛的两侧。旋风分离器采用分离器长进口管，以确保足够大的加速度和颗粒预分离，提高旋风分离器效率。由旋风分离器分离下来的循环灰，一部分通过回料阀后直接返回燃烧室（热灰），另一部分由锥形阀调节，流入外置换热器后再返回燃烧室（冷灰）。锥形阀安装在回料装置到外置换热器的热灰管上。锥形阀结构如图3-6 所示。外置换热器内布置一、二级过热器和高温再热器，锅炉的尾部烟道内布置高温过热器、低温再热器、省煤器，外置换热器结构如图 3-7 所示。锅炉采用四分仓回转式空气预热器。

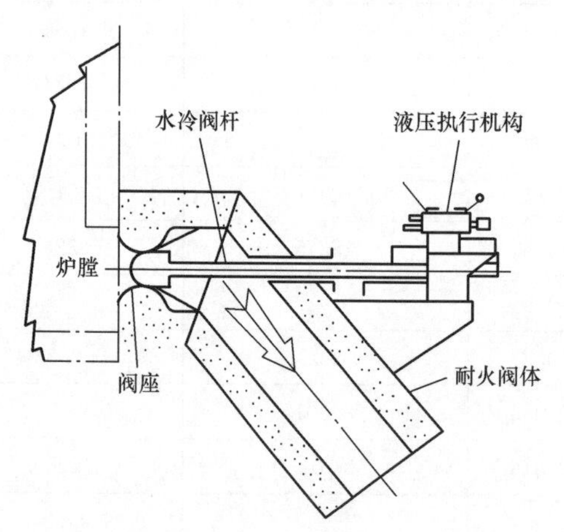

图 3-6　锥形阀结构

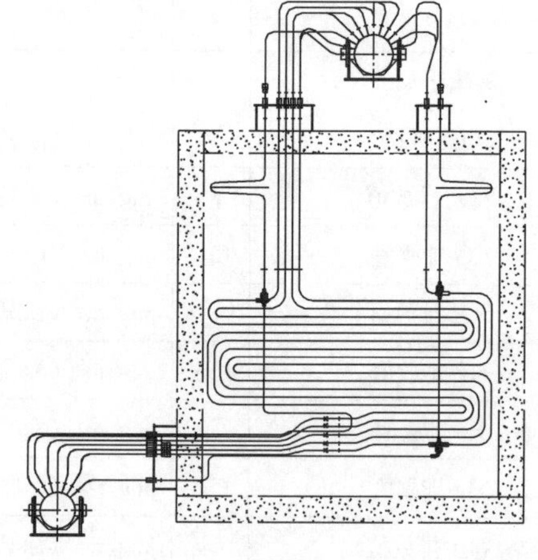

图 3-7　外置换热器结构

四川白马示范电厂 300MW CFB 锅炉性能参数见表 3-2。

表 3-2　四川白马示范电厂 300MW CFB 锅炉性能参数

序号	项　目	单位	设计值	测试值
1	煤的低位发热量	MJ/kg	18.49	15.93
2	煤的收到基含硫量	%	3.54	2.53
3	煤的收到基含氮量	%	0.56	0.48
4	干燥无灰基挥发分	%	14.99	17.83
5	锅炉蒸发量	t/h	1025	1025
6	过热蒸汽压力	MPa	17.4	17.4
7	过热蒸汽温度	℃	540	540

续表

序号	项　　目	单位	设计值	测试值
8	再热蒸汽流量	t/h	844	
9	再热蒸汽进口压力	MPa	3.9	3.71
10	再热蒸汽出口压力	MPa	3.7	3.53
11	再热蒸汽进口温度	℃	300	325
12	再热蒸汽出口温度	℃	540	540
13	给水温度	℃	280	278
14	锅炉热效率	%	91.9	93.29
15	SO_2	mg/m^3	600	550
16	NO_x	mg/m^3	250	90
17	Ca/S	—	1.8	1.69
18	脱硫效率	%	94.1	94.7
19	最低不投油稳燃负荷	%BMCR	35	34

三、江西分宜发电厂 330MW CFB 锅炉

西安热工研究院和哈尔滨锅炉厂合作开发的首台国产 330MW CFB 锅炉的整体结构如图 3-8 所示，安装于江西分宜发电厂。该锅炉性能参数见表 3-3。

该锅炉于 2009 年 1 月 7 日通过 168h 试运后投入商业运行。

表 3-3　　江西分宜发电厂 330MW CFB 锅炉性能参数

序号	项　　目	单位	设计值	测试值
1	煤的低位发热量	MJ/kg	14.95	17.65
2	煤的收到基含硫量	%	0.62	1.28
3	煤的收到基含氮量	%	0.69	0.56
4	干燥无灰基挥发分	%	16.08	10.79
5	锅炉蒸发量	t/h	1025	1025
6	过热蒸汽压力	MPa	18.6	18.6
7	过热蒸汽温度	℃	543	543
8	再热蒸汽流量	t/h	929	
9	再热蒸汽进口压力	MPa	4.49	4.35
10	再热蒸汽出口压力	MPa	4.49	4.12
11	再热蒸汽进口温度	℃	340	332
12	再热蒸汽出口温度	℃	543	543
13	给水温度	℃	259	256
14	锅炉热效率	%	89.03	90.3
15	SO_2 排放值	mg/m^3	390	380
16	NO_x 排放值	mg/m^3	235	140
17	Ca/S	—	2.3	2
18	脱硫效率	%	81.4	83.72
19	最低不投油稳燃负荷	%BMCR	35	30

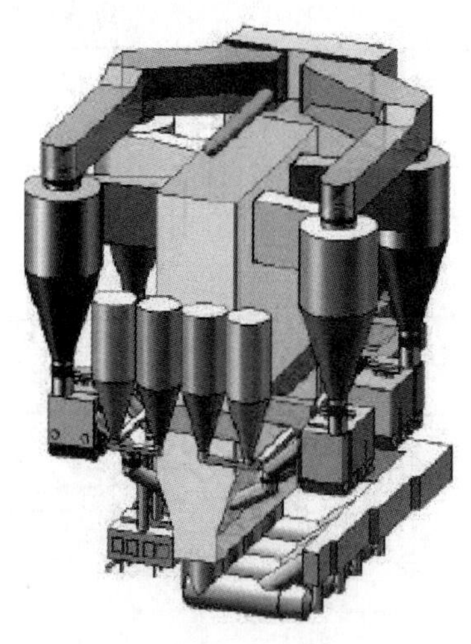

图 3-8 首台国产 330MW CFB 锅炉的整体结构

国产 330MW CFB 锅炉燃烧室底部为水冷布风板，布风板上采用回流式风帽。锅炉炉膛为单布风板、单炉膛结构，四周由膜式水冷壁构成。炉膛水冷壁管径为 $\phi57\times5.6$mm，下部锥段为密相区和过渡区，上部直段为稀相区。炉膛内与后墙垂直布置屏式过热器，整个炉膛为全悬吊结构。两侧墙水冷壁在炉膛下部形成大锥段结构，锥段高度 7.5m。锥段四周水冷壁上打防磨销钉，并敷设耐磨耐火材料。锥段四周开有二次风口共 40 个，分两层布置，两侧墙共 8 个回料口，左侧墙 4 个排渣口。炉膛的设计床温为 910℃。

该台 CFB 锅炉采用了气动控制原理的紧凑式分流回灰换热器专利技术，旋风分离器内径 8m，为有效提高旋风分离器分离效率，采用了变截面加速段结构。旋风分离器下部立管直接与紧凑式分流回灰换热器连接，四台紧凑式分流回灰换热器（CHE）内分别布置部分过热器和再热器。紧凑式分流回灰换热器结构如图 3-9 所示。

330MW CFB 锅炉汽水流程见图 3-10。锅炉布置有三级过热器，二级过热器（SHⅡ）布置在炉膛内，三级过热器（SHⅢ）布置在尾部烟道，一级过热器（SHⅠ）布置在 CHE 内。过热器系统设有三级喷水减温器。两级再热器分别布置在分流回灰换热器内和尾部烟道内，一级再热器（RHⅠ）管径为 $\phi57\times5$mm，材料为 15CrMoG，二级再热器（RHⅡ）管径为 $\phi63.5\times5.6$mm。再热器系统设有一级事故喷水减温器。省煤器采用 $\phi48\times6$mm 的蛇形钢管，顺列逆流布置。烟道内有三个出口联箱，从联箱上各引出 222 根出水管，作为三级过热器和一级再热器的吊挂管，垂直向上穿出烟道外。330MW CFB 锅炉选用四分仓回转式空气预热器，配备 5 台滚筒式冷渣器。

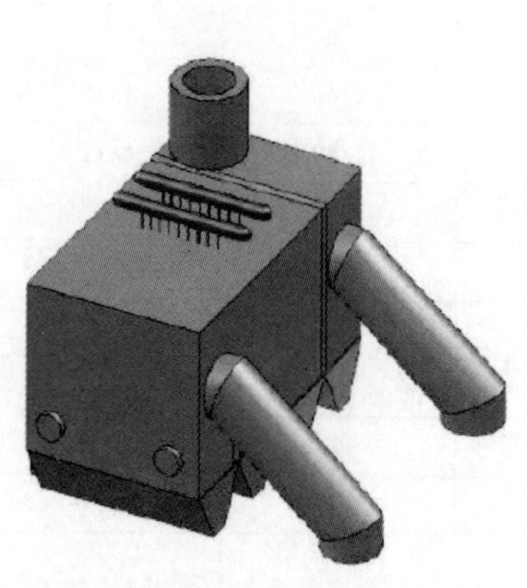

图 3-9 紧凑式分流回灰换热器结构（孙献斌等，2000）

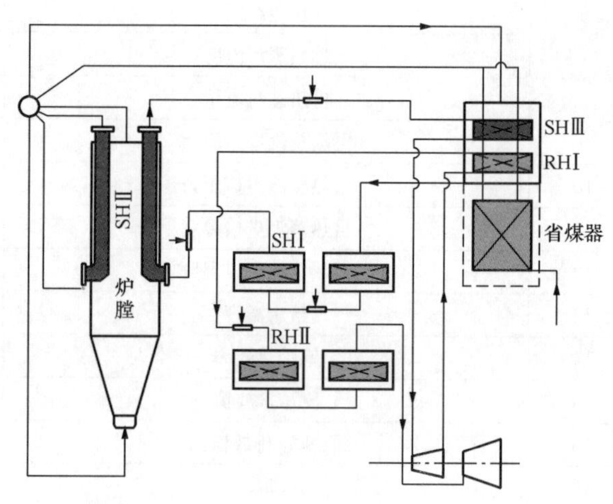

图 3-10 330MW CFB 锅炉汽水流程

点火系统采用床上及床下联合点火启动方式，其总的热功率为 30% BMCR。床下设置 4 台热烟气发生炉，热功率为 4×3% BMCR，床上设置 8 个油枪作为辅助点火装置，热功率为 8×2.25% BMCR，布置在两侧墙上。

330MW CFB 锅炉布置了 4 条给煤系统。每套系统包括 2 台刮板式给煤机，每套系统设计传送 25%的燃料量。

四、国产 300MW CFB 锅炉

哈尔滨锅炉厂、东方锅炉厂、上海锅炉厂开发的不带外置换热器的 300MW CFB 锅炉，该型锅炉比较适合于燃用褐煤及烟煤，见图 3-11。

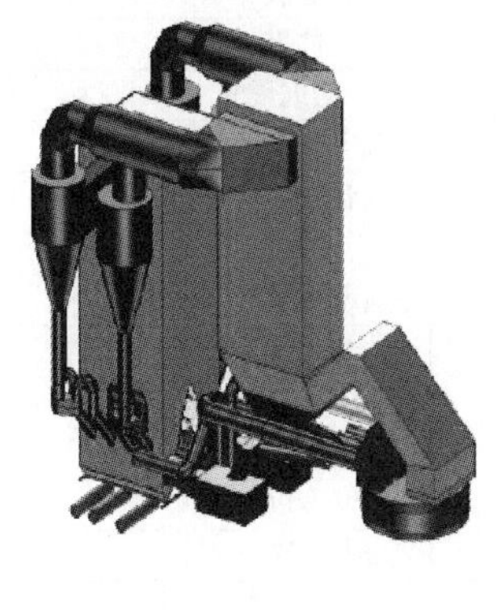

(a)

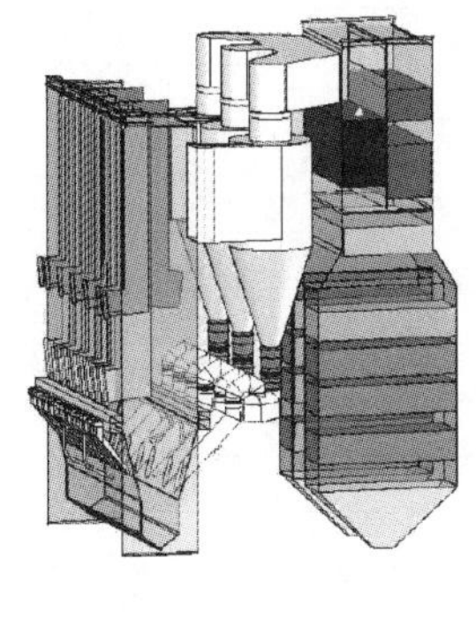

(b)

(c)

图 3-11　自主型 300MW CFB 锅炉

(a) HG-300CFB；(b) DG-300CFB；(c) SG-300CFB

东方锅炉厂采用汽冷分离器的国产 300MW CFB 锅炉首台产品，于 2008 年 7 月在广东宝丽华电力有限公司梅县荷树园电厂投入运行。

哈尔滨锅炉厂采用绝热分离器的国产 300MW CFB 锅炉首台产品，于 2010 年 8 月在神东电力郭家湾电厂投入运行。

上海锅炉厂采用绝热分离器的国产 300MW CFB 锅炉首台产品，于 2010 年 8 月在广东粤电云浮发电厂投入运行。

至 2012 年 6 月，我国已投运的 300MW 级 CFB 锅炉共 60 台，见表 3-4。其中 17 台采用国外技术设计制造，其余 43 台为自主研发炉型。

表 3-4　　国内已投运的 300MW 级 CFB 锅炉

序号	电厂名称	锅炉容量（MW）	台数	煤质	备注
1	四川白马示范电厂	300	1	贫煤	引进技术
2	云南红河电厂	300	2	褐煤	引进技术
3	云南巡检司电厂	300	2	褐煤	引进技术
4	云南国电开远电厂	300	2	褐煤	引进技术
5	秦皇岛热电厂	300	2	烟煤	引进技术
6	内蒙古蒙西电厂	300	2	烟煤	引进技术
7	安徽中利发电有限公司	300	2	烟煤+煤泥	引进技术
8	山西平朔煤矸石发电有限责任公司	300	2	煤矸石+煤泥	引进技术

续表

序号	电厂名称	锅炉容量（MW）	台数	煤质	备注
9	辽宁调兵山电厂	300	2	烟煤	引进技术
10	江西分宜发电有限责任公司	330	1	贫煤	
11	广东宝丽华电力有限公司	300	2	无烟煤	
12	神东电力郭家湾电厂	300	2	烟煤	
13	沈煤集团红阳能源坑口煤矸石热电厂	330	2	烟煤	
14	广东云河电厂	300	2	烟煤	
15	福建龙岩坑口电厂	300	2	无烟煤	
16	徐矿综合利用发电厂	330	2	烟煤	
17	宜昌东阳光火力发电有限公司	300	2	贫煤	
18	广东坪石电厂	300	2	无烟煤	
19	京海煤矸石电厂	330	2	烟煤＋煤矸石	
20	内蒙古京泰煤矸石电厂	300	2	烟煤＋煤泥	
21	神东电力萨拉齐电厂	300	2	烟煤	
22	大唐鸡西 B 电厂	300	2	烟煤＋煤矸石	
23	华能吉林白山煤矸石电厂	330	2	烟煤	
24	京玉发电厂	300	2	烟煤＋煤矸石	
25	山西山阴煤矸石电厂	300	2	烟煤＋煤矸石	
26	宁夏宁东电厂	300	2	烟煤＋煤矸石	
27	内蒙古准能坑口煤矸综合利用电厂	300	2	烟煤＋煤矸石	
28	福建漳平电厂	300	2	无烟煤	
29	福建永安电厂	300	2	无烟煤	
30	神东电力新疆米东电厂	300	2	烟煤	
31	淮南矿业顾桥电厂	330	2	烟煤	

第三节　超临界循环流化床锅炉

一、超临界循环流化床锅炉技术

超临界 CFB 锅炉作为下一代 CFB 锅炉技术，由于可以得到较高的发电效率，脱硫成本比 FGD 低 50%以上，而投资最多与 PC＋FGD 持平。超临界 CFB 锅炉同时兼备了 CFB 锅炉燃烧技术和超临界压力锅炉的优点，代表了现代电厂锅炉的先进技术。

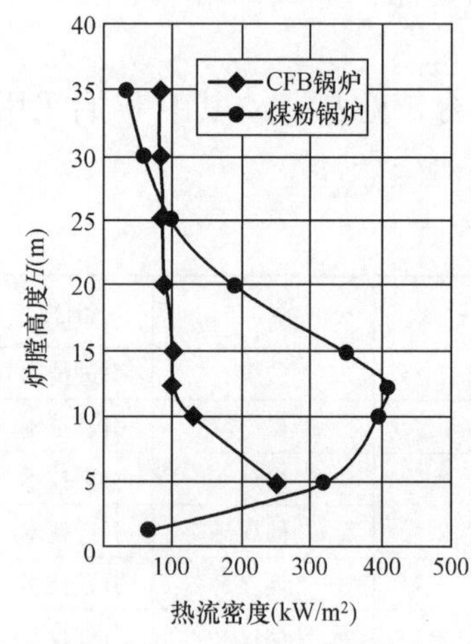

图 3-12　煤粉锅炉与 CFB 锅炉炉内热流密度

由于 CFB 锅炉炉内截面热负荷较低（约 3.5MW/m²）、炉内燃烧温度较低且沿炉高分布均一，炉内热流密度低于煤粉锅炉，热流密度较高区域对应于工质温度最低的炉膛下部，如图 3-12 所示，因此水冷壁管内出现传热恶化的可能性大为减小，可采用较低的质量流率。CFB 锅炉炉内水冷壁由于灰颗粒的冲刷而较为清洁，无积灰和结渣，也使水冷壁具有较好的传热性能。

超临界参数锅炉的技术关键是水冷壁，经过长期发展，螺旋管管圈与垂直管屏（本生技术）水冷壁成为目前的主流技术，为避免 CFB 锅炉炉内边壁下降颗粒流对管壁的磨损，超临界 CFB 锅炉的水冷壁应采用垂直管屏结构。

如果水冷壁的垂直管屏采用光管，管内较低的质量流速可能会使汽－水侧产生较低的“类膜态传热”，造成传热恶化。为了降低超临界 CFB 锅炉炉内工质传热恶化的可能性，FW 公司的超临界 CFB 炉膛水冷壁管采用光管和内螺纹组合的炉膛水冷壁结构，在一定范围内可以消除光管的不足。光管与内螺纹管内蒸汽特性参数对比见图 3-13。

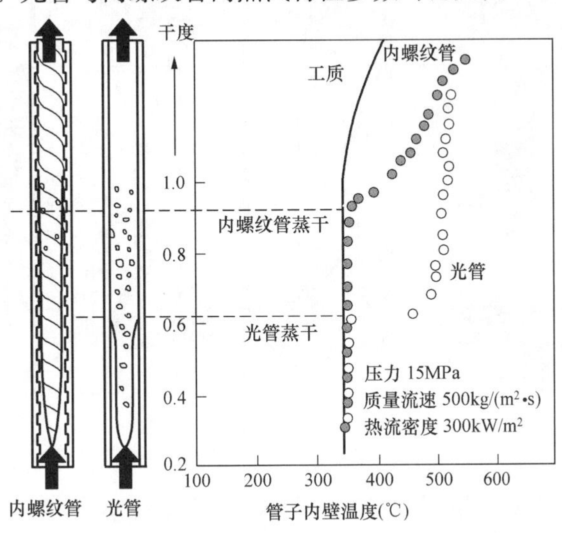

图 3-13　光管与内螺纹管内蒸汽特性参数对比

内螺纹管抵抗膜态沸腾和推迟传热恶化的机理是因为工质受到内螺纹的作用而产生旋转，从而增强了管子内壁面附近流体的扰动，使水冷壁管内壁面上产生的汽泡可以被旋转向上流动的液体及时带走。在旋转力的作用下，水流紧贴管子内壁面流动，从而避免了汽泡在管子内壁面上的积聚所形成的“汽膜”，保证了管子内壁面上有连续的水流冷却。

对超临界 CFB 锅炉运行过程中当一台给煤机停机时，其他给煤机要分担该台给煤机的给煤量。如果锅炉对运行的这种波动很敏感，在炉内就会发生局部过热或不平衡现象。FW 公司对 400～500MW CFB 锅炉的这种情况进行过大量的研究，发现炉膛燃烧温度和热流的差别很小。流体动态计算机三维数学模型计算得到的炉内热流密度分布特性表明，烟气温度的最大偏差仅 25℃，如图 3-14 所示。但这种差别很小的燃烧温度和热流密度分布特性，仍有待于实炉的进一步验证。

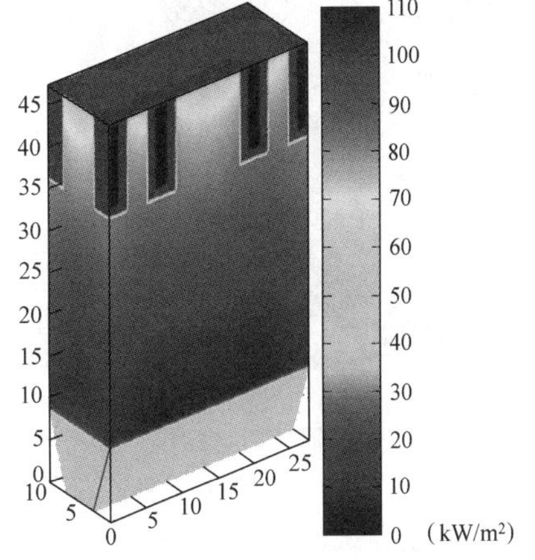

图 3-14　CFB 锅炉炉膛内热流分布计算结果（Arto Hotta，2008）

目前，国外 Alstom 公司和 FW 公司正在进行超临界 CFB 锅炉的研究开发。其中，FW 公司以其 CFB 锅炉的设计经验和垂直管圈变压运行直流锅炉专利技术的许可证为基础，研究开发出了 460MW 超临界循环流化床锅炉直流锅炉技术。

国内大型锅炉制造厂也开展了600MW超临界CFB锅炉的研究工作，并相继完成了600MW超临界CFB锅炉方案，如图3-15所示。

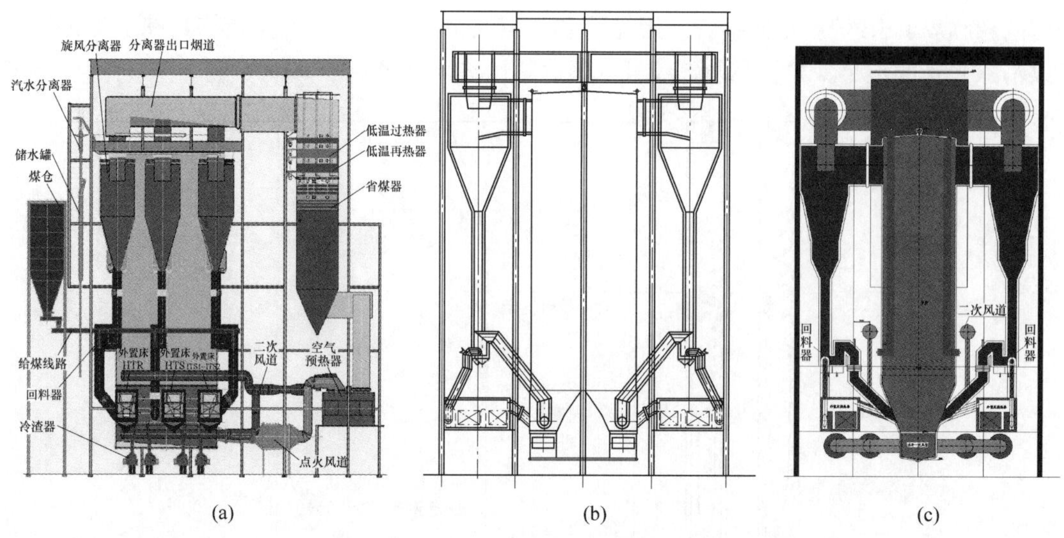

图3-15　国产600MW超临界CFB锅炉方案

(a) DG-600 CFB；(b) HG-600 CFB；(c) SG-600 CFB

图3-16所示为CERI研究设计的国产600MW超临界CFB锅炉技术方案，表3-5为国产600MW超临界CFB锅炉的设计参数。

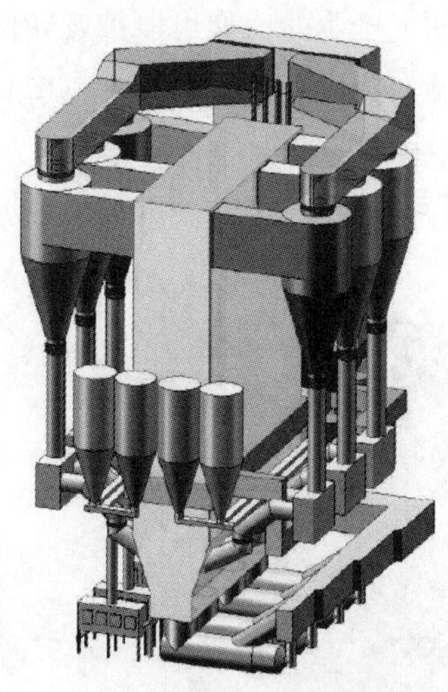

图3-16　CERI研究设计的国产600MW超临界CFB锅炉方案（孙献斌等，2010）

表3-5　CERI国产600MW超临界CFB锅炉的设计参数

项　目	符　号	单　位	设计值
额定蒸发量	D	t/h	1900
主蒸汽压力	p_{gr}	MPa	25.4
主蒸汽温度	t_{gr}	℃	571
再热蒸汽流量	D_{zr}	t/h	1617
再热蒸汽进口压力	p_{zr1}	MPa	4.64
再热蒸汽出口压力	p_{zr2}	MPa	4.43
再热蒸汽进口温度	t_{zr1}	℃	320
再热蒸汽出口温度	t_{zr2}	℃	569
给水温度	t_{gs}	℃	283
锅炉热效率	η_{gl}	%	91
排烟温度	θ_{py}	℃	130
一次风温	t_{rk1}	℃	290
二次风温	t_{rk2}	℃	290
NO_x 排放值	C_{NO_x}	mg/m^3	200
SO_2 排放值	C_{SO_2}	mg/m^3	360
Ca/S	m	—	2.2
冷渣器排渣温度	θ_{lz}	℃	150
最低不投油稳燃负荷	BMLR	%BMCR	30

二、460MW的超临界CFB锅炉的设计与运行

瓦基莎电厂位于波兰南部的卡托维兹（Katowice）市附近，安装在该电厂的460MW循环流化床锅炉是直到2009年末为止的已运行的世界上最大

容量循环流化床（CFB）锅炉机组，也是世界首台超临界 CFB 锅炉。该锅炉由美国福斯特·惠勒（Foster Wheeler）公司设计制造，于 2009 年 3 月投入商业运行。

瓦基莎电厂 460MW 超临界 CFB 锅炉设计参数见表 3-6，锅炉结构见图 3-17。锅炉炉膛的断面尺寸为 27.6m×10.6m，炉膛高度为 48.0m。炉膛水冷壁为垂直管圈结构，采用西门子公司的低质量流速技术，以降低垂直管圈内的压力损失，减小辅机的能量消耗。8 个由膜式壁围成的八角形汽冷分离器布置在炉膛两侧，分离器的立管下部紧贴炉膛两侧布置 8 个整体再循环换热器（Integrated Recycle Heat Exchange Bed，Intrex）。锅炉尾部烟道内布置过热器Ⅰ、再热器Ⅰ及省煤器，其后为回转式空气预热器。

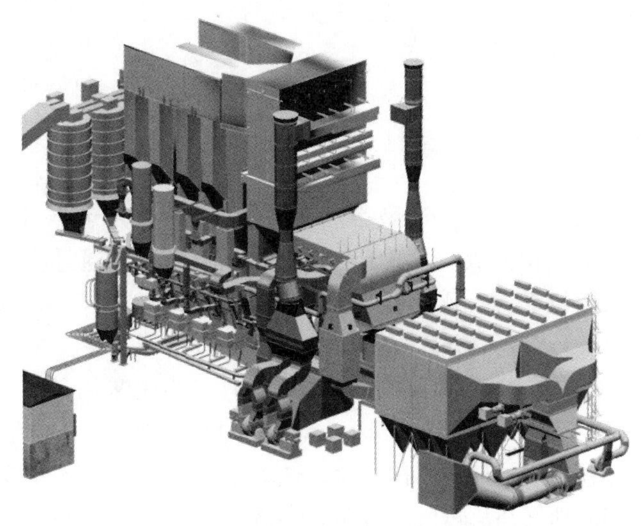

图 3-17 瓦基莎电厂 460MW 超临界 CFB 锅炉结构（Rafal Psik，2008）

表 3-6 瓦基莎电厂 460MW 超临界 CFB 锅炉设计参数

序号	名 称	符 号	单 位	数 值
1	锅炉蒸发量	D	t/h	1296
2	过热蒸汽压力	p_{gr}	MPa	27.5
3	过热蒸汽温度	t_{gr}	℃	560
4	再热蒸汽流量	D_{zr}	t/h	1105.2
5	再热蒸汽出口压力	p_{zr2}	MPa	5.46
6	再热蒸汽出口温度	t_{zr2}	℃	580
7	锅炉热效率	η_{gl}	%	92
8	机组发电效率	η	%	45.3
9	SO_2 排放值	C_{SO_2}	mg/m^3	200
10	NO_x 排放值	C_{NO_x}	mg/m^3	200
11	CO 排放值	C_{CO}	mg/m^3	200
12	粉尘排放值	C_{ph}	mg/m^3	30

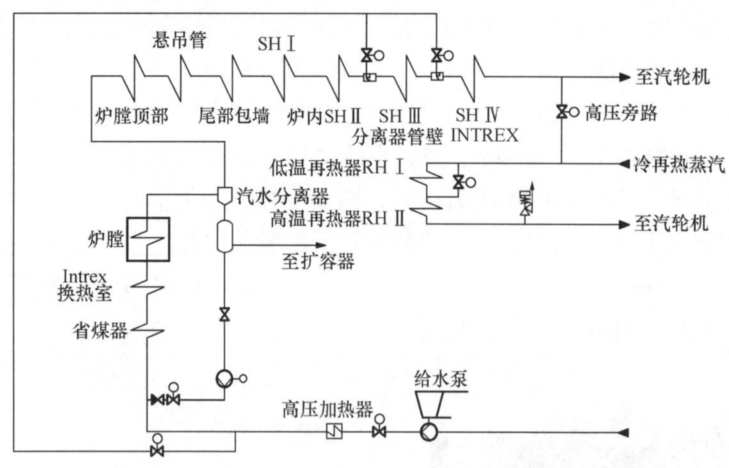

图 3-18　瓦基莎电厂 460MW 超临界 CFB 锅炉汽水系统

该电厂 CFB 锅炉的汽水系统见图 3-18，锅炉水冷壁出口布置 3 个立式汽水分离器，干蒸汽从汽水分离器出来后经炉膛顶棚的第一段过热器，然后进入悬吊管、尾部包墙和对流段过热器Ⅰ。过热器Ⅱ位于炉膛上部，在过热器Ⅱ以后，蒸汽进入构成过热器Ⅲ的 8 个平行的汽冷分离器。该分离器的膜式壁上覆盖有薄层高导热系数的防磨耐火材料。过热器Ⅳ为末级过热器，位于分离器下的 Intrex 中。高温再热器也布置在 Interx 中，主蒸汽温度由两级喷水减温控制。再热蒸汽温度通过蒸汽侧旁路进行调节。锅炉运行方式是跟随汽轮机进行滑压运行，因此，在低负荷（小于 75%）时，主蒸汽压力低于临界压力（22.1MPa），高负荷时，锅炉在超临界压力下运行。

瓦基莎电厂 460MW 超临界 CFB 锅炉另外一个设计特点是采用了如图 3-19 所示的烟气余热回收系统（Flue gas Heat Recovery System，HRS），可把锅炉的排烟温度降低到 85℃，以提高电厂热效率，计算表明，最终可提高电厂热效率 0.8%。HRS 安装在电除尘器之前，和空气预热器并联，部分烟气在流过低压旁路省煤器时得到冷却，之后烟气通过玻璃纤维烟道流入冷却塔。而低压旁路省煤器内的工质被加热后被重新送回到回热系统。

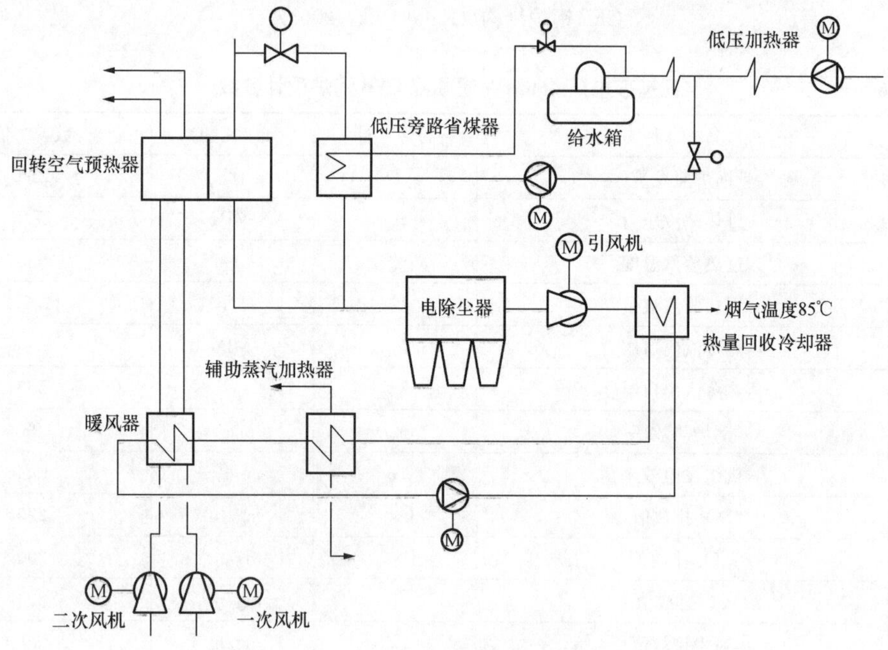

图 3-19　烟气余热回收系统

表 3-7 为瓦基莎电厂 460MW 超临界 CFB 锅炉的设计和实际运行煤种，表 3-8 是该锅炉的运行性能参数，该 CFB 锅炉的运行性能数据非常接近设计参数，且具有良好的动态特性，能够满足电网的运行要求。

表 3-7 瓦基莎电厂 460MW 超临界 CFB 锅炉的设计和实际运行煤种

序号	项　目	符号	单位	设计煤	实际煤
1	全水分	M_t	%	12	10.3
2	灰分	A_{ar}	%	24	24.7
3	低位发热量	$Q_{net,ar}$	MJ/kg	20	20.75
4	收到基全硫	$S_{t,ar}$	%	0.4	0.86

表 3-8 瓦基莎电厂 460MW 超临界 CFB 锅炉运行参数

序号	名 称	符号	单位	100%BMCR	80%BMCR	60%BMCR	40%BMCR
1	锅炉蒸发量	D	t/h	1299	1033.2	738	518.4
2	过热蒸汽压力	p_{gr}	MPa	27.1	23.1	17.2	13.1
3	过热蒸汽温度	t_{gr}	℃	560	560	559	556
4	再热蒸汽出口压力	p_{zr2}	MPa	4.8	3.9	2.8	1.9
5	再热蒸汽出口温度	t_{zr2}	℃	580	580	575	550
6	锅炉热效率	η_{gl}	%	93	92.9	92.8	91.9
7	床 温	t_b	℃	889	853	809	753
8	SO_2 排放值	C_{SO_2}	mg/m^3	<200	86	<200	143
9	NO_x 排放值	C_{NO_x}	mg/m^3	199	140	<200	167
10	CO 排放值	C_{CO}	mg/m^3	22	48	<50	45

三、最新进展

我国首台自主研发的 600MW 超临界 CFB 锅炉工程项目于 2011 年 7 月得到国家发展改革委的核准，安装在四川白马示范电厂，锅炉于 2011 年 9 月进入安装阶段，如图 3-20 所示，该台锅炉由东方锅炉厂设计制造，于 2013 年 4 月投入运行。

在波兰瓦基莎电厂 460MW 超临界 CFB 锅炉成功投运之后，美国 FW 公司又中标俄罗斯 330MW（1000t/h/817t/h、24.8/3.82MPa、565℃/565℃）超临界 CFB 锅炉，机组设计供电效率 41.5%，该锅炉燃用无烟煤和烟煤，安装在俄罗斯的罗斯托夫（Rostov）地区的 Novocherkasskaya 电厂，如图 3-21 所示，预计 2014 年投入运行。

2011 年 7 月，美国 FW 公司获得了为韩国 Smacheok 绿色电力项目设计制造 4 台 550MW（1575t/h/1283t/h、25.7/5.3MPa、603℃/603℃）超临界 CFB 锅炉的订货合同，设计燃料为烟煤和生

图 3-20 四川白马示范电厂 600MW 超临界 CFB 锅炉

图 3-21 俄罗斯 330MW 超临界 CFB 锅炉（Timo Jantti，2009）

物质的混合燃料。锅炉布置如图 3-22 所示，预计 2015 年投入运行。

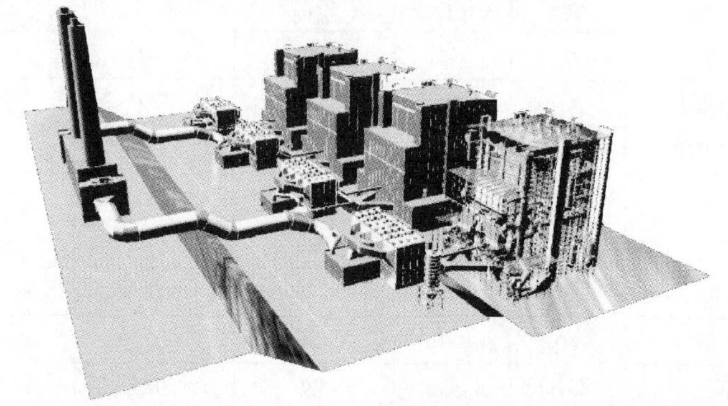

图 3-22 韩国 Smacheok 绿色电力项目 4 台 550MW 超临界 CFB 锅炉（Timo Jantti，2012）

第四节 富氧循环流化床锅炉

一、富氧循环流化床锅炉的燃烧过程

氧浓度大于空气中氧的浓度（21.09％）的空气称富氧空气，富氧循环流化床锅炉是用富氧空气代替空气作为燃烧介质。

富氧循环流化床锅炉不仅可以提高烟气 CO_2 浓度以便于分离，而且还可以大幅度减少再循环烟气量，提高锅炉的热效率、使系统结构紧凑、降低 CFB 锅炉的建设费用和减少 NO_x 排放等，是一种能够综合控制燃煤污染物排放的新型清洁煤燃烧技术。

2004 年，Alstom 公司在美国康涅狄格（Connecticut）研究中心，成功地进行了 CFBC 中试规模的富氧燃烧试验，其局部氧浓度高达 70％。2007 年 3 月，CETC-O（CANMET Energy Technology Centre - Ottawa）成功地进行了真实再循环烟气下的 CFBC 富氧燃烧试验。国内浙江大学、华北电力大学等高校也对循环流化床上的富氧燃烧进行了一系列的试验研究。

富氧循环流化床锅炉燃烧过程如图 3-23 所示。富氧循环流化床锅炉的燃烧过程为：①煤或高碳燃料在燃烧室中与预热了的混合气体中的氧反应，氧来自于低温制氧设备。底渣通过流化床冷渣器排放，控制系统的床料量和回收底渣余热。②烟气离开燃烧室经旋风分离器后，为了控制燃烧室温度，分离器收集的一部分灰颗粒直接送回燃烧室循环燃烧，另一部分通过外置床到一定温度后返回燃烧室再循环燃烧。③离开旋风分离器的烟气经尾部烟道的对流受热面和氧加热器进一步冷却。④离开氧加热器的烟气经除尘器和脱硫装置除去其中的粒尘和 SO_2。干净的烟气经给水加热器冷却之后，再经过一混合式烟气水冷却器冷却到尽可能低的温度，以减少烟气处理过程中的体积流量和电耗。⑤离开引风机的烟气分为两部分，大部分进入后部的 CO_2 分离、纯化、压缩和液化系统，回收的 CO_2 可用来注入油田增加油的回收；小部分进入燃烧系统作为流化气体。

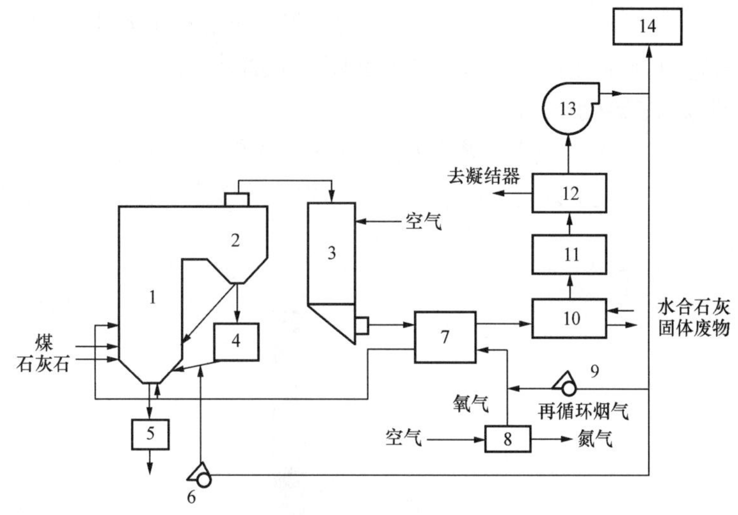

图 3-23 富氧循环流化床锅炉燃烧过程

1—燃烧室；2—分离器；3—尾部烟道；4—外置床；5—冷渣器；6—烟气流化风机；7—氧加热器；8—空气分离装置；9—烟气再循环风机；10—除尘脱硫装置；11—给水加热器；12—混合式烟气冷却器；13—引风机；14—CO_2 处理系统

已开展过的富氧循环流化床锅炉的燃烧试验研究表明，富氧循环流化床锅炉具有以下主要技术特点：

（1）炉膛温度分布。炉膛温度都沿床高方向先达到最大值后逐渐减小。相同给煤量的情况下，送风氧含量增大，炉膛温度升高。氧浓度在 29%时，炉膛最高温度达到 940℃，如图 3-24 所示。

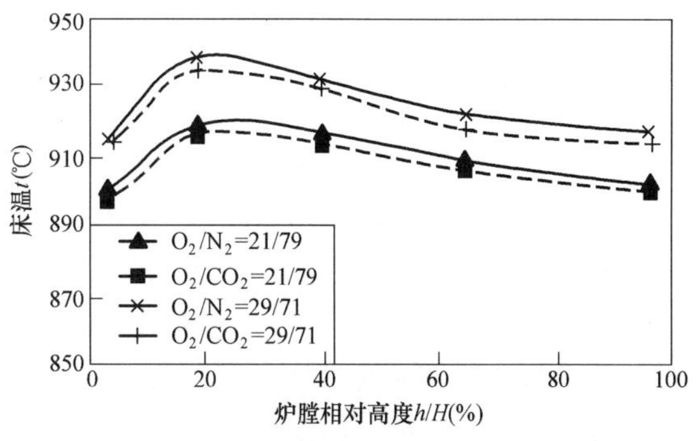

图 3-24 富氧循环流化床锅炉沿床高温度分布（毛玉如，2005）

（2）传热特性。富氧燃烧时，火焰温度升高，炉膛内传热效率增大，主要是 CO_2 浓度增大后，强化了辐射传热。

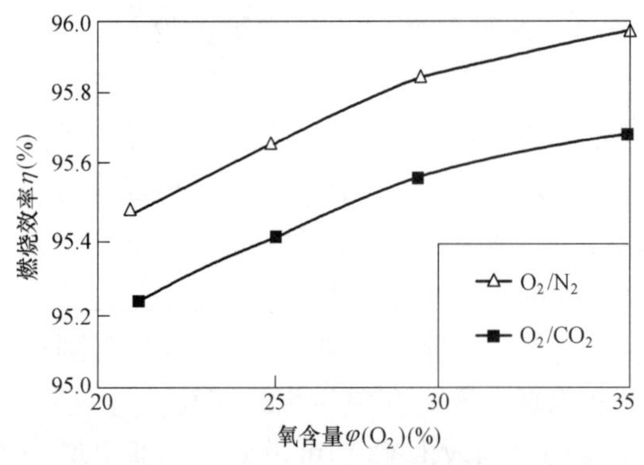

图 3-25　富氧循环流化床锅炉燃烧效率与氧含量的关系

（3）燃烧效率。由图 3-25 的试验研究结果可知，氧含量在 21%～29%的变化过程中燃烧效率增大较多，氧含量再增大到 35%时，燃烧效率增大幅度变小。实施烟气再循环时排出系统的烟气量将有较大减少，这样排烟热损失也会减少，因此循环流化床富氧燃烧可以得到更高的锅炉热效率。

（4）污染物排放。富氧燃烧时炉膛温度升高，使得热力型 NO_x 的生成量增加，但是如果将炉膛温度控制在 950℃以下，氮氧化物和二氧化硫的量不会增加太多，反而是因烟气量减少后提高了氮氧化物和二氧化硫的浓度，更加易于捕捉。

二、富氧循环流化床锅炉设计研究

Alstom 公司对 210MW 富氧循环流化床锅炉与同功率的空气循环流化床锅炉燃烧捕捉 CO_2 进行了设计研究，比较了两者的吸热量分配和发电热效率。图 3-26 所示为两种 CFB 锅炉的吸热量比较。

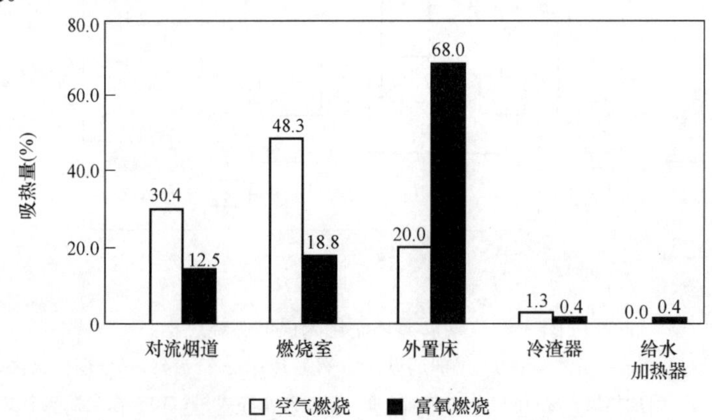

图 3-26　富氧燃烧 CFB 锅炉与空气燃烧 CFB 锅炉吸热量比较

由于富氧燃烧时烟气量的减小，尾部对流通道受热面的吸热量只有空气燃烧的 41%。富氧燃烧室吸热量只有空气燃烧的 39%。富氧燃烧时，外置床的吸热量为空气燃烧时的 3.4 倍。由于吸热量很大，外置床的形式选择和设计便成为十分重要的问题。

富氧燃烧时锅炉岛的设备尺寸和重量比空气燃烧小许多。富氧燃烧锅炉岛的占地面积只有空气燃烧的 51%，锅炉岛的建筑物体积只有空气燃烧的 56%，锅炉重量只有空气燃烧的 65%。

富氧燃烧时锅炉的发电净功率为 138MW，空气燃烧时为 193MW，相对电厂的净发电热耗分别为 13 875kJ/kWh 和 10 139.6kJ/kWh，相对的发电效率分别为 25.95%和 35.51%。出力和热效率的大幅降低是低温制氧和烟气处理系统所带来的影响。低温制氧消耗了 18%的发电功率，烟气处理系统消耗了 12%的发电功率。膜制氧技术的采用预计能将富氧燃烧的发电效率从 26%提高到 31%。

富氧燃烧时，由于 CO_2 被捕捉了 90%，CO_2 的排放量为 0.077 18kg/kWh。空气燃烧

没有捕捉 CO_2 时，CO_2 的排放量为 0.908kg/kWh。比较可知，富氧燃烧时每度电减少了 0.83kg CO_2 的排放量。

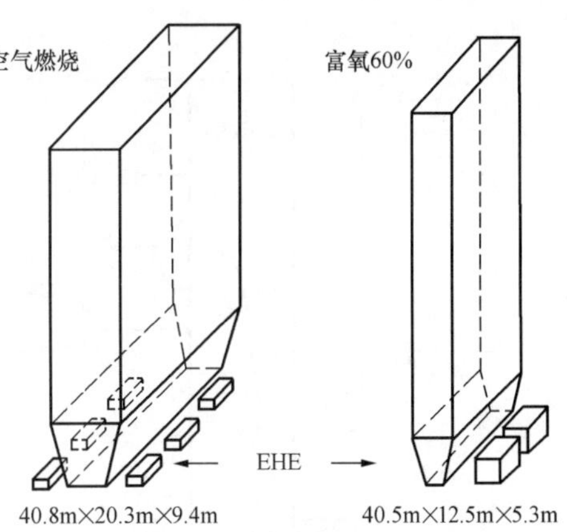

图 3-27 富氧燃烧与空气燃烧 CFB 锅炉尺寸比较

Saastamoinen（2006 年）在一维的 CFB 锅炉设计模型上通过空气燃烧和 O_2 浓度为 60%的富氧燃烧两种方案进行了对比，分析氧气浓度对 CFB 锅炉尺寸的影响，结果如图3-27所示。在热功率 600MW 的相同锅炉容量下，富氧燃烧 CFB 锅炉体积只有空气燃烧 CFB 锅炉体积的 38%，炉膛面积减少了 36%，整个受热面积从 7400m^2 减少到 5500m^2。

Alstom 公司正在进行超临界富氧循环流化床锅炉技术的放大研究，这些研究得到了美国能源部、法国 ADEME 机构、欧洲联盟和一些工业公司的支持。

美国 FW 公司设计了一台热功率 30MW 的富氧燃烧 CFB 锅炉，如图 3-28 所示，安装在西班牙西北部的 CIUDEN CO_2 捕集技术中心，该富氧燃烧 CFB 锅炉既可以按通常的空气燃烧方式运行，也可按富氧燃烧方式运行，并可燃用多种固体燃料，其主要设计参数见表 3-9。

图 3-28 热功率 30MW 的富氧燃烧 CFB 锅炉（Horst Hack，2012）

1—燃烧室；2—分离器；3—回料器；4—外置床；5—受热面；6—尾部包墙；7—省煤器；8—至炉膛的灰管道；9—至外置床的灰管道

表 3-9 热功率 30MW 的富氧燃烧 CFB 锅炉设计参数

序号	名 称	符 号	单 位	数 值
1	炉膛宽度	W_f	m	2.9
2	炉膛深度	D_f	m	1.7
3	炉膛高度	h_f	m	20
4	最大蒸汽流量	D	t/h	47.5
5	过热蒸汽温度	t_{gr}	℃	250
6	过热蒸汽压力	p_{gr}	MPa	3
7	给水温度	t_{gs}	℃	170
8	锅炉排烟温度	θ_{py}	℃	350～425
9	耗氧量	G_{O_2}	kg/h	8775
10	再循环烟气量	G_{rf}	kg/h	25 535
11	燃煤量	B	kg/h	5469
12	石灰石量	B_{sh}	kg/h	720

西班牙 CIUDEN 的 30MW 的富氧燃烧 CFB 锅炉于 2012 年 1 季度投入运行，已成功地进行了空气模式和富氧模式运行试验，开展了燃用西班牙比耶罗（Bierzo）地区无烟煤的试验，在线记录了各种运行参数。试验期间，改变了蒸汽负荷、燃烧温度、石灰石给料量及富氧气体中的氧含量。空气运行模式和富氧运行模式的转换并不复杂，图 3-29 的曲线表明，转换

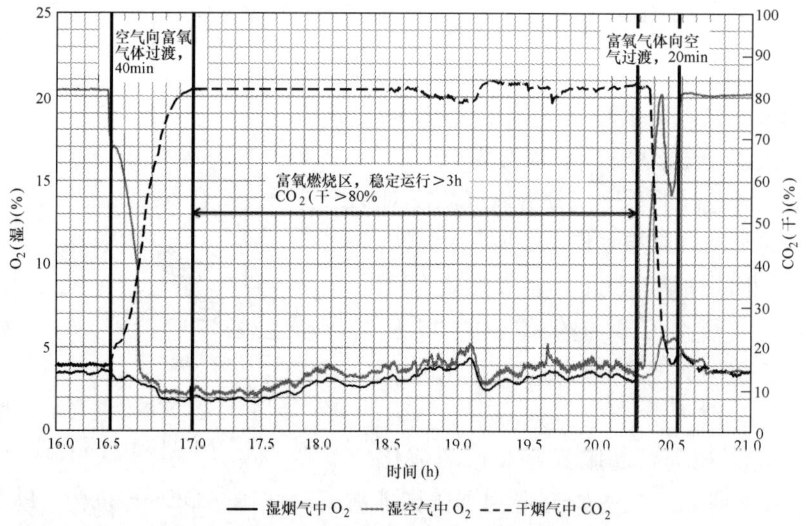

图 3-29 富氧燃烧与空气燃烧模式的转换

能够自动和平稳地进行。测试表明，富氧运行时烟气中 CO_2 体积浓度（干态）大于 80%。污染物排放特性曲线见图 3-30，富氧运行时烟气中 NO_x 排放值低于空气运行时。投入 10% 的石灰石时，SO_2 排放值可控制在 200mg/m^3 以下。

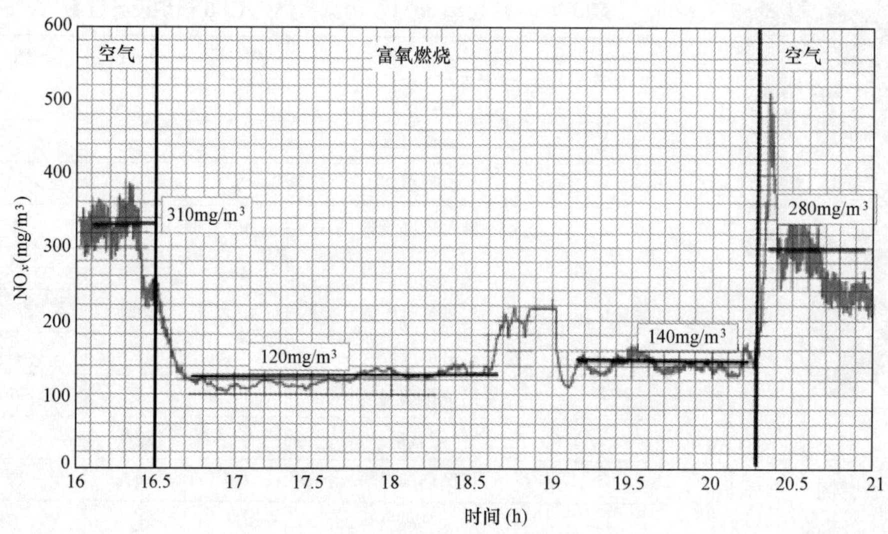

图 3-30 富氧燃烧 CFB 锅炉的 NO_x 排放值

Foster Wheeler 公司正在研发 600MW/800MW 富氧燃烧超临界 CFB 锅炉技术，其目的是实现燃煤 CFB 锅炉 CO_2 近零排放。该系统的特点是：①适用于新设计的 CFB 锅炉和原有 CFB 锅炉改造。②预期富氧燃烧 CFB 锅炉技术的投资与 IGCC 或燃烧后 CO_2 的捕集和封存（Carbon Capture and Storage，CCS）系统相当或更低。③由于其系统简单，预期可靠性要比 IGCC 的 CCS 系统好得多。④富氧燃烧 CFB 锅炉技术仍然具有 CFB 技术燃料灵活性的优点。⑤由于该技术是在原有燃煤蒸汽发电技术的基础上发展的二氧化碳捕获技术，带有传统锅炉系统和可靠性高的特点，因而预期它容易被电力工业用户所接受。⑥由于该技术既能够在空气燃烧工况下运行，也能在富氧燃烧工况下运行，因而可保护电厂抵御 CO_2 市场的风险。火力发电厂的设计可按照上述两种运行方式分阶段进行：首先设计成按照空气燃烧方式运行，但预留按照富氧燃烧方式运行所需设备，如空气分离装置、烟气再循环系统和二氧化碳净化系统等，待国家颁布二氧化碳减排法规及碳市场形成时，再决定是否将系统转换成按照富氧燃烧捕集二氧化碳的方式运行。富氧燃烧超临界 CFB 锅炉（见图 3-31）的研发正处于中间试验阶段，计划于 2015 年进行工程示范。

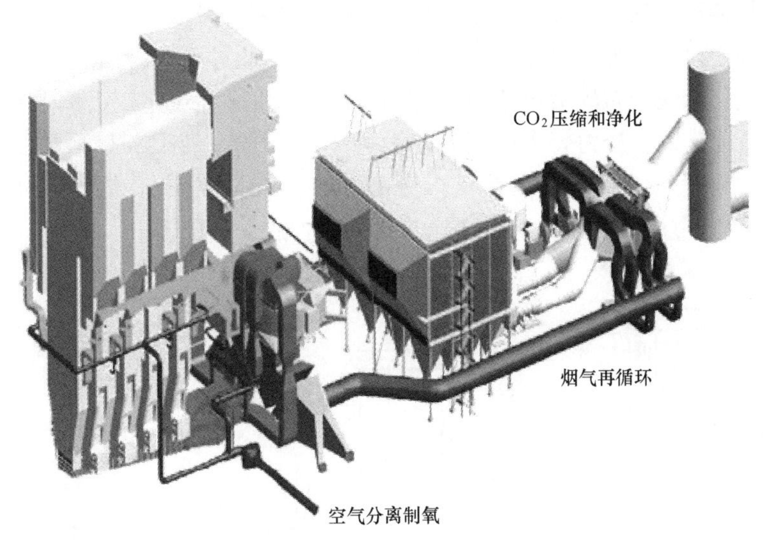

图 3-31　FW 公司正在研发的富氧燃烧超临界 CFB 锅炉系统（Horst Hack，2008）

三、投资成本和经济性

富氧燃烧时的净发电功率投资成本比空气燃烧几乎增加了 80%。对传统的发电设备，富氧燃烧时毛发电功率成本与空气燃烧相比节约了 20%；考虑到烟气 CO_2 的处理和低温制氧费用，富氧燃烧时的发电功率的投资成本大约增加了 30%。

富氧燃烧和空气燃烧发电成本比较如图 3-32 所示。图 3-32 中没有考虑 CO_2 和 N_2 作为

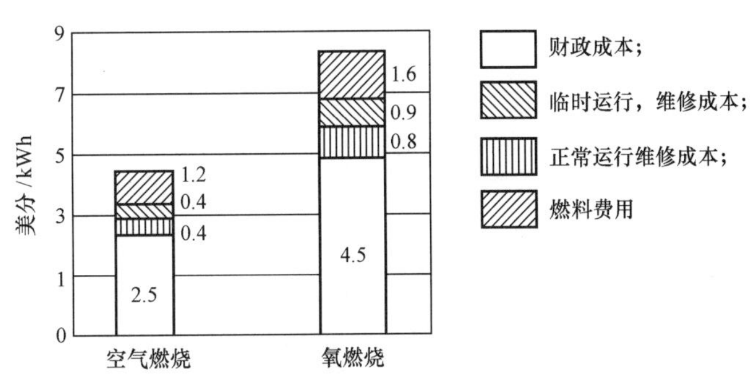

图 3-32　富氧燃烧和空气燃烧发电成本比较（刘昀，2006）

附产品的附加值。空气燃烧时发电成本为4.5美分/kWh，富氧燃烧时发电成本为7.9美分/kWh。如果考虑出售CO_2能获利17美元/t，N_2能获利4美元/t，则富氧燃烧时的发电成本与空气燃烧时的发电成本相当，即4.5美分/kWh。

第五节　增压循环流化床锅炉

增压循环流化床锅炉（PCFB）主体结构由压力壳及位于压力壳内的炉膛、旋风分离器、回料器等组成。压力壳内增压循环流化床锅炉的布置与常压循环流化床锅炉大致相同，为减小压力壳尺寸和便于检修，将汽包和陶瓷过滤器设置在压力壳外。蒸发受热面由炉膛内的水冷壁组成，过热器和再热器布置在炉膛内，过热蒸汽采用两级喷水减温。由于不具备对再热蒸汽的其他调温手段，因此对再热蒸汽也用喷水减温。此外，还设有再热蒸汽启动旁路系统。增压循环流化床锅炉布风板风速为4～5m/s，与常压循环流化床锅炉大致相当。

增压循环流化床锅炉压力壳内的运行压力为1～2MPa，使PCFB锅炉的燃烧反应速度比常压CFB锅炉进一步提高，截面热负荷更高，约为40MW/m^2，锅炉尺寸相应减小。图3-33所示为500t/h常压流化床锅炉和增压流化床锅炉的大小比较。

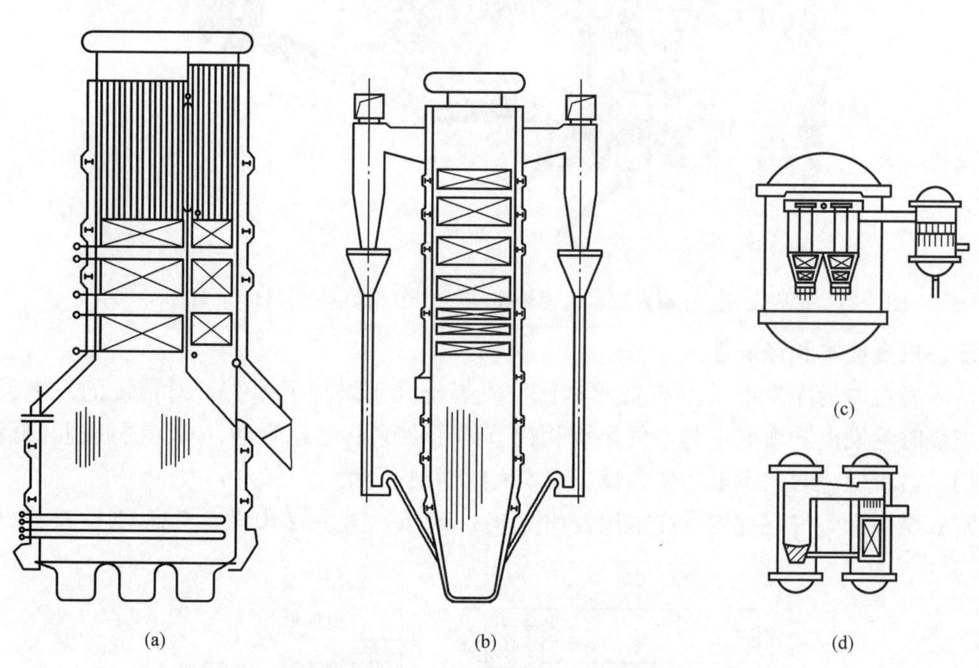

图3-33　500t/h常压流化床锅炉和增压流化床锅炉的尺寸比较
(a) 常压鼓泡床；(b) 常压循环床；(c) 增压鼓泡床；(d) 增压循环床

PCFB锅炉联合循环发电系统见图3-34。

1989年，芬兰FWEO公司在芬兰的卡尔胡拉（Karhula）建造了第一台热功率为10MW的PCFB锅炉试验装置，该试验装置设计参数见表3-10，并进行了一系列试验研究工作。1989年7月～1992年10月，试验台的运行时间超过3000h。试验结果表明，燃烧效

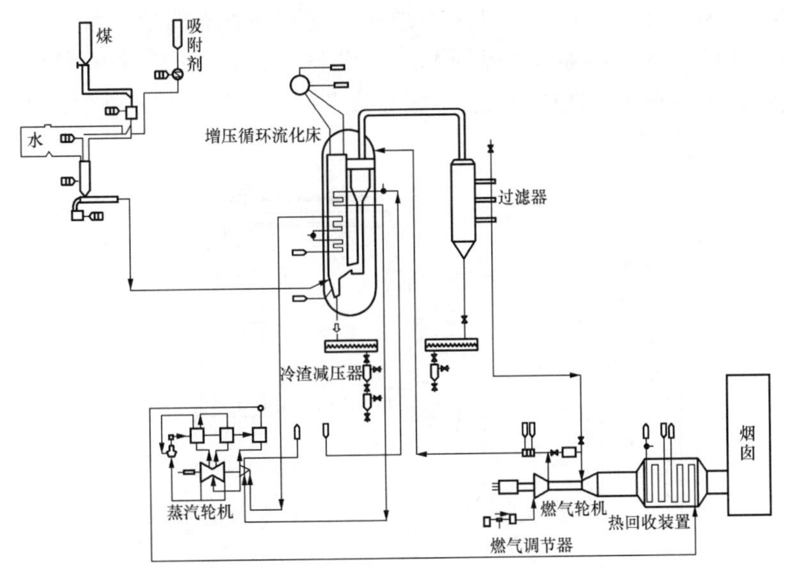

图 3-34　PCFB 锅炉联合循环发电系统

率可达 99.8%；燃用高硫煤（含硫量 3.7%）和低硫煤（含硫量 0.49%），在 Ca/S 为 2.0 时，脱硫效率为 90%～98%；NO 排放值小于 120mg/MJ，N_2O 排放值小于 40mg/MJ，CO 排放低于 30mg/MJ。因此，研究结果认为 PCFB 锅炉是一项有前途的燃煤发电技术。

表 3-10　热功率为 10MW 的 PCFB 试验台设计参数

序号	名　称	单位	数值
1	热功率	MW	10
2	最大给煤量	t/h	7.2
3	最大空气流量	t/h	19.8
4	最大运行压力	MPa	1.6
5	床温	℃	880

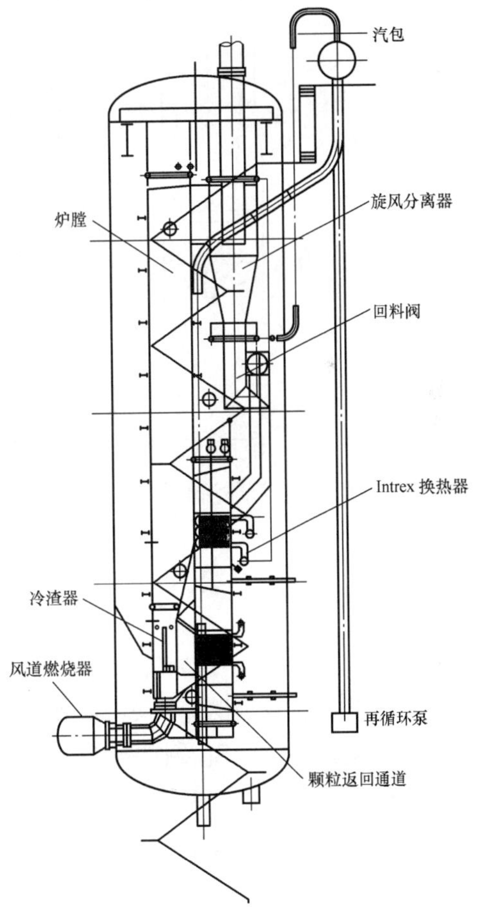

图 3-35　美国 FW 公司设计的带有 Intrex 换热器的 PCFB 锅炉

图 3-35 所示为美国 FW 公司设计的带有 Intrex 换热器的 PCFB 锅炉。

1992 年，德国 LLB（Lurgi Lentijes Babcock）公司将其在 Babcock 公司的热功率为 15MW 的增压鼓泡流化床试验装置改为 PCFB，至 1993 年末，该 PCFB 装置运行了 1154h。在此基础上，LLB 提出了 100MW 的多压力容器 PCFB 锅炉设计方案，如图 3-36 所示。这种多容器的结构其全部压力容器的体积仅为单容器结构的 40%，容器最大壁厚相应减少 50%，因而造价相对较低。因各个容器的体积小、重量轻，故布置条件适应性强，设备安装时间短，因此比单个容器设计更具有竞争力。

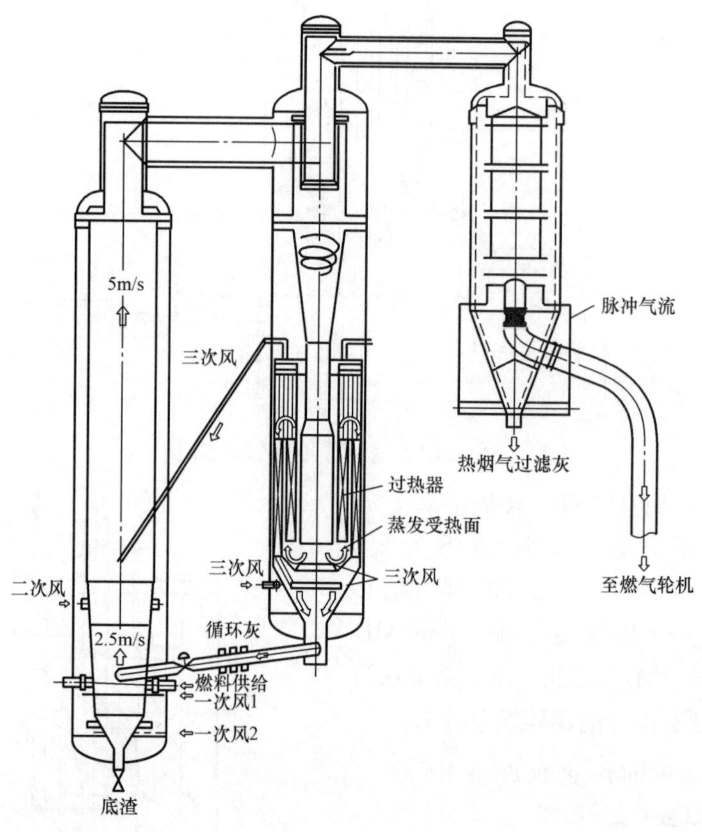

图 3-36 德国 LLB 公司设计的 100MW PCFB 锅炉

需要说明的是，由于 PCFB 锅炉示范机组尚未运行，对这一技术的先进性和可行性的认识仍未统一，对增压循环流化床锅炉技术先进性的确认必须要在示范机组运行之后。

第六节 循环流化床锅炉多联产工艺

循环流化床锅炉热电气多联产技术，即在煤燃烧发电前先提取液体燃料和可燃气体，剩余半焦再送循环流化床锅炉燃烧，灰渣提取有价元素并用于建材生产综合利用，实现煤炭的分级利用，提升煤炭的综合利用水平。计算表明，与常规的煤燃烧、焦化、气化、液化技术相比，煤炭的分级利用技术可以实现节能率 10%以上，减少 SO_2、NO_x 等污染物排放 50%以上。

一、热解与燃烧的循环流化床锅炉多联产技术

以热解与燃烧为基础的 CFB 锅炉多联产工艺特点是利用循环流化床锅炉的热循环灰作为煤干馏和部分气化的热源，煤在流化床气化炉中热解，部分气化产生中热值煤气，经净化除尘后输出，气化炉中半焦与放热后的循环灰一起送入循环流化床锅炉，半焦燃烧放出热量

产生过热蒸汽用于发电、供热。该多联产技术的原理如图 3-37 所示。

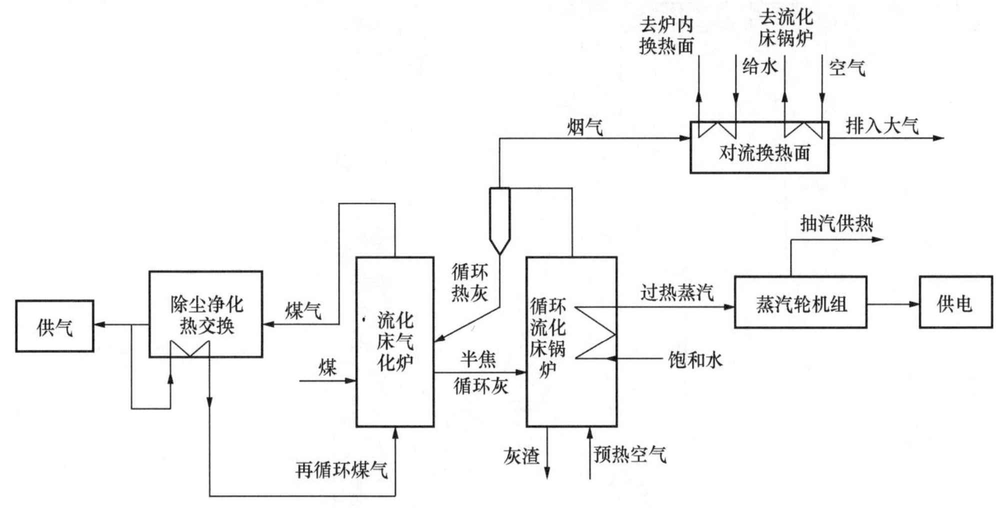

图 3-37　以热解为基础的 CFB 锅炉多联产技术原理

以热解为基础的 CFB 锅炉多联产技术有以下特点：

(1) 热效率高。整个多联产系统的总热效率达到 85%以上。

(2) 污染物排放低。CFB 锅炉和流化床气化炉均具有控制 SO_2 和 NO_x 排放的能力，两者综合作用结果使该系统具有更好的低污染物排放的特点。

(3) 煤种适应性广。由于采用流化床燃烧气化技术，并以再循环煤气和过热蒸汽为流化介质，使得该工艺适用于挥发分大于 20%的黏结性和非黏结性烟煤及褐煤。

(4) 符合城市煤气的质量要求。

国内主要有浙江大学、清华大学等研究单位对以热解为基础的 CFB 锅炉多联产技术进行了研究和开发。

1. 浙江大学 12MW CFB 锅炉热电气多联产装置

浙江大学开发的 12MW CFB 锅炉热电气多联产装置系统如图 3-38 所示。

12MW 热电气多联产装置的设计参数见表 3-11。该装置安装在江苏扬中热电厂。表3-12 给出了设计煤种的元素分析及工业分析。给煤粒径为 0～8mm，以 0～2mm 的石灰石作为脱硫剂。

表 3-11　　12MW 热电气多联产装置的设计参数

序　　号	名　　称	符　　号	单　　位	数　　值
1	锅炉蒸发量	D	t/h	75
2	过热蒸汽压力	p_{gr}	MPa	3.82
3	过热蒸汽温度	t_{gr}	℃	450
4	煤气产量	G_m	m^3/h	3647
5	给水温度	t_{gs}	℃	150
6	空气温度	t_{lk}	%	25
7	给煤量	B	t/h	14.93
8	煤气热值	Q_m	MJ/m^3	约 15

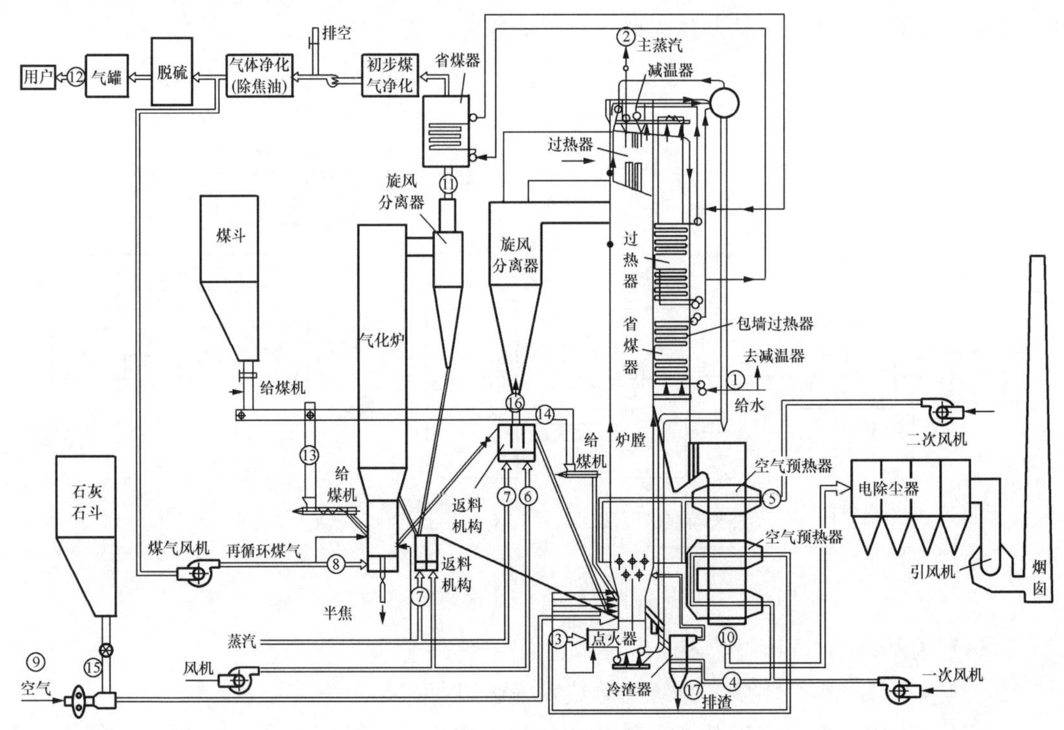

图 3-38　浙江大学开发的 12MW CFB 锅炉热电气多联产装置系统

表 3-12　　设计煤种的元素分析及工业分析

序　号	项　目	符　号	单　位	数　值
1	全水分	M_t	%	7.8
2	灰分	A_{ar}	%	23.33
3	干燥无灰基挥发分	V_{daf}	%	37.83
4	低位发热量	$Q_{net,ar}$	MJ/kg	22.73
5	收到基碳	C_{ar}	%	57.74
6	收到基氢	H_{ar}	%	3.05
7	收到基氧	O_{ar}	%	6.2
8	收到基氮	N_{ar}	%	0.86
9	收到基硫	S_{ar}	%	1.02

12MW 多联产装置系统由一台 75t/h 循环流化床锅炉和 1 台流化床气化炉组成。循环流化床锅炉是全悬吊自然循环锅炉，炉膛是膜式水冷壁结构，其高度为 21m，炉膛下部敷设耐火材料的密相区截面为 1.5m×5.45m，而上部水冷部分的横截面则为 2.9m×5.45m。二次风口分三排布置在炉膛前后墙和两侧墙。在水冷布风板上布置定向风帽布风，并推动底渣流向布置在锅炉后墙的两个排渣口。

底渣经排渣控制机构进入冷渣器。携带大量灰颗粒的烟气由炉膛出口进入两只直径为

3m 的蜗壳旋风分离器，净化后的烟气则经炉顶高温级过热器后到尾部烟道自上而下冲刷低温过热器、两级省煤器及空气预热器。被分离下来的高温物料则由分离器出料口进入返料系统。当气化炉运行时，高温循环物料经过双向回料阀进入气化炉。当气化炉停运时，高温循环物料则经过回料阀直接通过锅炉后墙的回料口进入锅炉以实现循环燃烧。

圆柱形结构的气化炉布置在循环流化床锅炉前面。气化炉的布风板直径为 1.8m，并逐渐扩大，在离布风板高 3m 处开始扩大，在离布风板高 5m 处扩大到直径约为 2.8m。气化炉总高为 18m。气化炉本体采用异形防磨耐火砖砌底，外加一层保温砖，最外层为密封钢壳，总厚度为 300mm。

烟煤通过螺旋给煤机由蒸汽吹入气化炉。半焦和物料由布置在布风板 3m 以上的溢流口排出，经由回料阀进入 CFB 锅炉。少量的大颗粒半焦由布置在布风板中心的排渣管排出。

一个直径为 1.8m 的旋风分离器布置在气化炉出口，以分离煤气中的细颗粒。旋风分离器后的煤气由煤气冷却器冷却到约 350℃。煤气冷却器可以作为 CFB 锅炉的末级省煤器。选择 350℃作为煤气冷却器的出口温度是为了保证煤气中的焦油不会冷凝。最后，350℃的煤气进入煤气净化系统。煤气净化系统主要包括煤气初级净化设备、焦油捕捉器、脱硫设备等。经焦油捕捉器后，部分煤气由煤气风机送回作为气化炉流化气化介质。

12MW 热电气多联产装置的运行参数见表 3-13。

表 3-13　　12MW 热电气多联产装置的运行参数

项　　目	单位	数值	项　　目	单位	数值
锅炉蒸发量	t/h	75	气化炉温度	℃	804
过热蒸汽压力	MPa	3.82	煤气产量	m^3/h	3647
给煤量	t/h	14.93	煤气成分		
石灰石量	t/h	1.2	H_2	%	62.14
一次风量	m^3/h	42 857	CH_4	%	16.61
循环物料量	t/h	200.8	C_2H_4	%	2.0
床温	℃	905	CO	%	9.16
炉膛出口温度	℃	900	CO_2	%	7.6
排烟温度	℃	138	N_2	%	2.5
底渣量	t/h	1.24	煤气热值	MJ/m^3	15
锅炉热效率	%	88.57	焦油产量	t/h	1.13

2. 清华大学 CFB 锅炉多联产技术

清华大学也是国内较早进行 CFB 锅炉多联产工艺研究的单位之一，其多联产工艺小型热态试验项目是国家“八五”重点科技攻关计划的一部分。该单位以循环灰为热载体的 CFB 锅炉多联产试验装置如图 3-39 所示。

清华大学 CFB 锅炉多联产技术的主要特点是，在 CFB 锅炉的炉膛出口设置卧式旋涡分

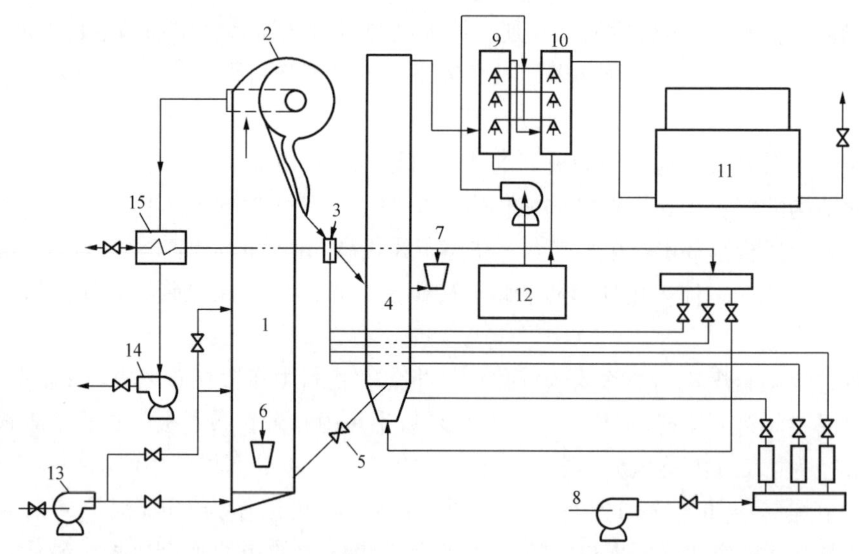

图 3-39 清华大学以循环灰为热载体的 CFB 锅炉多联产试验装置

1—炉膛；2—旋涡分离器；3—送料阀；4—气化炉；5—回料阀；6—炉膛给煤机；7—气化室给煤机；8—高压头风机；9— 一级冷却器；10—二级冷却器；11—储气罐；12—冷却水；13—送风机；14—引风机；15—过热器

离器，炉膛内高温循环物料被烟气夹带而进入锅炉的卧式旋涡分离器，分离下来的循环物料被送入蒸汽流化的气化室；在气化室内，作为固体热载体的循环物料使气化给煤迅速升温并热解，同时半焦中少量的碳被水蒸气等气化介质气化，热解气化生成的粗煤气经净化后即为中热值民用煤气；煤气化后形成的半焦与循环物料在重力和气化室与 CFB 锅炉炉膛之间压差的作用下，通过一机械滑阀自动流入炉膛；在炉膛内，半焦和循环物料中的可燃成分及为负荷调节而直接给入的煤燃烧放热，产生蒸汽用于发电和供热。

二、气化与燃烧的 CFB 锅炉多联产技术

以煤部分气化与燃烧为基础的 CFB 锅炉多联产技术，主要是将煤在气化炉内进行部分气化产生煤气，没有被气化的半焦进入 CFB 锅炉燃烧利用产生蒸汽以发电、供热，而产生的煤气可有多种用途，如燃气—蒸汽联合循环发电、燃料气及其他化工产品的生产等。与其他先进技术相比（IGCC 等），该技术具有系统简单、投资小和煤种适应性广的优点，受到了各国政府和学者的重视，其中以美国 FW 公司研究提出的混合式气化/燃烧循环流化床联合循环（GFBCC）最具代表性。

GFBCC 工艺流程如图 3-40 所示。其气化单元由四个部件构成，即加压 CFB 气化炉、煤气冷却器、煤气过滤器及焦炭输送系统。热煤气过滤器采用金属陶瓷过滤元件，在连续运行期间通过蒸汽或氮气对部分过滤器进行定期脉冲吹扫。从气化炉和热煤气过滤器处收集的焦炭经过减压后不经冷却在热状态下气力输送至 CFB 锅炉。经过过滤后的煤气被送至燃气轮机进行燃烧。对于 GFBCC，脱硫是在燃气轮机后的 CFB 锅炉内完成。而燃气轮机制造厂认为，烟气中的硫浓度对燃气轮机的寿命和维护没有影响。

混合式气化/燃烧循环流化床联合循环技术的主要优点是：燃气轮机和蒸汽轮机可独立运行，并可与气化过程分开运行；在气化系统不运行时，CFB 锅炉仍然可燃煤运行。

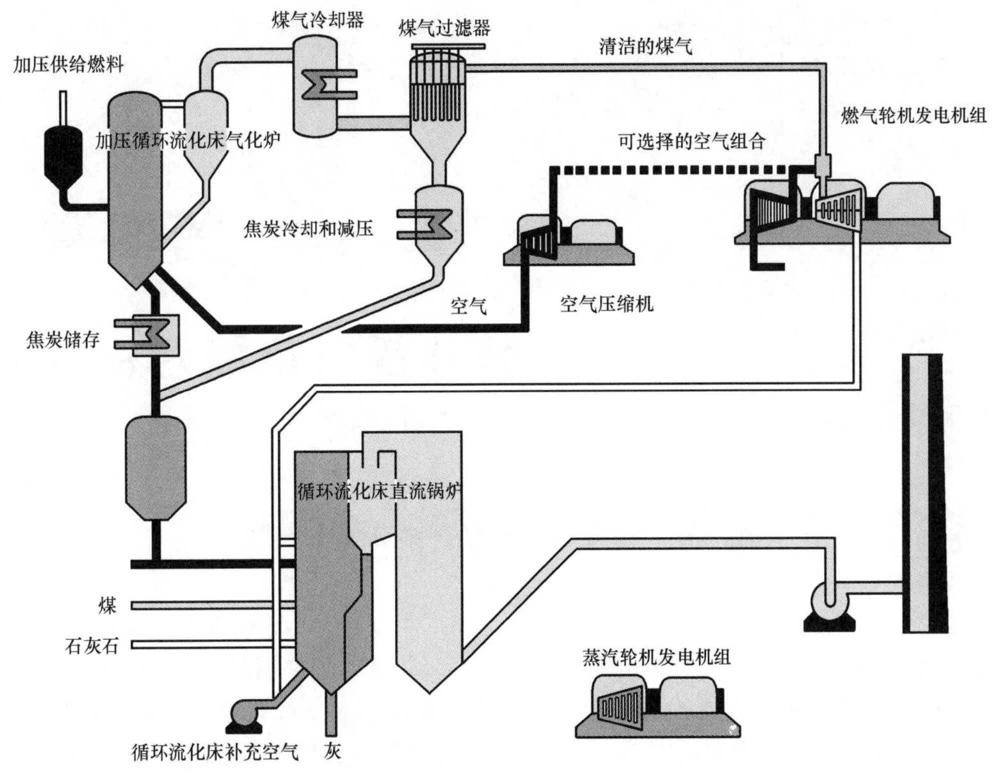

图 3-40　混合式气化/燃烧循环流化床联合循环工艺流程（Rosa Domenichini，2002）

GFBCC 的低温 CFB 锅炉气化过程避免了高的热损失和与高温气化炉的结渣有关的材料维护问题，且燃料灵活性好，可气化高热值煤及次烟煤和褐煤，在多数情况下只用空气作为气化介质，从而避免了采用空气分离装置，消除了需要对煤气进行多级冷却和复杂的煤气脱硫和回收过程。GFBCC 的这些特点降低了电厂的成本，使之具有更高的可靠性和更高的电厂效率。

第四章 整体煤气化联合循环

第一节 整体煤气化联合循环技术原理

整体煤气化联合循环（Integrated Gasification Combined Cycle，IGCC）发电技术是将煤气化技术和高效的联合循环相结合的先进动力系统，其原理框图如图 4-1 所示。IGCC 由两大部分组成，即煤的气化与净化部分（气化岛）和燃气—蒸汽联合循环发电部分（动力岛）。第一部分的气化岛主要设备有气化炉、空分装置、煤气净化设备（包括硫的回收装置），第二部分的动力岛主要设备有燃气轮机发电系统、余热锅炉、蒸汽轮机发电系统。

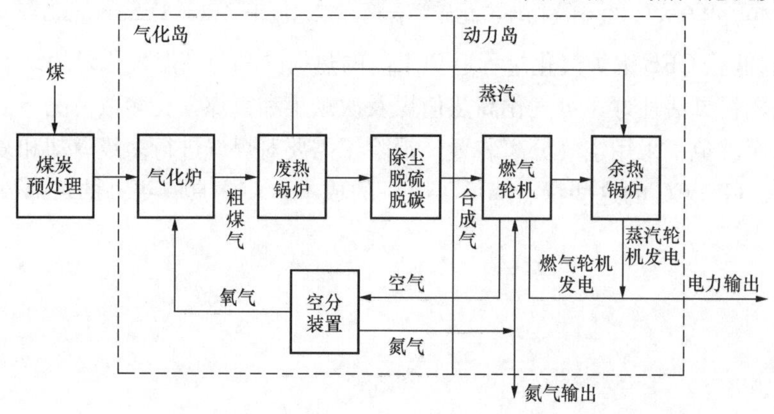

图 4-1 IGCC 原理框图

在 IGCC 的工艺过程中，煤和来自空气分离装置的富氧气化剂送入加压（2～4MPa）气化炉中，煤经气化成为合成煤气，煤气经过净化，除去煤气中的硫化物、氮化物、粉尘等污染物，变为清洁的气体燃料，然后送入燃气轮机的燃烧室燃烧，加热气体工质以驱动燃气轮机做功，燃气轮机排气进入余热锅炉加热给水，产生过热蒸汽驱动蒸汽轮机做功。

IGCC 采用燃气—蒸汽联合循环，提高了能源的综合利用率，实现了能量的梯级利用，提高了整个发电系统的效率，较好地解决了常规燃煤电厂固有的污染环境问题。

当 IGCC 采用不同的煤气化工艺方案时，联合循环的系统有所不同，所以，其系统的设计以煤气化设备为主导。典型 IGCC 工艺流程见图 4-2。

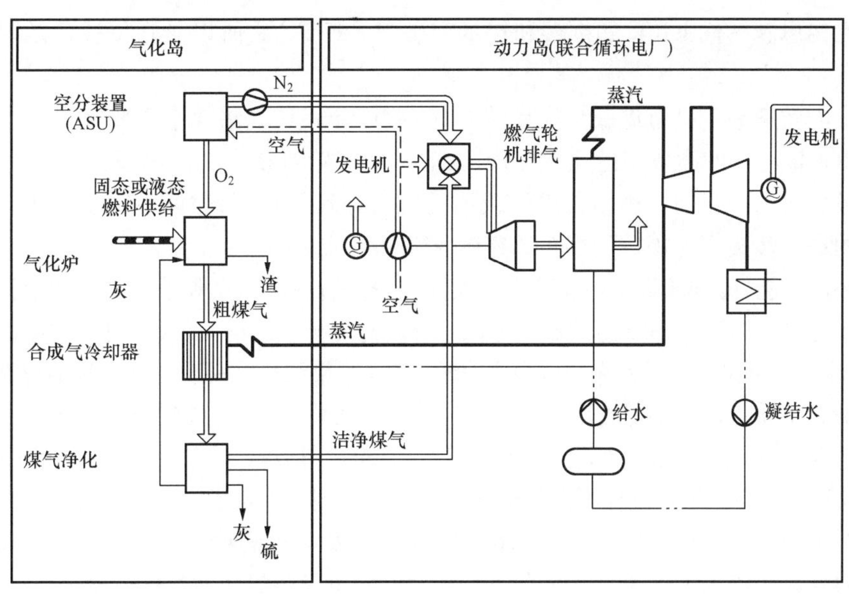

图 4-2 典型 IGCC 工艺流程

国外对 IGCC 发电技术的开发和研究始于 20 世纪 70 年代。1972 年在德国建成的吕能（Lünen）IGCC 电厂和 1984 年在美国建成的冷水（Cool Water）电厂是两座成功利用煤作为燃料、气化后发电的试验电厂。20 世纪 90 年代，在世界范围内先后建成了 10 余座 IGCC 电厂，其中规模最大，比较典型的 4 座以煤为燃料具有一定规模（250～300MW）的 IGCC 电厂分别是：

（1）荷兰比赫讷姆（Buggenum）电厂，1994 年建成总功率为 285MW IGCC 机组，采用 Shell 气化炉。

（2）美国沃巴什河（WabashRiver）电厂，1995 年建成总功率为 297MW IGCC 机组，采用 E-Gas (Destec) 气化炉。

（3）美国波尔卡（Polk）电厂，1996 年建成总功率为 313MW IGCC 机组，采用 Texaco 气化炉。

（4）西班牙普埃托利诺（Puertollano）电厂，1997 年建成总功率为 335MW IGCC 机组，采用德国 Prenflo 气化炉。

以上 4 个电厂投入运行后的十几年中经过不断的调试、试验和改进，目前均已趋于成熟，各项技术指标逐年提高，发电效率已达到设计值 43%，可用率达到 85%，比投资费用降低到 1500～2200 美元/kW。

目前国外约有 18 座 IGCC 电厂，总容量约 4200MW 的机组在运行，如果包括在建机组，世界范围共有近 40 座 IGCC 电厂，总装机容量超过 8000MW。我国也于 2006 年开始建设第一座 250MW 的 IGCC 示范电厂。

第二节 整体煤气化联合循环的效率及环保特性

目前，IGCC 正逐步从商业示范向商业应用阶段过渡，在走向商业应用的同时，许多学者又在研究构思新一代 IGCC 的框架和技术突破口。IGCC 之所以受到重视，是因为它有以下几个优点：

（1）发电效率高，具有进一步提高效率的潜力。IGCC 的高效率主要来自联合循环，目前国际上 IGCC 电厂的净效率已达到 43%以上，燃气轮机技术的不断发展又使它具有了提高效率的最大潜力。目前，燃用天然气或油的联合循环发电系统净效率已达到 58%。随着燃气初温的进一步提高，IGCC 的净效率能达到 50%或更高。

（2）环保性能好。IGCC 先将煤转化为煤气，净化后燃烧，克服了由于煤的直接燃烧造成的环境污染问题，其 NO_x 和 SO_2 的排放远低于环境污染排放标准，IGCC 机组的脱硫效率可达 99%，SO_2 排放总量比常规煤粉锅炉低很多，SO_2 排放质量浓度在硫分为 3%时也可达到 25mg/m^3，并可回收单质硫；采用燃气轮机氮气回注方式，可将 NO_x 排放控制在 50mg/m^3；经过常规湿法除尘后的粉尘排放可以达到 10mg/m^3 以下，粉尘排放与天然气的联合循环相当；IGCC 电厂所采取的这些净化工艺过程不需要价格昂贵的催化剂，而且不会造成二次污染。

（3）耗水量少，IGCC 机组中蒸汽循环部分占总发电量的约 1/3，使 IGCC 机组比同容量常规火力发电机组的发电水耗大大降低，约为同容量常规燃煤机组的 1/2。

（4）燃料适应性广。IGCC 发电技术可以燃用储量丰富、限制开采的高硫煤，既可以有效利用资源，又可以节省燃料成本。

（5）可以实现多联产。IGCC 项目本身就是煤化工与发电的结合体，通过煤的气化，使煤得以充分综合利用，从而使 IGCC 项目具有延伸产业链、发展循环经济的技术优势。

（6）为较经济地去除 CO_2 创造条件。在 IGCC 发电系统中，通过对合成煤气中 CO 转换并进行 CO_2 脱除，可实现 CO_2 零排放，是目前现有发电技术减排温室气体最可行、经济的方法。

综上所述，IGCC 发电技术以其优越的环保性能、节能、节水易于大型化等优点，已成为 21 世纪燃煤电厂的换代技术及世界各国火力发电技术研究发展的重要方向。

整体煤气化联合循环净效率的计算公式为

$$\eta_{IGCC} = \eta_G[\eta_{GT} + (1-\eta_{GT})\eta_{ST}\eta_{HR}](1-\xi_e) \tag{4-1}$$

$$\xi_e = \frac{P_{ASU} + P_{ECT}}{P_{GT} + P_{ST}} \tag{4-2}$$

式中 η_G——气化炉的转化效率，%；

η_{GT}——燃气轮机净效率，%；

η_{ST}——蒸汽轮机效率，%；

η_{HR}——余热锅炉的效率，%；

ξ_e——厂用电率，%；

P_{ASU}——空气分离系统消耗的功率，MW；

P_{ECT}——IGCC 系统中其他设备消耗的功率，MW；

P_{GT}——燃气轮机输出的电功率，MW；

P_{ST}——汽轮机输出的电功率，MW。

第三节　气　化　炉

气化炉是 IGCC 系统的关键设备，它将煤炭、石油焦、生物质等转化为合成气。在气化炉中的反应是部分氧化反应，投入气化炉中的气化剂只相当于完全燃烧所需量的1/5～1/3，生成的煤气主要成分是CO和H_2。图4-3是以氧气为气化剂的气化反应模型。气化炉的气化剂也可采用空气或蒸汽。

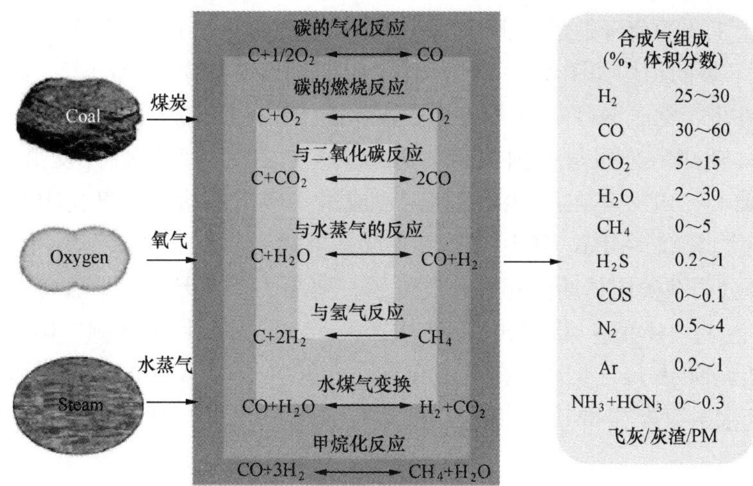

图4-3　以氧气为气化剂的气化反应模型

气化炉有很长的发展历史，技术比较成熟。气化炉以煤在反应器内的流动状态可分为三种：①固定床气化炉；②流化床气化炉；③气流床气化炉。在已经进行的IGCC试验和示范研究当中，主要包括以鲁奇固定床、U-Gas流化床、德士古及壳牌气流床为代表的气化炉，三类气化炉的基本原理见图4-4。

流化床气化炉和固定床气化炉的单炉容量较小，一般用在单机容量100MW IGCC，若增加气化炉数量，则不但系统很复杂而且投资及维护费用也增加很多。因此，单机容量较大

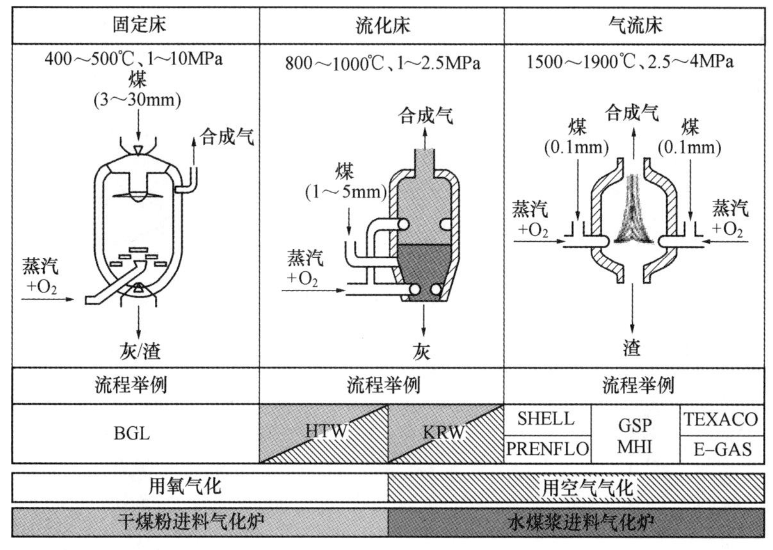

图4-4　气化炉的基本原理

BGL—British Gas Lugri；KRW—Kellogg-Rus-Westinghouse；HTW—高温温克勒；MHI—三菱重工

(250MW 以上) 的 IGCC 都采用气流床气化炉。

一、干煤粉进料气流床气化炉

1. Shell 和 Prenflo 气化技术

干煤粉气化工艺的前身是常压 K-T 炉 (柯伯斯-托切克炉), 起源于德国 Koppers 公司 (1938 年), K-T 炉的结构如图 4-5 所示, 其最大单炉投煤量为 500t/d, 主要用于生产合成氨。随着技术进步, 常压 K-T 炉逐步被加压操作的干粉炉所取代。

荷兰壳牌 (Shell) 公司与德国 Krupp-Koppers 公司在荷兰联合开发出 6t/d 的试验装置, 并在此基础上, 1978 年在德国汉堡附近建成第一座干煤粉加压气化中试装置, 容量为 150t/d, 操作压力为 3.0MPa, 其主要工艺特点是采用密封料斗加煤装置和粉煤浓相输送。1987 年, Shell 公司在美国休斯敦建成并投运了一座名为 SCGP-1 的干煤粉加压气化示范装置, 气化压力为 2～4MPa, 日处理煤量为 250～400t, 累计运行 4400h, 最长连续运行 1528h。1994 年, Shell 煤气化炉在荷兰 Buggenum 250MW IGCC 电厂投入运行, 日处理煤量为 2500t, 气化压力为 2.8MPa。该电厂的运行表明, Shell 气化炉可靠性和可用率都已达到了商业化的水平。

德国 Krupp-Koppers 公司在 K-T 炉基础上开发出 Prenflo 干煤粉气化工艺, 于 1986 年在德国萨布吕肯郊区建成了规模为 48t/d、气化压力为 3MPa 的中试装置。1997 年, Prenflo 煤气化工艺在西班牙 Puertollano 300MW IGCC 电厂投入运行, 日处理煤量为 2600t, 气化压力为 2.8MPa。Prenflo 气化炉结构如图 4-6 所示。

Shell 和 Prenflo 气化工艺十分相似, 都是下置多喷嘴式干煤粉气化工艺。为了让高温煤气中的熔融态灰渣凝固以免使煤气冷却器 (废热锅炉, 简称废锅) 堵塞, 后续工艺中采用大量的冷煤气对高温煤气进行急冷, 其可使高温煤气由 1400℃冷却到 900℃。目前这两种炉型

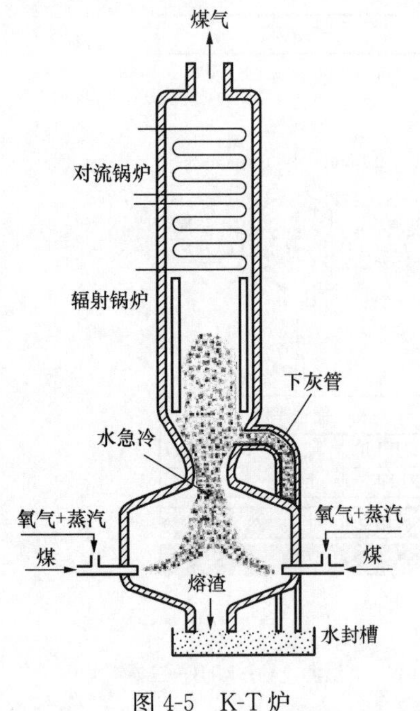

图 4-5 K-T 炉

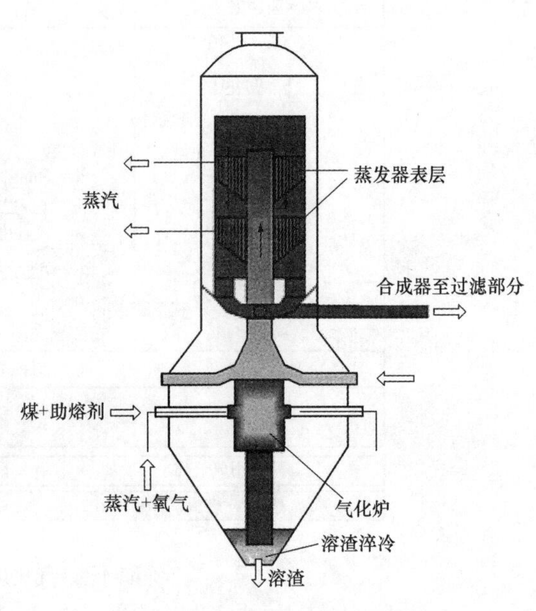

图 4-6 Prenflo 气化炉结构

均为废锅流程，其主要差别在于废锅的设置上，Shell 气化技术在经过导气管后于侧面设置了废锅，而 Prenflo 气化技术废锅设置在顶部。Shell 气化炉结构如图 4-7 所示。

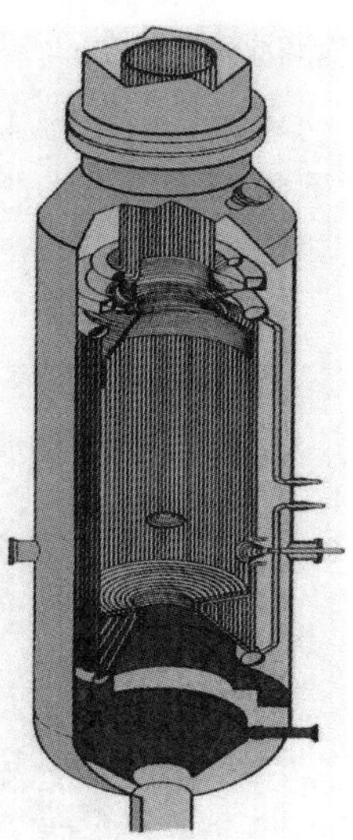

Shell 气化炉干法供料采用高压 N_2 输送。粉煤、氧气及蒸汽在气化炉内高温加压条件下发生部分氧化反应，煤气炉炉壁为膜式水冷壁结构，并采用挂渣措施保护气化炉壁。由气化炉输出的约1500℃的高温煤气，经除尘和冷却至 900℃左右后进入干法除尘和湿法洗涤系统，其中合成气冷却器产生的高（中）压蒸汽和气化炉水冷壁副产品（中压蒸汽）均可有效使用。

从工业运行的表现来看，Shell 气化炉具有如下特点：

（1）煤种适应性广，可使用烟煤、褐煤和石油焦等原料。对原料的灰熔融性适应范围宽，也可气化高灰分、高水分、高含硫量的煤种。

图 4-7 Shell 气化炉结构

（2）碳转化高，一般达 99%，冷煤气效率为 80%～85%，热煤气效率超过 95%。

（3）单台生产能力大，目前已投入运行的气化炉，在气化压力 3MPa 下，日处理煤量达2000t，更大规模的装置正在工业化。

（4）Shell 气化炉的环保性能好，采用干法除尘，灰水量小，处理简单，合成气中 CO_2 含量少，酸性气体处理费用少。

2. GSP 气化技术

GSP 气化技术由原民主德国燃料研究所开发，1979 年在德国弗来贝格（ Freiburg）建立了 W100 和 W5000（ 水冷壁炉和耐火砖炉）两套中试装置，完成了一系列基础研究和工艺验证。1984 年，又在德国黑水泵市的劳柏格电厂建立了 1 套130MW 水冷壁气化炉装置，该装置运行了十多年而无需更换气化炉的燃烧器主体和水冷壁。有专家认为，GSP 气化技术存在的主要问题是，在单炉能力和长期生产运行考验方面还存在不足，目前已运行过的装置单炉能力只有日投褐煤 720t 的规模，运行时间也不很长；GSP 炉燃烧室的高径比偏小，可能会出现煤粉燃烧不完全就排到激冷室的现象。此外，还应考虑炉子在放大时单喷嘴容易受到限制。GSP 气化炉结构如图 4-8 所示，由烧嘴、气化

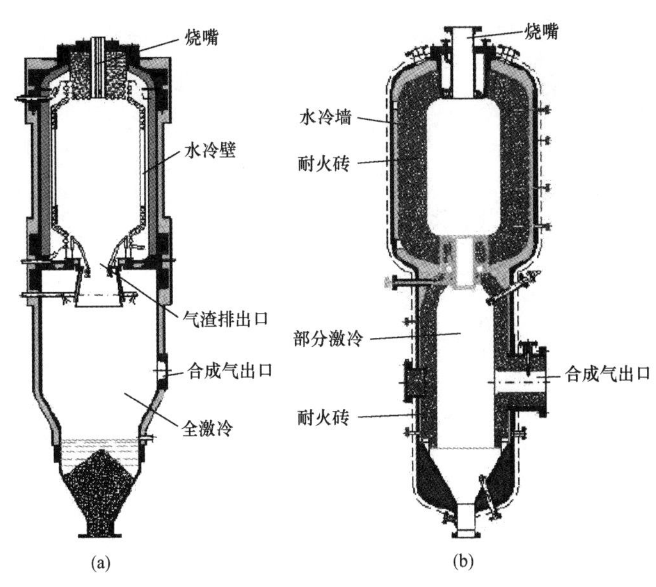

图 4-8 GSP 气化炉结构

（a）水冷壁气化炉；（b）耐火砖气化炉

室和激冷室组成。

GSP 气化炉的水冷壁结构如图 4-9 所示。GSP 气化炉所采用的组合式气化喷嘴见图 4-10,喷嘴为内冷多通道结构，冷却水分别在物料的内中、中外层之间和外层之外，冷却方式比较均匀，可以使喷嘴温度保持在较低水平。

图 4-9　GSP 气化炉的水冷壁结构

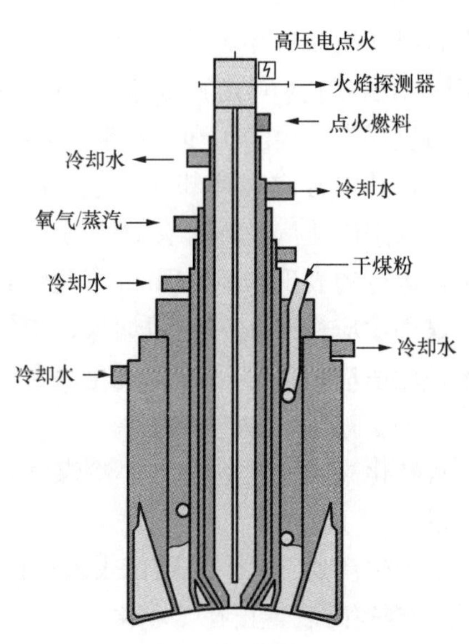

图 4-10　组合式气化喷嘴

图 4-11 所示为 GSP 气化炉所采用的干煤粉气流输送系统。固体气化原料被磨碎为不大于 0.5mm 的粒度后，经过干燥，通过浓相气力输送至喷嘴。气化原料与气化剂经喷嘴同时

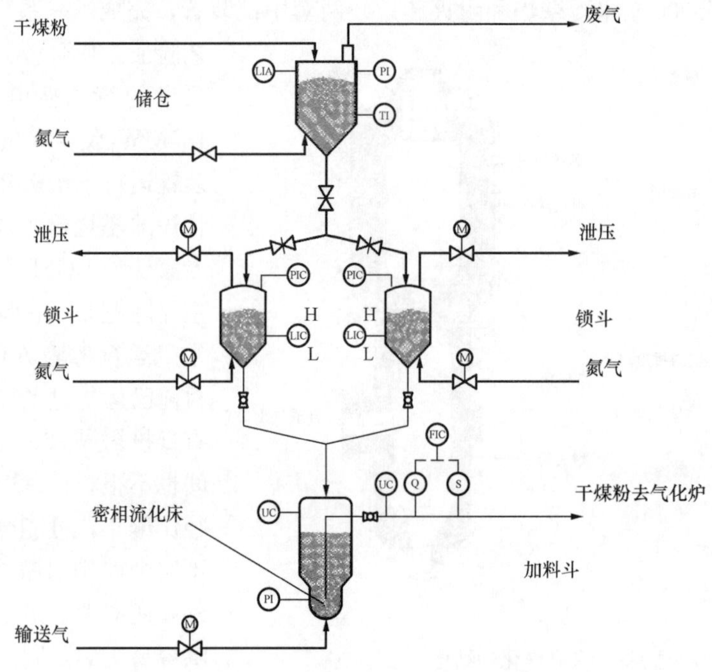

图 4-11　GSP 气化炉所采用的干煤粉气流输送系统

喷入气化炉内的反应室，在高温、高压下发生快速气化反应，产生热粗煤气。高温气体与液态渣一起离开气化室向下流动直接进入激冷室，被喷射的高压激冷水冷却，液态渣在激冷室底部水浴中成为颗粒状，定期从排渣锁斗中排入渣池，并通过捞渣机装车运出。从激冷室出来的达到饱和的粗合成气经两级文氏管洗涤后，使含尘量达到后续工艺要求。

GSP 气化炉在 4MPa 压力下从 200MW 放大到 1500MW 的设计方案，如图 4-12 所示。

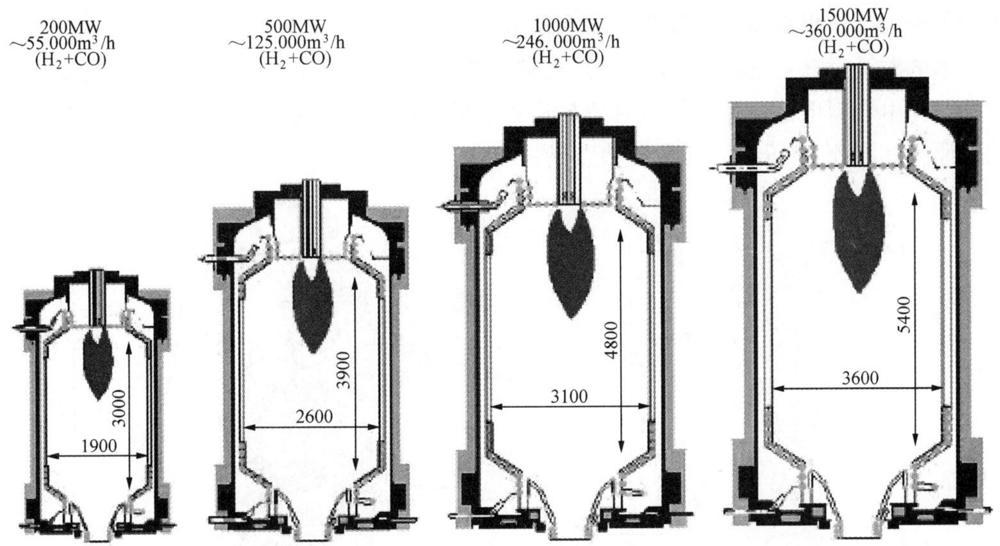

图 4-12　GSP 气化炉的尺寸放大示意（Frank Frisch，2006）

3. 两段式气化技术

荷兰 Shell 和德国 Prenflo 气化炉均为以干煤粉形式进料的气化装置，但它们只有一级气化反应，为了让高温煤气中的熔融态灰渣凝固以免使煤气冷却器堵塞，不得不在后续工艺中采用大量的冷煤气对高温煤气进行急冷，其热量损失很大，气化炉的碳转化率、冷煤气效率和总热效率等指标均比较低，并且由于煤气流量较大，造成煤气冷却器、除尘和水洗涤装置的尺寸过大。为了解决这一问题，许世森等（2001）开发出了一种两段式干煤粉加压气流床气化炉，如图 4-13 所示。

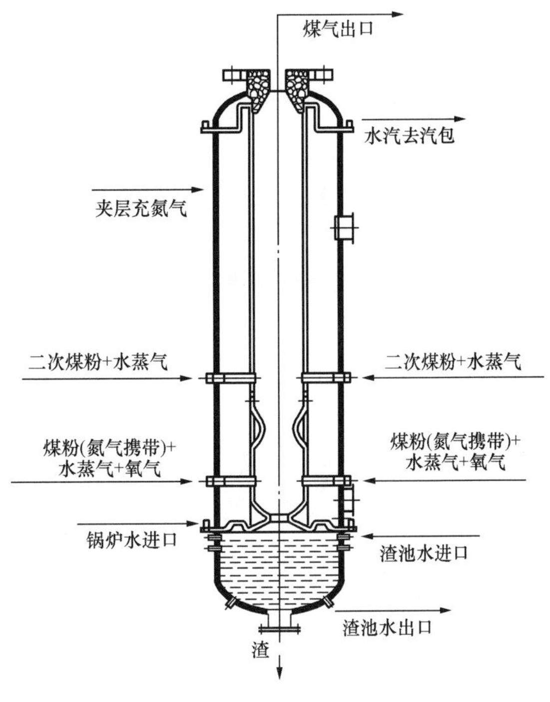

图 4-13　两段式气化炉

两段式干煤粉气流床气化炉的外壳为一直立圆筒，炉膛采用水冷壁结构，炉膛分为上炉膛和下炉膛两段，下炉膛是第一反应区，用于输入煤粉、水蒸气和氧气的喷嘴设在下炉膛的两侧壁上，渣口设在下炉膛底部高温段，采用液态排渣。上炉膛为第二反应区，其内径比下炉膛的内径小，且较高，在上炉膛的侧壁上开有 2 个对称的二次煤粉和水蒸气进口。运行时，由气化炉下段喷入干煤粉、氧气（纯氧或富氧）、蒸汽，所喷入的煤粉量占总煤量的 80%～85%；在上炉膛进口处喷入过热蒸汽和煤粉，所喷煤粉量占总煤量的 15%～20%。该装置中上段炉的作用：①代替循环合成气使温度高达 1400℃的煤气急冷至约 900℃；②利用下段炉煤气显热进行热裂解和部分气化，提高总的冷煤气效率和热效率。

日本电源开发株式会社（J-Power）在其若松研究所的试验工厂开发的两段旋转气化炉的目的是为由燃料电池、燃气轮机和汽轮机组成的三联合循环发电系统制备合成气，其结构和工作原理如图 4-14 所示。其主要特点是：

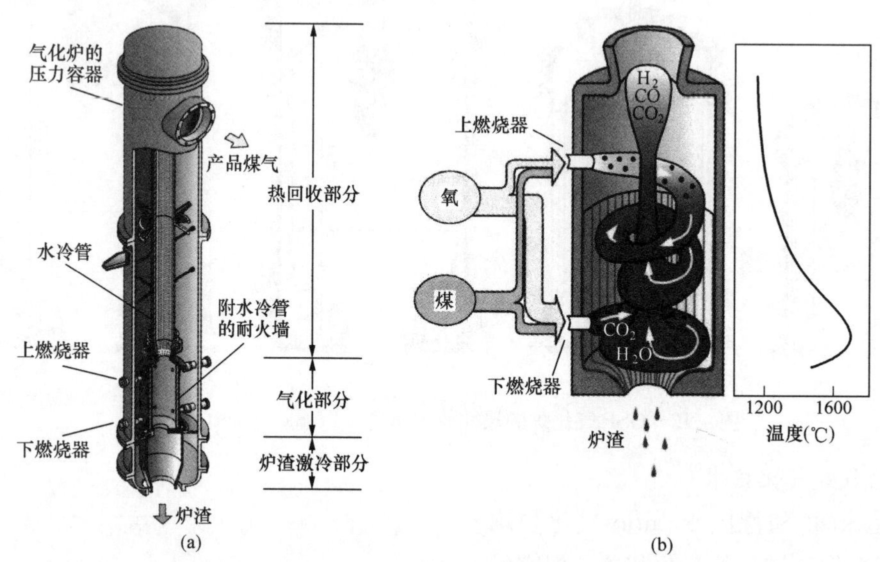

图 4-14　J-Power 的 EAGLE 气化炉结构和工作原理

(a) 气化炉结构；(b) 气化炉内气流示意图

(1) 涡流能够延长颗粒反应所需的停留时间，从而实现高气化效率。

(2) 在气化炉上安装了上、下燃烧器，可控制气化炉内温度分布。

二、水煤浆进料气流床气化炉

1. 德士古气化技术

美国德士古（Texaco）公司开发的水煤浆气化工艺是将煤加水磨成浓度为 60%～65% 的水煤浆，用纯氧作气化剂，在高温高压下进行气化反应，气化压力为 3.0～8.5MPa，气化温度约为 1400℃，煤气成分 $CO+H_2$ 为 80%左右，碳转化率为 96%～99%，气化强度大，炉子结构简单。德士古气化炉结构如图 4-15 所示。德士古气化炉有直接激冷式和废锅式两种。

目前，Texaco 技术最大商业装置是美国能源部的 Tampa 电站，于 1996 年 7 月投运，12 月宣布进入验证运行。该装置为废锅式，单炉日处理煤 2000～2400t，气化压力为 2.8MPa，煤浆浓度为 68%，净功率为 250MW。

德士古气化技术是上置喷嘴式水煤浆气化技术，在用于化工合成时，Texaco 气化炉采

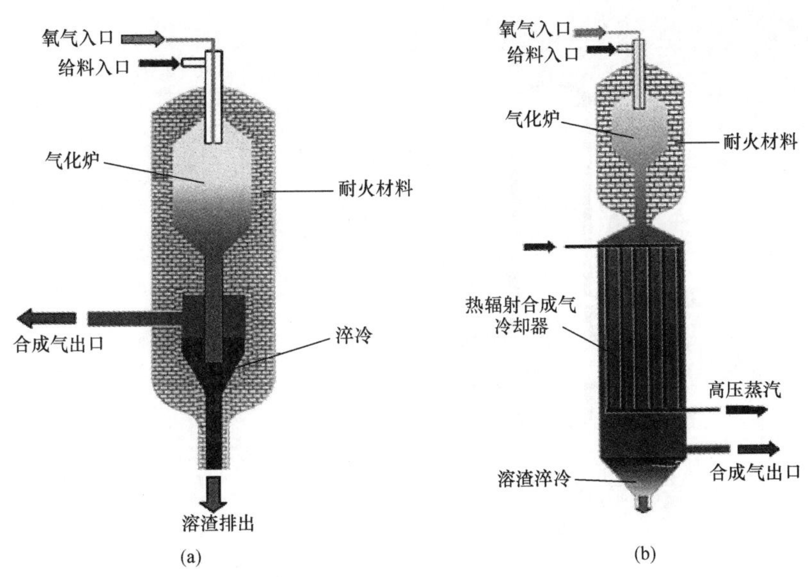

图 4-15 德士古气化炉结构

(a) 激冷式；(b) 废锅式

用激冷工艺，但在用于 IGCC 发电项目时（如 Cool Water 电站和 Tampa 电站），则采用废锅流程。单炉容量目前最大可达 2000t/d，操作压力大都采用 4.0MPa 和 6.5MPa。

2. E-Gas 气化技术

E-Gas 气化技术最早由美国 Destec 公司开发，采用水煤浆原料，两段气化，后被美国 Dow 化学公司收购。E-Gas 气化技术的开发始于 1978 年，在美国路易斯安娜州的 Plaguemine 建立了日处理 15t 煤的中试装置，其后于 1983 年建立了单炉 550t/d 煤的示范装置，于 1987 年建设了单炉 1600 d/t 煤气化装置，配套 165MW IGCC 电厂，这两套装置均位于 Plaguemine。基于这两套装置的经验，在路易斯安娜州的 TerraHaute 建立了单炉 2500t/d 煤气化装置，配套 Wabash River 的 260MW IGCC 电厂，该电厂于 1996 年投入运行，发电效率 40%。

图 4-16 所示为 E-Gas 气化炉结构，E-Gas 气化炉是 1 个十字形的压力筒体，炉膛用耐火砖砌成，也采用水煤浆给料方式。在十字形筒体的水平方向上，安装 2 个相互对喷的水煤浆喷嘴。由这 2 个喷嘴喷入一次反应区的水煤浆数量是总量的 80%。一次反应区的温度大约为 1371～1427℃。二段反应区位于十字形筒体垂直部位的上方。在这个区段上通过 1 个喷嘴喷入剩下的 20%的水煤浆，该反应区的温度控制在 1038℃左右。利用一段反应区内生成的高温煤气的热量，促使水煤浆中煤的挥发物（CH_4 等轻质碳氢化合物）释放出来，并使一部分碳元素发生气化反应（在二段反应区中，碳的转化率可达 50%）。最后，使排出气化炉的煤气温度降至 900℃。E-Gas 气化炉是两段式气化反应炉。

采用两段式气化反应有以下优点：

（1）冷煤气的效率较高，一般可以达到 78%左右。这是由于在两段反应区，二段喷入的水煤浆在高温下继续发生煤的热解和气化反应，产生了更多的有效气体。

（2）可以不用价格昂贵、结构庞大的辐射冷却器就能把粗煤气的温度降到 900℃。

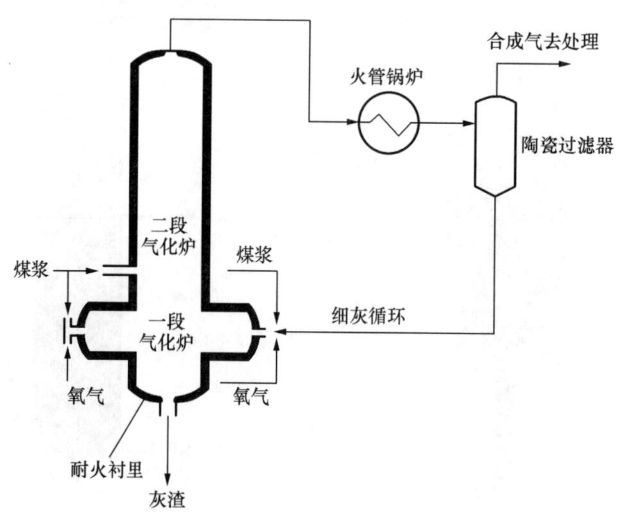

图 4-16　E-Gas 气化炉结构

3. 国内开发的水煤浆气化技术

清华大学岳光溪等（2006 年）将燃烧领域广泛采用的分级送风概念和立式旋风炉的结构引入到煤气化技术，开发了非熔渣—熔渣氧气分级气化炉。采用该技术的两台日处理 500t 煤的气化炉于 2006 年 1 月在山西丰喜肥业（集团）股份有限公司建成投产，配套年产 10 万 t 的甲醇工程。

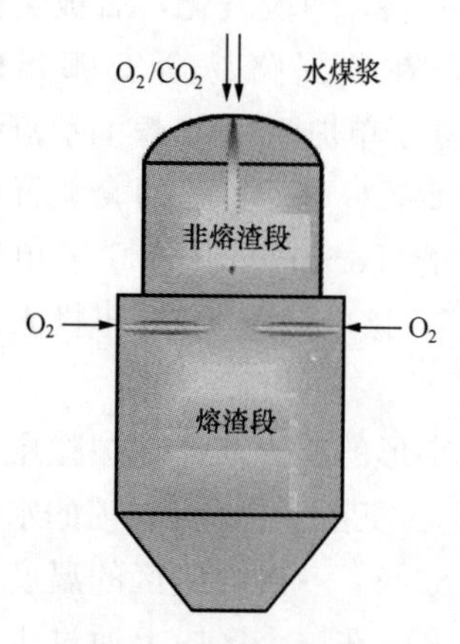

图 4-17　非熔渣—熔渣煤气化炉结构

非熔渣—熔渣煤气化炉结构如图 4-17 所示，在非熔渣气化区，采用纯氧作为气化剂，采用其他气体，如 CO_2、N_2、水蒸气等作为喷嘴温度调节介质，控制氧气的加入比例，使温度保持在灰熔点以下，燃料在该区域不产生熔渣；在第二段熔渣气化区内，补充二级氧气，来自非熔渣气化区、含有未燃燃料的气流与补入熔渣气化区的氧进一步反应，完成全部的气化过程，熔渣气化区内，炉内温度升至煤的灰熔点以上，使燃料在气化炉内形成沿壁流淌而下的熔渣，最后生产得到的合成气经激冷后送出气化炉。

由于该气化炉设置了条件相对缓和的非熔渣反应区（温度低于灰熔点，一般为 1000℃左右），水煤浆喷嘴的寿命将大大延长，有利于煤气化装置的安全、稳定、长周期运行；熔渣气化炉内不存在大的回流区，从而提高了气化炉的有限气化空间。

“九五”期间，华东理工大学、水煤浆气化及煤化工国家工程研究中心（兖矿鲁南化肥厂）、中国天辰化学工程公司合作开发了多喷嘴对置式水煤浆气化技术，“十五”期间，该技术进入商业化示范阶段。在兖矿国泰化工有限公司建成 2 套日处理 1150t 煤的气化炉（4.0MPa），于 2005 年 10 月投入运行。另外，在山东华鲁恒升化工股份有限公司建设了 1 台 750t/d 的气化炉（6.5MPa），于 2005 年 6 月 2 日正式投入工业运行。

三、流化床气化炉

典型的流化床气化炉工艺有高温温克勒（HTW）和U-gas工艺等。

HTW工艺由德国莱茵褐煤公司发明，其结构如图4-18所示，燃料在闸斗仓内加压，然后储存在料仓或加料仓，再由螺旋给料机给入到气化炉。气化炉底部是流化床，流化介质是空气或O_2和蒸汽。气体和细颗粒向上流动至流化床上部的反应器，再加入空气/O_2和蒸汽来完成气化反应，之后将粗合成气在除尘器里分离并冷却，分离下来的固体颗粒送回至气化炉底部，实现再循环。流化床底部设有螺旋冷灰器，用于排出底灰。流化床的温度为800～900℃，运行压力可在1MPa（为制备合成气）和2.5～3MPa（为IGCC）之间变化。

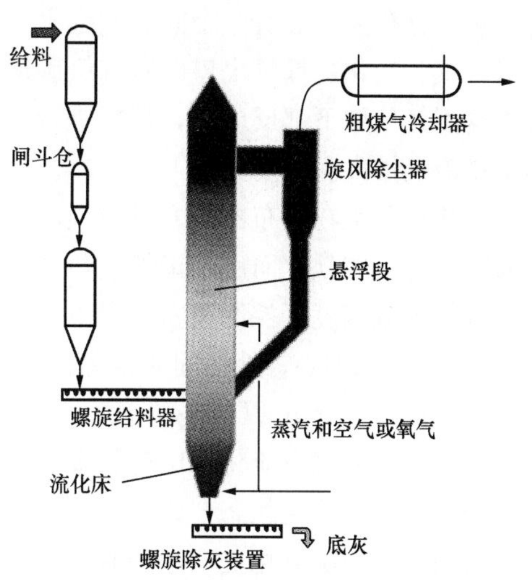

图4-18　HTW流化床气化炉

U-Gas气化工艺是一种灰熔聚加压流化床气化工艺，由美国煤气工艺研究所（IGT）开发，属于单段循环流化床气化工艺，采用灰团聚方式操作，其结构如图4-19所示。气化炉要完成四个过程：破黏、脱挥发分、气化以及灰团聚和分离。

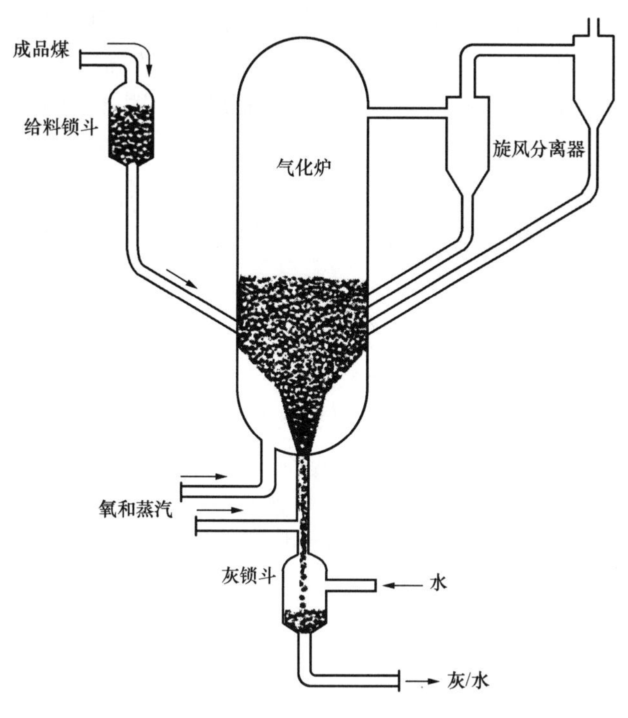

图4-19　U-Gas气化炉

U-Gas气化炉外壳是用锅炉钢板焊制的压力容器，内衬由耐火耐磨材料浇注的硬质层和保温隔热层组成，气化炉下部有一漏斗状多孔分布器，通过的蒸汽与空气混合气使床层的煤粒流化。分布器中心有一个同心圆套管，其中心管通空气形成高温反应区，环隙通蒸汽和空气混合气。气化炉煤气出口串联二级旋风除尘器，除尘器收集的煤粉尘经直接插入炉内的回料管返回气化炉下部反应区，再次进行气化反应。气化炉底部排渣斗收集的灰渣，经内冷却螺旋排渣机排出。

气化过程中在分布器上方形成温度较高的灰团聚区，温度略高于灰的软化点（ST），灰粒表面在此区域软化而后团聚长大，到不能被上升气流托起时灰粒从床层中分离出来。控制中心管的气流速度可控制排灰量多少。煤在气化炉内停留时间为45～60min，流化气速为0.65～1m/s，中心管处的固体分离速度为10m/s左右。

经过破碎（6mm以下）和干燥的煤经料斗由螺旋给料器从分布器上方加入炉内，与水蒸气、空气或氧气在流化床中进行反应，煤脱黏时的温度一般为370～430℃，吹入的空气使煤粉颗粒处于流化状态，并为煤部分氧化提供热量，同时进行干燥和浅度碳化，并为煤粉颗粒表面形成一层氧化皮，达到脱黏的目的。脱黏后的煤粒在气化过程中，可避免黏结过程的发生。

在流化床内，煤与气化剂在950～1100℃和0.69～2.41MPa下进行反应，产生合成气，由于操作温度适中，气体在流化床中的停留时间合适，合成气产品几乎不含焦油，从而简化了下游热回收和气体净化系统。

U-Gas气化工艺的突出优点是，气化的煤种范围较宽，碳转化率高。气化炉的适应性广，对于一些黏结性不太大或者灰分含量较高的煤也可以作为气化原料。

1993年，上海焦化厂引进U-Gas煤气化技术及设备，共有8台气化炉，全套装置于1995年4月建成投产。这是U-Gas在世界上第一套工业化装置。每台气化炉设计生产能力为煤气20 000m^3（标）/h，6台运行2台备用，原料煤为中国神府烟煤。由于上海市以天然气代替煤制气，U-Gas煤气化炉于2002年初停止运行。该气化炉下部反应区内径为2600mm，上部扩大段直径为3600mm，总高18.5m；操作压力为0.2～0.22MPa，温度为933℃；水蒸气过热温度为285℃。美国煤气工艺研究所（IGT）设计的气化效率为78.8%，碳转率为96.8%。

四、水煤浆气化与干煤粉气化的比较

干煤粉气化与水煤浆气化性能指标见表4-1。

表4-1　干煤粉气化与水煤浆气化性能指标

项　目	单　位	干煤粉气化	水煤浆气化
煤种适应性		无烟煤、烟煤、褐煤到石油焦，局限性小	（1）含水分低（尤其是内水分低）的煤种。 （2）选用灰融点低和灰黏度适宜的煤种。灰融点FT宜低于1350℃
气化温度	℃	1400～1800	1400～14 500
冷煤气效率	%	79～85	70～78
比氧耗[O /(CO +H_2)]	m^3/m^3	0.31	0.4
比煤耗[煤/(CO + H_2)]	kg /m^3	0.5	0.61
碳转化率	%	＞99	90～96
负荷调节范围	%	50～120	70～100

续表

项　　目	单　位	干煤粉气化	水煤浆气化
喷嘴寿命		1 年以上	60～90 天
运行压力	MPa	≤4.0	2.8～6.5，最高 8.5
气化炉内衬		水冷壁＋涂层	耐火砖
内衬寿命	年	＞10	1～2
单炉最大出力	t/d	＞3000	2400
存在问题			喷嘴、耐火砖寿命短，需设置备用炉

工程应用时，应根据煤种的变化选择合适的气化技术，如果所气化煤灰熔点较低（FT＜1350℃），且成浆性能较好，则既可以选择水煤浆气化，也可以选择干煤粉气化；如果所气化煤灰熔点较高（FT＞1350℃），则只能选择干煤粉气化；如果要求较高的气化指标，则选择下置喷嘴式干煤粉气化比较合适。

五、进料方式对煤种的适应性

气化炉进料分为下置喷嘴式和上置喷嘴式两种。下置喷嘴式为煤粉从气化炉下部进入，上置喷嘴式为煤粉从气化炉上部进入。属于上置喷嘴式气化炉的有 GSP 工艺、德士古工艺等，属于下置喷嘴式气化炉的有 Shell 炉、PRENFLO 炉、E-Gas 炉、两段式气化炉等。

由图 4-20 可以看出，对于上置喷嘴式气化炉，排渣口为炉内温度最低点，为保证排渣顺利，必须保证 T_1时灰黏度小于 25Pa·s，因而要求操作温度 T_2达到更高的温度；对于下置喷嘴式气化炉，排渣口位于炉内温度最高点，只需保证在 T_2下灰黏度小于 25Pa·s 即可。从气化的比氧耗和比煤耗来说，与下置喷嘴式气化炉流程比较，上置喷嘴式气化炉流程需要更高的气化反应温度，因而比氧耗较高；同时，由于生成了更多的 CO_2，将使比煤耗增加。另外，由于气化反应温度的提高，将影响气化炉水冷壁的寿命。

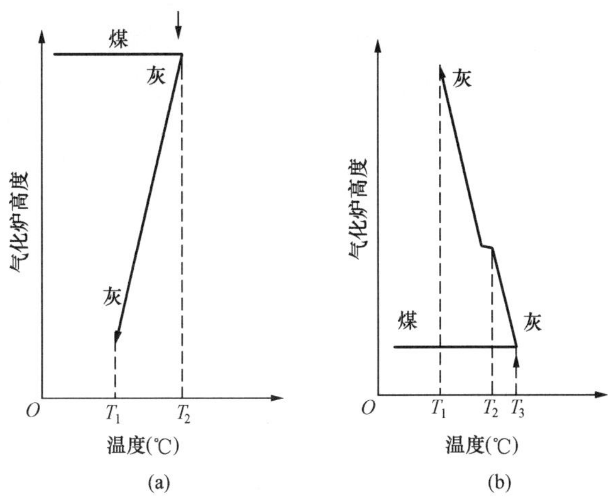

图 4-20　气化炉炉内渣（灰）温度沿气化炉高度的变化（韩启元，2008）
（a）上置喷嘴式气化炉；（b）下置喷嘴式气化炉

六、气化炉技术经济指标

衡量气化炉运行技术经济性的常用指标为气化强度、碳的转化率、冷煤气效率和热煤气效率等。

1. 气化强度

用于衡量固定床和流化床气化炉的气化能力的指标，表示在气化炉单位截面上、在单位时间内所能产生的煤气量（可采用标准状态下的气体体积或气体质量）。气化强度的单位为 $m^3/(h \cdot m^2)$或 $kg/(h \cdot m^2)$（标准状态下）。

2. 碳的转化率 η_c

$$\eta_c = \frac{转化成煤气成分的碳量}{煤中所含碳量} \tag{4-3}$$

表示煤中所含碳元素在气化炉内转化为煤气成分的百分数，即气化过程中碳的利用程度。目前，性能良好的气化炉的碳转化率可高达 99%。

3. 冷煤气效率（气化效率）η_l

$$\eta_l = \frac{所生成煤气的化学能}{气化用煤的化学能} \times 100\% \tag{4-4}$$

该指标反映了气化炉将煤的化学能转化成煤气化学能的完善程度。如取低位发热量作为计算依据，目前，先进的气化炉的冷煤气效率可达 80%左右。

4. 热煤气效率 η_h

$$\eta_h = \frac{所生成煤气的化学能 + 气化炉系统产生蒸汽的焓与给水焓之差}{气化用煤的化学能} \times 100\% \tag{4-5}$$

该指标反映了整个气化装置在能量转化过程中的完善程度，先进的气化炉的热煤气效率一般为 91%～95%。

结合已运行的 IGCC 示范电厂，表 4-2 给出 5 种气化炉的运行性能指标。

表 4-2　5 种气化炉在 IGCC 示范电厂的运行性能

技术项目	Texaco	E-Gas	Shell	Prenflo	KRW
进料方式	湿法/水煤浆	湿法/水煤浆	干法/煤粉	干法/煤粉	干法/碎煤
反应器形式	气流床	气流床	气流床	气流床	流化床
氧气纯度（%）	95	95	95	85～95	空气
喷嘴的个数	1	3（+1）	4	4	1
喷嘴的寿命	60d	60～90d	>10 000h		
气化炉内衬	耐火砖	耐火砖	水冷壁＋ 涂层	水冷壁＋ 涂层	耐火砖
内衬寿命	2 年	3 年	>10 年（待考验）	>10 年（待考验）	
冷煤气效率（%）	71～76	74～78	80～83	80～83	80～85
碳转化率（%）	96～98	98	>98	>98	约 95
单炉最大出力（t/d）	2200～2400	2500	2000	2600	881
示范电厂名称	Tampa（美）	Wabash River（美）	Buggenum（荷兰）	Puertollano（西班牙）	Pinon Pine（美）
示范电厂净功率（MW）	250	261.6	253	300	99.7
示范电厂气化炉可用率（%）	80～85	90～95（一开一备）	86.1		

续表

技术项目	Texaco	E-Gas	Shell	Prenflo	KRW
投运年份	1997	1995	1996	1997	1997
最大容量气化炉的最长运行时间（h）	＞8860	＞7500	＞10 000		
组成 IGCC 示范电站的效率	设计值：41.6%（HHV）试验值：38.5%（HHV）	设计值：37.8%（HHV）试验值：38.8%（HHV）	设计值：43%（LHV）	设计值：45%（LHV）	设计值：40.7%（HHV）
组成 IGCC 达到 43%效（LHV）率的可能性	有可能（但必须改进余热回收）	能达到	容易达到	容易达到	不易
存在问题	喷嘴、耐火砖寿命短，余热回收系统和黑水处理系统尚待改进	喷嘴、耐火砖寿命短，黑水处理系统待改进	黑水系统待改进	供料系统待改进	
组成 IGCC 的造价	低	低	高	高	最低

第四节　煤气冷却与净化技术

一、气化后煤气冷却工艺

气化后煤气冷却工艺是指气化炉出口的高温气体经过回收热量、除尘和增湿后变成水煤气，以满足下一工序的需要。气化后工艺通常有两种，即适合于煤化工工艺的煤气激冷流程和适合于发电工艺的废锅流程。

1. 激冷流程

激冷流程一般由激冷室（罐）、文丘里管、洗涤塔组成，如图 4-21 所示。在激冷流程中，用激冷水将煤气直接冷却至 300℃以下，这种工艺方式的系统比较简单，投资较少。气体的热量被水汽化吸收，灰渣混于水中，气相中包含有大量的水蒸气，可以满足变换工艺的需要。此工艺流程适用于化工领域及多联产。

2. 废锅流程

废锅流程一般由一级或多级废热锅炉、干洗和水洗除尘装置组成，如图 4-22 所示。气体的热量用于产生高压和中压蒸汽，灰渣混于水中，气相中包含有少量的水蒸气。粗煤气中 15%～20%的热能被回收为中压或高压蒸汽，气化工艺总体的热效率可以达到 98%。此工艺过程比较适合于 IGCC 项目。

目前国内运行的 Texaco 工艺只有激冷流程，在最近引进的 Shell 工艺中，也只设废锅流程。

研究认为，气化后工艺的选择，应视后续产品需要而定。甲醇合成时需要 H_2/CO 在 2.0 左右。这就要求气化后的煤气中含有相当多的 CO，它与水蒸气反应转化成 H_2，其需要大量的水蒸气。激冷流程既脱除了尘渣，又起到了增湿的作用，使气化后气体中的汽气比满

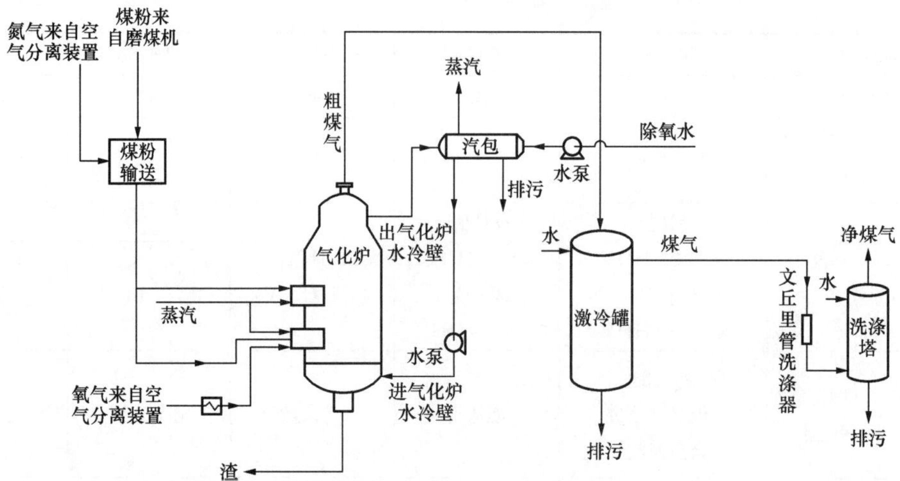

图 4-21　激冷气化工艺流程

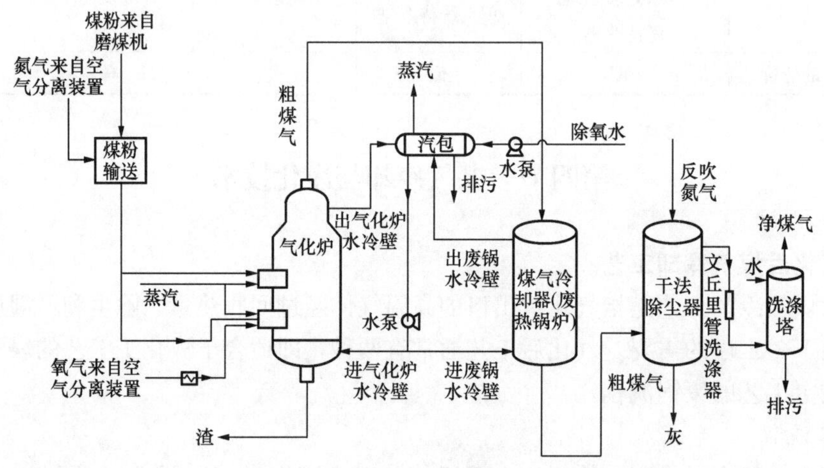

图 4-22　废锅工艺流程

足变换工艺的需要。因此，针对甲醇合成而言，激冷流程是一种比较合适的工艺。如果采用废锅流程，虽然可以回收一部分热量，但废锅出口的水蒸气含量比较低，气体温度较低，经水洗的增湿作用有限。因此，仍然要补充一部分水蒸气到水煤气中，这不仅在工艺上比较复杂，能量利用也不合理。由此可见，废锅流程对甲醇合成并不十分合理。例如，目前 Shell 工艺应用于中国的 20 余套装置，均采用废锅流程，既增加了大量的投资，也使工艺复杂化。较为适宜的煤气化工艺流程如图 4-23 所示。

二、煤气净化技术

从气化炉产生的粗煤气含有大量有害杂质，无法满足燃气轮机安全可靠运行和环境保护法规的要求，必须预先净化处理，以除去粗煤气中的硫化物、粉尘、氮化物以及碱金属与卤化物等有害物质。

气化工艺将煤转化为洁净的合成气后在进燃气轮机燃烧之前脱除硫，替代了传统技术燃烧后脱硫的方法。

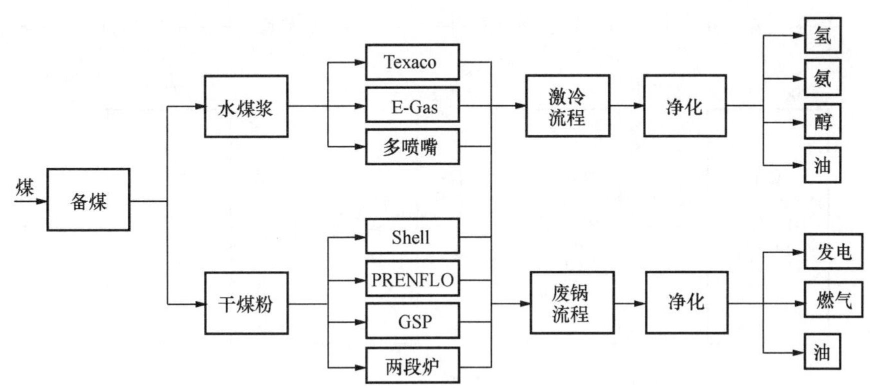

图 4-23　煤气化工艺流程

已运行的 IGCC 电厂多采用中温煤气除尘（一般在 250℃左右）、常温湿法煤气脱硫工艺。

常温湿法净化系统主要设备有旋风分离器或者中温陶瓷过滤器、文丘里管洗涤器、脱硫设备和硫回收设备。首先通过旋风分离器或陶瓷过滤器进行初级除尘，然后用文丘里管洗涤器进行精除尘，并洗除碱金属化合物、卤化物以及 NH_3 和 HCN；经过洗涤后的煤气再进行脱硫。

煤气中的硫化物主要是以 H_2S 的形式存在，还有很少量的氧硫化碳 COS。由于 H_2S 的浓度比燃煤锅炉排烟中的 SO_2 浓度高数倍，而且 H_2S 的反应性比 SO_2 强，因此，从煤气产物中脱除硫化物比较容易而且脱除率高。

另外，气化过程通常在高压下进行，气体的比体积小，因此，煤气脱硫装置的尺寸比燃烧产物的烟气脱硫净化装置要小得多，煤气脱硫成本比烟气脱硫成本低 1/3 以上，并且煤气脱硫的产物能够以硫元素的形式直接回收。

在气化炉中，燃料及空气中的部分氮会转化为氮的化合物（主要是 NH_3），其中一部分在煤气脱硫工艺中可以被除去，因此，在煤气燃烧过程中 NO_x 的排放量比常规火力发电厂减少 2/3 以上。

脱硫设备根据不同的反应原理又有几种不同的方法，有基于物理吸收法的 Selexol 方法（美国冷水电站，聚乙二醇二甲醚为脱硫吸收剂，适用于低温）；化学吸收法的 MDEA 方法（西班牙 ELCO-GAS 电站，N-甲基二乙醇胺为吸收剂）。硫回收的设备主要有 Claus 装置，并且有用于尾气后处理的 SCOT 装置。

目前，常温湿法净化技术比较成熟可靠，其流程见图 4-24。

醇胺类溶剂是应用很广泛的脱硫化学吸收溶剂。N-甲基二乙醇胺（MDEA）是四种醇胺类溶剂之一，吸收性好，凝固点低，蒸汽压力小，有较好的化学稳定性和热稳定性，性能明显优于其他醇胺类溶剂，因此获得了广泛应用。

N-甲基二乙醇胺（MDEA）与 H_2S 的反应如下

$$2RNH_3+H_2S \longrightarrow (RNH_3)_2S$$

$$(RNH_3)_2S+H_2S \longrightarrow 2(RNH_3)HS$$

MDEA 水溶液中添加少量的活性剂对上述反应有重大影响，因此，有关活化剂的种类、

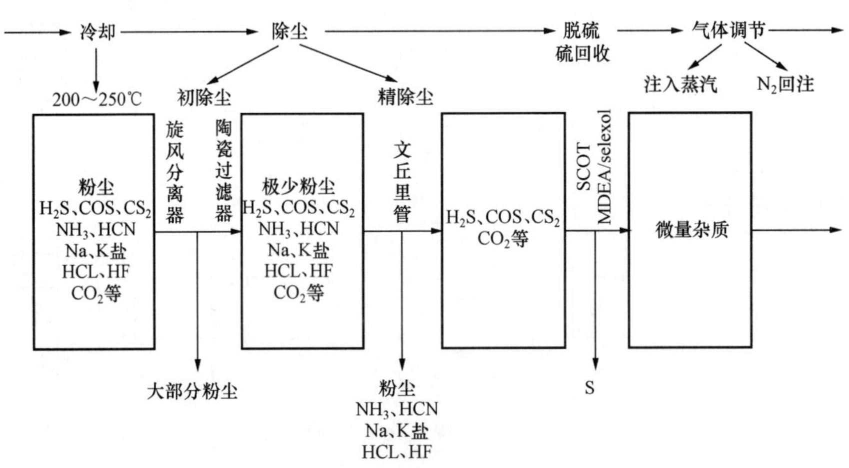

图 4-24　常温湿法净化技术流程

加入量的研究十分活跃。

典型的 MDEA 吸收法脱硫工艺流程如图 4-25 所示。煤气进入两段吸收塔的下层，与向下流的吸收溶液逆向接触，气相中的 H_2S 和 CO_2 大部分在下层被吸收。在吸收塔上段将气体洗涤到要求的最终纯度。

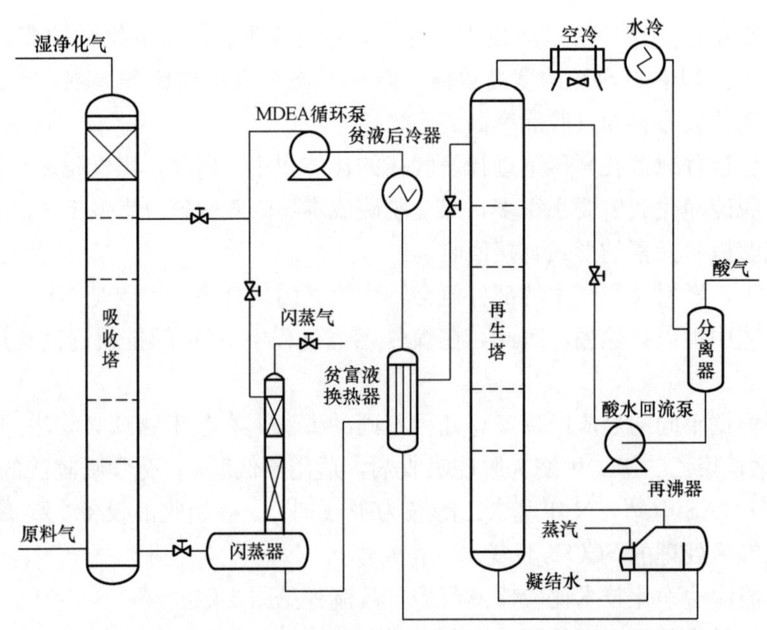

图 4-25　典型的 MDEA 吸收法脱硫工艺流程

常温湿法净化技术在净化前，先要将高温煤气冷却降温，虽然可以回收部分煤气显热，但由于能量的品位降低，必将影响到 IGCC 整体的效率。因此，人们正致力于研究开发高温干法净化技术，它与煤气常温净化技术相比，能使 IGCC 的净效率提高 0.7%～2%。在 500～600℃区间的高温煤气净化技术仍不成熟，仅有中试运行经验。

高温干法净化技术工艺流程见图 4-26。高温脱硫前，先用高温除尘器除去煤气中 5μm

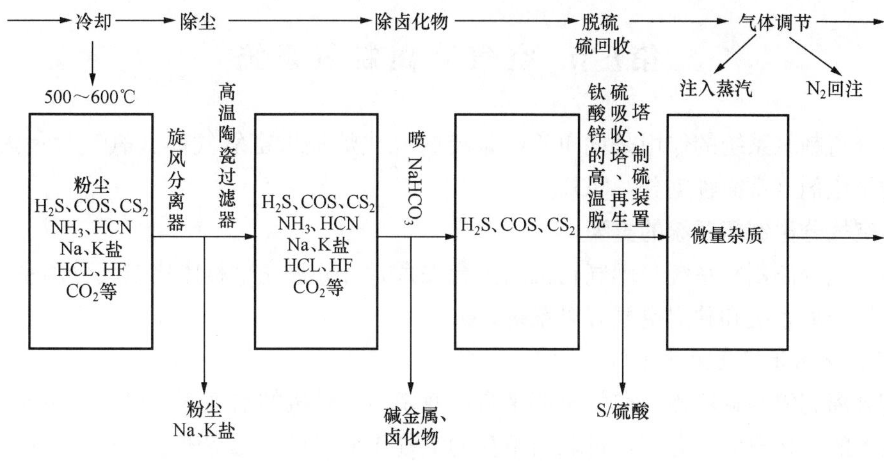

图 4-26　高温干法净化技术流程

以上的微小颗粒，除尘器阻力要适当，高温除尘器包括陶瓷纤维过滤器、金属丝网过滤器等。由于煤气中煤焦油的凝结温度为 450℃，因此，高温脱硫必须高于 500℃。目前，高温干法脱硫方法有氧化铁法、氧化锌法等，脱硫剂为 Fe-Zn 系和 Zn-Ti 系金属氧化物，其脱硫反应式为

$$Fe+H_2S \longrightarrow FeS+H_2$$

$$FeO+H_2S \longrightarrow FeS+H_2O$$

$$ZnO+H_2S \longrightarrow ZnS+H_2O$$

吸收了 H_2S 和 COS 的脱硫剂进入再生装置再生，再生后的脱硫剂再返回脱硫设备循环使用。但脱硫剂再生设备复杂，脱硫剂运行寿命短，目前尚不适合于 IGCC 系统中的煤气净化。脱硫剂再生的同时会产生较高浓度（15%左右）的 SO_2，可以被作为硫酸制备等化工工艺的原料。

煤气中还有一些含量较少，但危害性却不可忽视的污染物，如 HCI 极易引起 IGCC 燃气轮机叶片腐蚀破坏，同时易于与脱硫剂的活性组分发生反应，造成脱硫效果变差，因此，IGCC 高温脱氯已引起了国内外的重视。

美国 GE 公司在其研究的 IGCC 工艺流程中，还设置了汞回收装置，如图 4-27 所示。

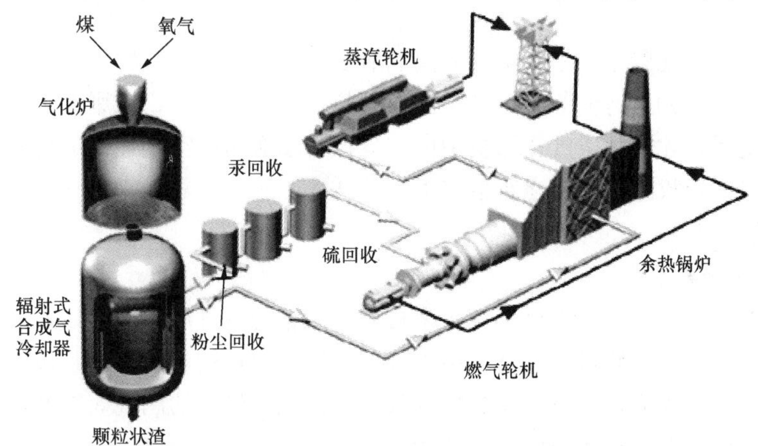

图 4-27　GE 公司带汞回收装置的 IGCC 流程图（Steve Rahm，2006）

第五节 空气分离制氧系统

空气分离制氧系统的作用是向IGCC系统的气化炉提供富氧气体（氧气含量为85%～95%）的气化剂（常简称空分ASU）。

一、空气分离制氧系统的类型

根据空气分离制氧系统与燃气轮机的配合关系，可分为完全整体化空气分离系统、部分整体化空气分离系统和独立空气分离系统。

1. 完全整体化空气分离系统

空气分离制氧装置所需的空气全部来自高效率燃气轮机的空气压缩机。其主要特点是空气分离设备的入口气体压力高，可取消单独的空气压缩机或降低空气压缩机的功耗，降低厂用电量。从空气分离装置出来的高压氮气绝大多部分回注到燃气轮机的燃烧室参加做功，如图4-28所示。

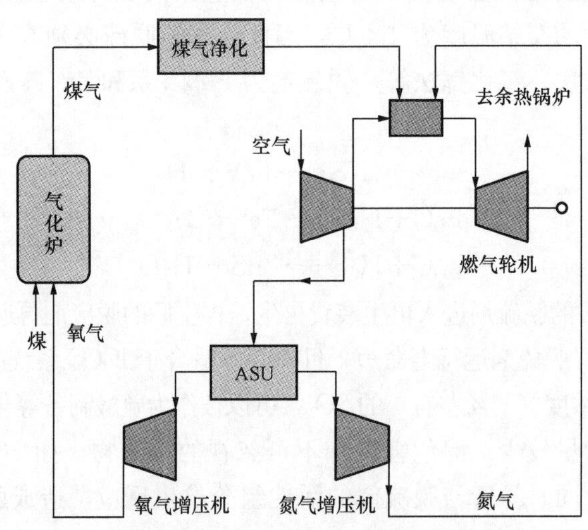

图4-28 完全整体化空气分离系统

但是这种紧密的配置方式中，空气分离制氧装置的运行与燃气轮机的运行相互制约，使整个电厂的机组启动和运行调节较为复杂。尤其是在启动过程中，在用天然气启动燃气轮机并达到稳定工况后，才能从空气压缩机中向空分设备输送压缩空气，去进行制氧，再生产煤气，在燃料切换时给机组的稳定运行带来很大的技术困难，可靠性相对较低，也会影响燃气轮机的出力和循环效率。

2. 独立空气分离系统

空气分离制氧装置所需空气全部直接来自单独配置的空气压缩机。该系统的特点是，空气分离装置的运行与燃气轮机的运行关系不大，系统简单，机动性能好，整体可靠性高，但需要单独设置空气压缩机，而空气压缩机的效率要比燃气轮机的压气效率低，是增加厂用电量的主要设备。图4-29所示为独立空气分离系统。

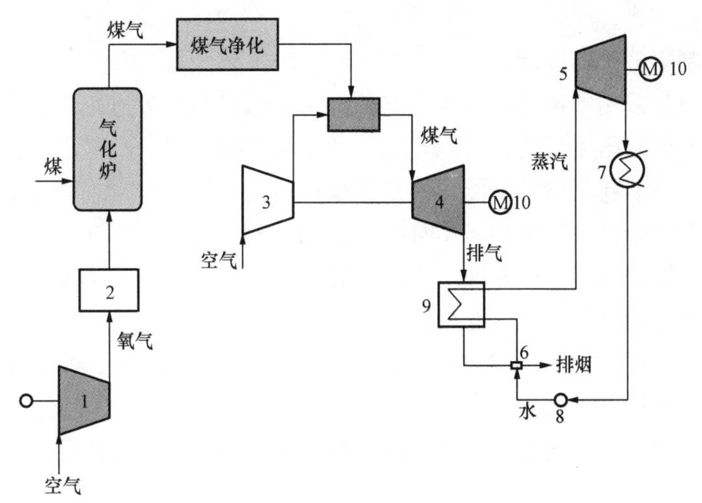

图 4-29 独立空气分离系统

1—空气压缩机；2—空气分离装置；3—空气压缩机；4—燃汽轮机；5—汽轮机；6—给水加热器；7—凝汽器；8—给水泵；9—余热锅炉；10—发电机

3. 部分整体化空气分离系统

为了兼顾整体化空气分离系统的高效率和独立空气分离系统的可靠性，空气分离系统所需的压缩空气的一部分由燃气轮机组的空气压缩机抽出供给，其余部分由独立的空气压缩机供给，如图 4-30 所示。

部分整体化空气分离系统的 IGCC 启动过程中，在用天然气启动燃气轮机并达到稳定运行时，启动独立空气压缩机，制氧并制取煤气，当煤气合格后，即可以供燃气轮机燃烧，逐渐完成两种燃料的切换，并平稳过渡到从燃气轮机的空气压缩机向空气分离装置提供压缩空气。经济和技术分析以及工程实践表明，部分整体化空气分离系统的综合效率较高。

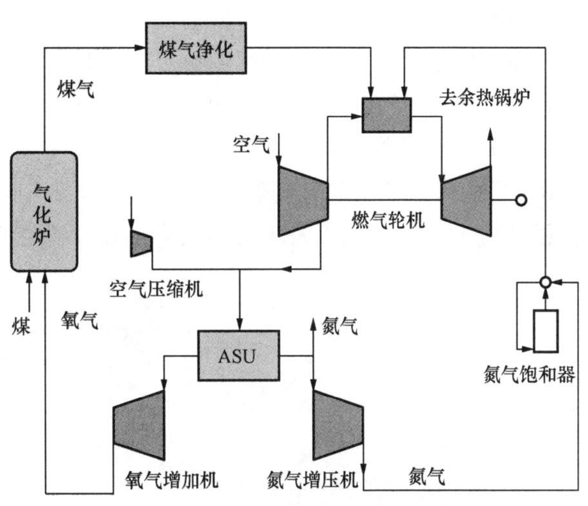

图 4-30 部分整体化空气分离系统

设计部分整体化空气分离系统的两个重要参数为集成系数与氮气回注系数。集成系数定义为来自空气压缩机的抽气量占空气分离装置所需总空气量的份额；氮气回注系数定义为空气分离出来的氮气回注到燃气轮机的份额。

完全整体化方式的厂用电率低，但运行不灵活，例如，荷兰 Buggenum 电厂采用完全整体化，厂用电率仅 10.92%；独立空气分离使厂用电率增大，但它运行灵活；部分整体化可兼顾两方面优点。随着 IGCC 空气分离整体化程度的提高，IGCC 的热经济性也相应提高。但是完全整体空气分离方式 IGCC 的运行灵活性却受到限制。因此，目前 IGCC 电厂较多倾向于采用部分整体化方式。

二、空气分离制氧系统的能耗

空气分离制氧通常采用常规的低温液化绝热分离方法，在制氧过程中，要求向空气分离系统提供至少0.6MPa的压缩空气，所以，制氧的绝大部分功耗为空气的压缩，如果采用单独的空气压缩机，则将消耗大量的电能，在厂用电中占有很大的比例。为了尽可能减少厂用电的消耗，可以从燃气轮的空气压缩机中抽出一部分一定压力的压缩空气（1.2～1.4MPa）送入空气分离制氧系统，而不会明显减少IGCC的净输出功率和燃气轮机的效率，但可以大大减少空气分离系统单独设置空气压缩机的电力消耗。

IGCC的加压煤气化炉约在3MPa或更高压力下工作，因此，需要将来自空气分离系统的富氧气体经过升压再送到煤气化装置。空气分离制氧系统分离出来的氮气的压力也较高，可全部或部分地直接回注到燃气轮机做功，以减少压力损失。空气分离后获得的氮气也可作为副产品出售。

第六节　燃气轮机及余热锅炉

一、燃气轮机

IGCC是以燃气轮机为主的联合循环，其热功转换利用的核心部件是燃气轮机，加入系统的全部或大部分热量先在高温区段借助燃气轮机实现高效热功转换，输出有效功，然后充分回收燃气轮机排热产生蒸汽，再在中、低温区段通过汽轮机实现热功转换、输出有效功。燃气轮机性能的提高是发展IGCC的前提。20世纪80年代，透平初温为1100℃的燃气轮机组成的IGCC还难以和常规的汽轮机电厂相匹敌；而90年代后，研究出一批高性能燃气轮机其透平初温为1250～1310℃，可建造供电效率40%～46%的大型IGCC装置，在热力性能上足以和传统的燃煤电厂相竞争。

IGCC的燃气轮机和常规燃气—蒸汽联合循环有所不同，燃气轮机的设计区别主要是考虑为了适应不同热值的以及煤气中残存的微小颗粒所存在的磨损和腐蚀。为了经济有效地控制燃气轮机排气中NO_x的含量，采取在燃烧室内喷水或在煤气送入燃气轮机前，与无盐水接触，增大煤气的湿度，借以降低燃气轮机燃烧室内的火焰温度，控制燃气轮机排气中NO_x的含量。

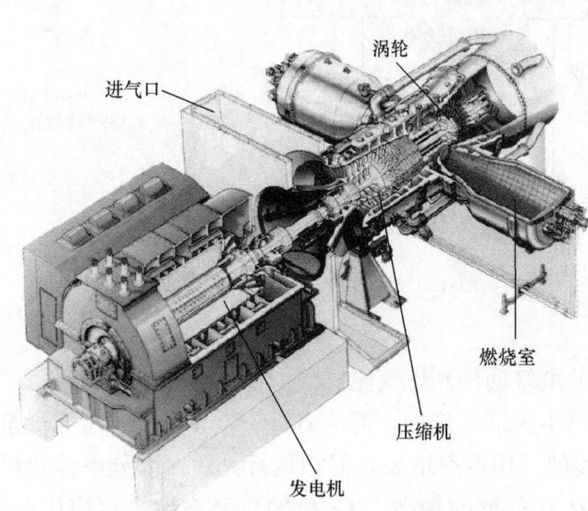

图4-31　典型的IGCC燃气轮机结构

典型的IGCC燃气轮机结构见图4-31，主要由压缩机、燃烧室和涡轮组成。

1. 燃气轮机燃烧系统

以氧气为气化剂的IGCC中，气化炉产生的合成气的热值在标准状况为10.47～12.56MJ/m^3（2500～3000kcal/m^3），属于中热值合成气，燃气轮机燃烧室及辅助系统应适应中热值合成煤气的燃烧与输送特性。由于中热值合成气的燃烧特性与天然气有很大差别，常规燃气轮机的燃烧系统必须经过改造或改型设计，才能用于 IGCC 发电系统。

当 IGCC 气化炉向燃气轮机燃烧室提供热值标准状况下低于 6.28kJ/m^3（1500kcal/m^3）的低热值煤气时，由于燃烧稳定性比较差，理论燃烧温度低，火焰传播速度较低，低负荷下易发生 CO 和碳氢化合物燃烧不完全，致使 CO 的排放量大大超过环保标准，以及容易发生熄火，因而燃气轮机的燃烧室须按低热值煤气燃烧室进行设计，所设计的燃烧室在任何工况下以及负荷变化过程中都能稳定地组织燃烧。

在 IGCC 机组启动过程中，必须先用天然气或柴油启动燃气轮机，然后机组带负荷运行，在气化炉正常供应合格煤气后，再由启动燃料切换为合成煤气，启动燃料同时作为备用燃料。因此，燃气轮机的燃烧室都必须能适应双燃料燃烧，既能单独燃烧中热值煤气（或低热值煤气），又能单独燃烧天然气（或柴油），也能两种燃料混烧，并能实现煤气与天然气或柴油燃烧工况的顺利切换。

典型 IGCC 机组燃气轮机燃烧器结构如图 4-32 所示。

由于低负荷下煤气燃烧稳定性较差，因此 IGCC 燃气轮机燃用煤气时的负荷不能太低。另外，IGCC 的负荷特性主要取决于气化炉的变负荷特性，机组降负荷运行不仅受到限制，而且操作比较复杂。实际运行的 IGCC 电厂适合基本负荷，一般不宜在 60%负荷以下运行。

对整合分离与捕集 CO_2 的先进 IGCC 机组，则将合成煤气变换成富氢燃气，氢气单位体积的能量密度很低，而其单位质量能量含量却很大。因此燃气轮机及燃料系统应进行较大的设计改进，以适应燃用富氢气体的要求，目前还没有氢燃气轮机投入商业运行。图 4-33 所示为西门子公司正在开发的富氢燃烧器。

图4-32 典型 IGCC 机组燃气轮机燃烧器结构（Francisco Garcia Pena，2006）

图 4-33 富氢燃烧器（Werner Gunster，2006）

2. 燃气轮机通流部分

在输出功率相同的条件下，由于煤气热值低，合成煤气流量大于燃用天然气时的流量。因此，除了要增大煤气输送系统的尺寸与调节系统外，还需要对燃气轮机的通流部分进行改造，保持各部分间的流量平衡，使空气压缩机或燃气轮机满足燃料流量增加的要求，以防止空气压缩机发生喘振。加大燃气轮机与空气压缩机通流能力，以满足燃烧中、低热值合成气要求的主要方法有：改变静叶片安装角度，改变叶片高度，降低燃气轮机进口燃气温度等。

3. 降低 NO_x 排放的技术措施

IGCC 机组排放的污染物包括氮氧化物、CO、未燃尽碳氢化合物、氧化硫和微粒物质等。通过向燃气轮机燃烧室注水/蒸汽、注氮气，可使燃气轮机 NO_x 排放量很低，满足更高的环保要求。

IGCC 直接燃烧煤气会造成燃烧产物中 NO_x 超标，可采用以下技术措施降低燃烧产物中的 NO_x。

(1) 向燃烧室注水或喷射蒸汽。基本原理是把冷源引入火焰区，以降低火焰温度。喷水是减少 NO_x 形成的一个非常有效的方法，喷蒸汽对减少热 NO_x 的效果略逊，水的高潜热在降低火焰温度的过程中起着一个强大冷源的作用。一般情况下，对于一定的 NO_x 减少量，蒸汽质量流量比水多约 60%。

如果向燃烧室喷水或蒸汽过多，会使 CO 增加，达到某一点后，随着水或蒸汽的进一步增加，CO 排放会急剧地上升，同时也降低了燃烧室运行稳定性。随着注水/蒸汽量的再增加，最终会达火焰熄灭点。

(2) 煤气预混水蒸气。对于燃用合成煤气但又不易获取氮气的工艺系统，在煤气进入燃烧室前，向中热值气喷水并达到饱和，增加了燃料湿度，可有效地降低燃烧火焰温度以减少 NO_x 的排放。采用蒸汽饱和煤气的同时也提高了燃料气的喷射速度，可以避免低负荷下产生振荡燃烧。

(3) 回注氮气。在氧气气化煤的过程中，作为副产品的高压氮气可作为理想的稀释剂直接注入燃气轮机燃烧系统，以控制 NO_x 排放。中热值煤气与来自空气分离装置的高压回注氮气预混成为低热值煤气，并被水蒸气饱和，然后送入燃烧室燃烧，既降低了燃烧室出口燃气的温度，也增加了流经燃气轮机的燃气流量，增加输出功率。同时由于增大了混合煤气的容积流量，可以有效地避免发生振荡燃烧现象。

二、余热锅炉

IGCC 多选用无补燃余热锅炉型的联合循环形式，其原因是由于 IGCC 中燃气轮机的排气温度比较高，余热锅炉完全可以满足产生驱动汽轮机的高温、高压蒸汽的需要。

IGCC 配置的余热锅炉在受热面布置方面略不同于常规联合循环中的余热锅炉，由于气化系统冷却高温煤气的同时，也产生了大量的高、中压饱和蒸汽，因此，余热锅炉主要用作过热器、省煤器和低压蒸汽发生器。余热锅炉产生的低压蒸汽供气化系统作为工艺用汽，不足部分可由蒸汽轮机的低压抽汽供给。其他诸如汽水侧的多压特点与常规联合循环的余热锅炉相同。

由于 IGCC 系统工艺中煤气的脱硫率很高，燃烧产物中硫化物含量极低，因此，IGCC 余热锅炉的排烟温度可以低至 90℃左右，余热的利用效果更好。

目前 IGCC 系统中，一般根据燃气轮机排气温度，合理地选择蒸汽循环流程，当燃气轮机排气温度低于 538℃时，不采用再热循环方案；当高于 580℃时，采用多压再热方案。另外，一般不用汽轮机排汽加热给水，同时尽可能提高蒸汽初温和初压，如荷兰的 Buggenum 电站采用双压再热方案（12.9MPa/511℃，2.9MPa/511℃）。

随着燃气轮机初温的提高，IGCC 中蒸汽循环完全有可能采用更高蒸汽参数，现在有学者在研究设计亚临界，甚至超临界的 IGCC 蒸汽系统。

图 4-34 所示为一台 262.47t/h 的自然循环卧式三压再热余热锅炉结构，其热力参数见表 4-3。该余热锅炉设有三个汽包，即高压汽包、中压汽包、低压汽包、受热面的管子基本上采用 ϕ38mm 的小管径和小节距薄鳍片结构。

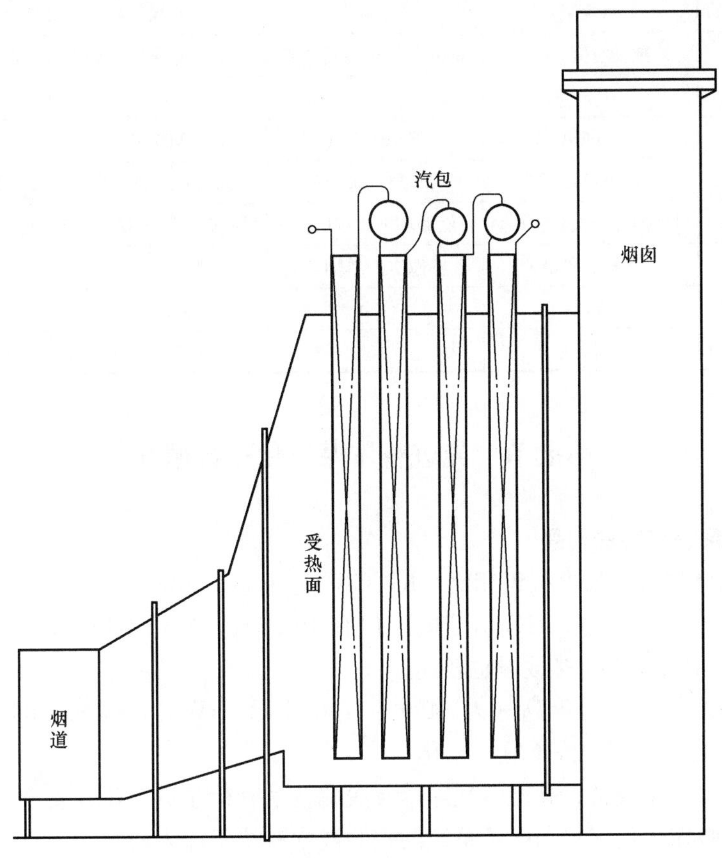

图 4-34　余热锅炉结构

表 4-3　　某 262.47t/h 余热锅炉热力参数

名　称	单位	高压	再热	中压	低压
蒸发量	t/h	262.47	309.84	52.86	44.05
蒸汽出口压力	MPa	12.9	3.01	3.14	0.38
出口蒸汽温度	℃	567	551	320	240
给水（蒸汽）温度	℃	139	361	138	55

表 4-4 为某 300MW 与 400MW IGCC 示范电厂设备配置方案选择。

表 4-4　某 300MW 与 400MW IGCC 示范电厂设备配置方案选择（煤种相同）

项 目	方案 1（400MW 级）	方案 2（400MW 级）	方案 3（300MW 级）	方案 4（300MW 级）
气化炉类型	Texaco 气化炉	Shell 气化炉	Texaco 气化炉	Shell 气化炉
煤气冷却工艺	余热回收	激冷热回收	余热回收	激冷热回收
原煤处理量（t/d）	3500	3220	2380	2090
给煤方式	水煤浆	干粉	水煤浆	干粉
空气分离类型	独立空气分离	部分整体化空气分离	部分整体化空气分离	部分整体化空气分离
整体化程度（%）		47	40	51
脱硫工艺	MDEA	Sulfinol-M	MDEA	Sulfinol-M
燃气轮机	GE-PG9351FA	GE-PG9351FA	Siemens-V94. 2K	Siemens-V94. 2K
余热锅炉	自然循环卧式双压再热	自然循环卧式双压再热	强制循环卧式双压再热	自然循环卧式三压再热
汽轮机	双缸、单轴	双缸、单轴	双缸、多轴	双缸、多轴
IGCC 净出力（MW）	429	400	266	230
IGCC 净热效率（%）	42	43	38	39

第七节　先进整体煤气化联合循环

一、IGCC 系统存在的问题

与同容量的常规火力发电机组相比，IGCC 系统目前存在的主要问题如下：

（1）国外投产和运行的 IGCC 示范电厂仅有 10 余台，运行不稳定，缺乏成熟的经验，如果不采用 CCS 技术，CO_2 排放量也较高。

（2）装置系统复杂，造价高（为 1400～1700 美元/ kWh），因此，IGCC 单机容量以 300～600MW 较合适，现阶段不宜大型化。

（3）大容量煤气化设备、高温煤气除尘及脱硫技术有待于进一步开发。

（4）系统的整体优化配置和电厂系统的控制技术有待于深入研究。

（5）厂用电率高。由于 IGCC 电厂需设置制氧设备，用于提供氧气作为煤的气化剂，因此，其厂用电率通常高达 10%～12%。

（6）目前燃气轮机叶片耐高温及磨蚀的性能尚不能很好地满足直接燃用煤气的要求，需要进一步改进。

为了改进传统基本型 IGCC 的问题，发挥其多功能的优势，近年来提出了各种具有创新性、更适合未来发展的先进 IGCC 概念设计及示范工程，其基本思想是以发电为主的煤基能源与化工多联产，发电设备与化工设备相结合，并进而整合 CO_2 捕集与封存装置的先进 IGCC 系统。

二、电力—化工多联产 IGCC 系统

以煤气化制成合成气为源头，将煤化工流程与动力发电系统有机整合，合理兼顾发电需求与化工生产的特点，实现煤的化学能与物理能的综合梯级利用，成为一种具有良好发展前景的先进 IGCC 发电系统。图 4-35 所示为电力—化工多联产 IGCC 系统工艺流程。

煤合成气净化后可以全部或部分送入燃气—蒸汽联合循环系统发电，也可以将煤合成气

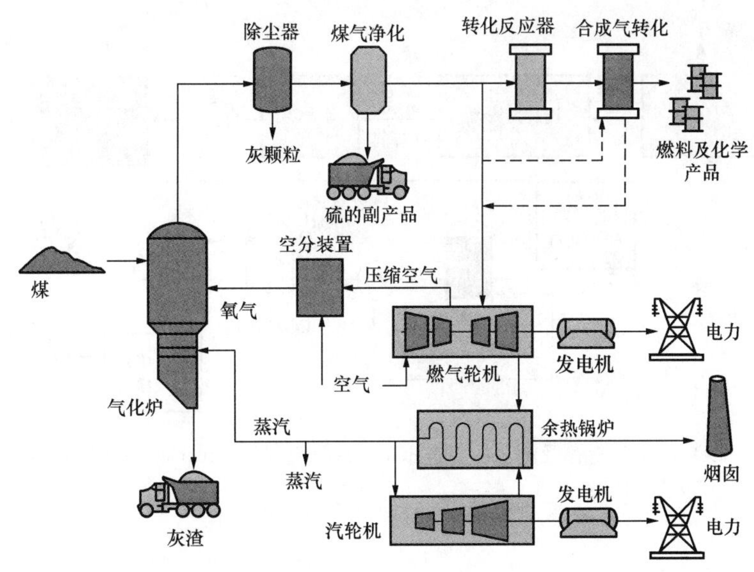

图 4-35 电力—化工多联产 IGCC 系统工艺流程（Sankar Bhattacharya，IEA，2008）

经变换后制取氢气或经化工合成制取液体燃料及多种化工产品。煤气化炉连续满负荷运行生产煤合成气，在发电满负荷时，全部（或大部分）煤合成气直接用于燃烧发电；在部分电负荷时，部分煤合成气直接用于燃烧发电，其余的煤气作为化工原料去进一步生产合成气、制氢或液体燃料、生产化工产品。

由煤气化方法制取各种化工产品或燃料的工艺过程在我国的煤化工领域广泛应用，图 4-36 所示为基于煤气化方法生产各种液体燃料与化工产品的流程。甲醇脱水后还可以制取二甲醚，替代石油液化气（LPG）作为民用燃料；从煤合成气制氢，由氢与氮合成可制取重要的化工产品氨，再由氨和二氧化碳合成制取尿素，我国对氨和尿素的需求量极大。

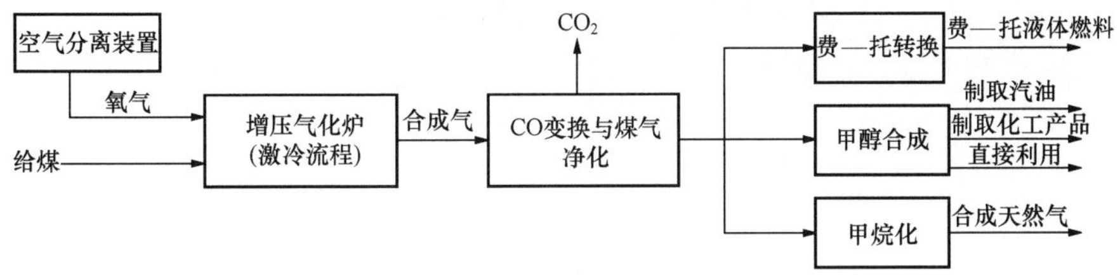

图 4-36 基于煤气化方法生产各种液体燃料与化工产品的流程

三、分离与捕集 CO_2 的 IGCC 系统

整合 CO_2 捕集与封存（CCS）的先进 IGCC 系统有望成为一种现实可行的技术方案。IGCC 热力过程与 CO_2 分离一体化是控制 CO_2 同时实现零排放的有效途径之一。近年来，已经完成了若干 CO_2 零排放的 IGCC 系统的概念设计。在基本型 IGCC 系统中仅增加煤气变换环节即可以实现 CO_2 分离与制氢的先进 IGCC 系统，如图 4-37 所示，其分离 CO_2 与制氢的工艺过程是在可燃气体未燃烧、未被其他气体（氮）稀释前进行的，因此，与其他从烟气中分离 CO_2 的技术比较，该系统相关能耗将大大降低。

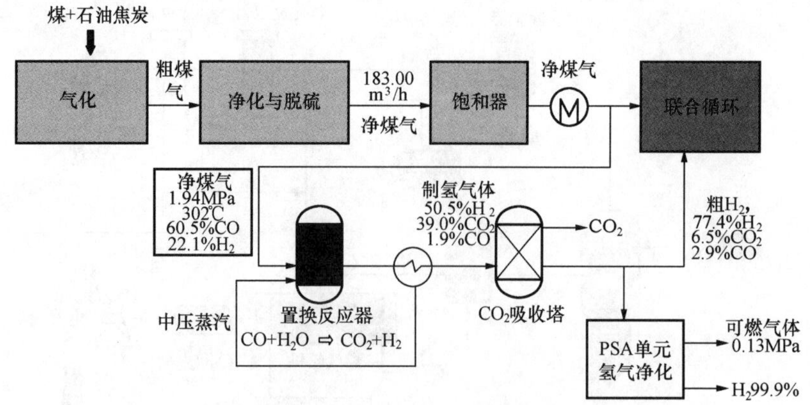

图 4-37 CO_2 捕集与封存及制氢的先进 IGCC 系统流程（Francisco Garcia Pena，2006）

第五章 烟气净化

第一节 燃煤电厂气体污染物

燃煤火力发电厂排放的污染物有多种，其中排放量最大、对环境影响最严重的是硫化物（主要是 SO_2 和很少量的 SO_3）和氮氧化物（NO_x）等气体污染物。

二氧化硫和氮氧化物对人类健康和生态环境的主要危害是形成酸雨，其中的 N_2O 也是造成大气臭氧层破坏的一种物质。二氧化硫和氮氧化物一经排入大气后，会在阳光的催化下与大气中的水蒸气进行复杂的反应而形成酸性物质。这些酸性物质降至地面，就会形成酸雨，如图 5-1 所示。

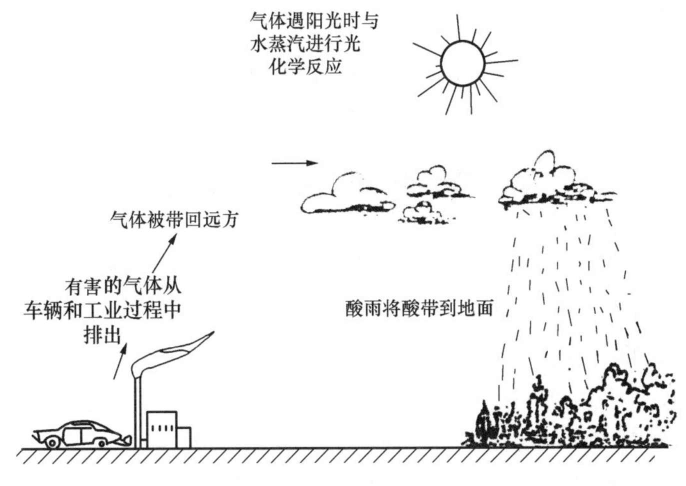

图 5-1　酸雨的形成

研究表明，对于动植物，酸雨会造成一些植物生长力下降、叶子枯死、植物叶面和土壤养分流失、树叶萎谢和加大植物病虫害等，会影响各种植物和水产品的微观机体结构，使其产量下降，某些鱼类（如鲑鱼和鳟鱼等）对酸雨尤为敏感。对于建筑物，酸雨会对其造成侵蚀和毁坏，尤其对古建筑，这种危害所造成的损失有时是无法估量的。虽然酸雨对人类本身的影响还无法准确估计，但人们已经知道，特别高浓度的硫化合物、氮氧化物将直接对人类健康造成危害。

众多研究者曾经对酸雨的危害进行过深入的研究，并越来越深刻地认识到其对人类和环境的巨大危害。因此世界各国的立法者们纷纷制订越来越严格的环境保护法案以限制 SO_2 和 NO_x 的排放。

许多国家对有害气体及粉尘排放制定了上限，它们以不同的形式出现，有些是限制从单个排放源的最大排放量，有些则是给某地区或整个国家的总排放量予以封顶。

2009 年，我国 SO_2 的年排放量超过 2.0×10^7 t，居世界之首，由 SO_2 污染造成的酸雨面积已占国土面积的 30%，严重影响环境和人们的身体健康。SO_2 排放主要是由工业生产造成的，约占总排放量的 80%，其中燃煤电力工业又是工业中的排放大户，其排放量约占全国 SO_2 排放量的 45%。因此，控制电力工业 SO_2 排放已成为我国大气污染治理面临的重大课题。

现代电站锅炉 SO_2 及 NO_x 的控制技术，主要采用图 5-2 的典型流程，即锅炉出口加装选择性催化还原（Selective Catalytic Reduction，SCR）和烟气脱硫（Flue Gas Desulfurization，FGD）装置。

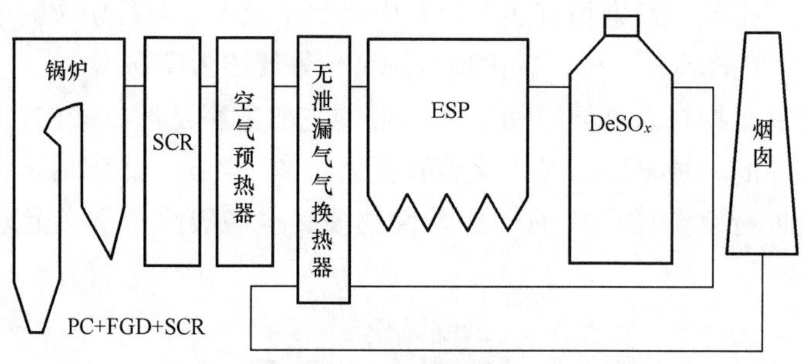

图 5-2　电站煤粉锅炉烟气净化技术流程

第二节　烟气脱硫技术

煤中的大部分硫分均会在燃烧过程中生成 SO_2，目前除循环流化床锅炉可通过向炉内添加石灰石来控制 SO_2 的生成外，煤粉锅炉目前还无法通过改进炉内燃烧过程来抑制 SO_2 的生成，而且煤粉锅炉的燃烧温度很高，也不利于有效地在燃烧过程中进行脱硫。所以，就现有的技术能力而言，烟气脱硫（FGD）是降低常规燃煤电厂硫氧化物排放的有效手段，也是目前世界上火力发电厂应用最广泛的一种控制 SO_2 排放的技术。

烟气脱硫是指脱除烟气中的 SO_2，有的脱硫工艺在脱除 SO_2 的同时也脱除 SO_3，有的工艺则不能有效脱除 SO_3。但由于烟气中 SO_3 的含量仅为 SO_2 的 3%～5%，在锅炉烟气中 SO_3 一般只占到几十万分之几（按容积），因此，通常并不考虑 SO_3 的脱除率。

自 20 世纪 70 年代世界上开始安装第一套大容量火力发电厂烟气脱硫装置以来，烟气脱硫技术经历了 30 多年的发展，已经投入应用的技术有 10 余种。随着世界各国对能源生产过程中环境保护问题的重视，烟气脱硫作为一项新兴的清洁煤发电产业而得到迅速发展。

世界各国烟气脱硫技术正朝着进一步简化结构、减少投资、降低运行和维护费用的目标努力。脱硫脱氮及脱汞一体化的联合脱除技术与可资源化烟气脱硫技术是目前重要的研究课题，也是未来烟气净化技术的发展方向。

近年来，我国火力发电厂烟气脱硫装机容量增加很快，截至2009年底，我国装备脱硫设施的燃煤机组占燃煤机组总量的比例超过70%，加上具有炉内脱硫的循环流化床锅炉机组，则比例接近80%。

一、烟气脱硫工艺的类型

燃煤电站锅炉烟气脱硫技术按脱硫反应物质在反应过程中的干、湿状态可分为湿法脱硫、干法脱硫、半干法脱硫三大类。

(1) 湿法脱硫。湿法脱硫是用含有吸附剂的浆液在湿态下脱硫和处理脱硫产物，具有脱硫反应速率快、脱硫效率和吸附剂利用率高、技术成熟可靠等优点，但也存在初投资大、运行维护费用高、需要处理废水等问题，主要有石灰石/石灰一石膏湿法、氨洗涤脱硫和海水洗涤脱硫等。

(2) 干法脱硫。干法烟气脱硫工艺均在干态下完成，无废水排放，烟气无明显降温，设备腐蚀较轻，但存在脱硫反应速率慢、脱硫效率和吸附剂利用率低等问题，主要有炉内喷钙脱硫等技术。

(3) 半干法脱硫。通常是在湿态下进行脱硫反应，在干态下处理脱硫产物，兼有湿法与干法的优点，主要有喷雾干燥法、炉内喷钙加尾部增湿活化法、循环流化床烟气脱硫法等。

在众多的脱硫工艺中，燃煤电厂的烟气脱硫技术以石灰石—石膏湿法工艺为主流，在世界上应用最为成熟，使用范围广，脱硫效率高，但投资和运行费用也高。喷雾干燥法(SDA)、炉内喷钙加尾部增湿活化法（LIFAC)、循环流化床脱硫（CFB-FGD)、电子束烟气脱硫脱氮工艺、氨法脱硫、海水脱硫等技术也得到了进一步的发展，并趋于成熟，开始占有一定的市场份额。

燃煤电站锅炉烟气脱硫装置和系统具有其特殊性，与火力发电行业的设备、系统特点及其运行规律相比有显著的不同。脱硫系统的设计与运行以强化传质、防止设备的腐蚀和系统的结垢和堵塞、反应环境的控制、处理大量的化学反应产物等为主要特征，其工艺特点接近化工过程。

二、烟气脱硫工艺的技术经济及环境指标

1. 脱硫效率

脱硫效率表示烟气脱硫装置脱硫能力的大小，是衡量脱硫系统技术经济性的最重要的指标。脱硫系统的设计脱硫效率为在锅炉正常运行中（包括各种负荷条件下和最差锅炉工况下），并注明在给定的钙硫摩尔比的条件下，所能保证的最低脱硫效率。脱硫效率除了取决于所采用的工艺和系统外，还取决于排烟烟气的性质等因素。

脱硫效率的计算公式为

$$\eta_{FGD} = \frac{C'_{SO_2} - C''_{SO_2}}{C_{SO_2}} \times 100 \tag{5-1}$$

式中 η_{FGD}——脱硫效率，%；

C'_{SO_2}——脱硫装置入口 SO_2 的平均质量浓度，mg/m^3；

C''_{SO_2}——脱硫装置出口 SO_2 的平均质量浓度，mg/m^3。

2. 钙硫摩尔比

从化学反应的角度看，无论何种脱硫工艺，理论上只要有一个钙基吸收剂分子就可以吸收一个 SO_2 分子，或者说，脱除 1mol 的硫需要 1mol 的钙。但在实际反应设备中，反应的条件并不处于理想状态，因此，一般需要增加脱硫剂的量来保证吸收过程的进行。钙硫摩尔比（Ca/S）是用来表示达到一定脱硫效率时所需要的钙基吸收剂的过量程度。Ca/S 比越高，钙基吸收剂的利用率则越低。

以应用最广泛的石灰石脱硫剂为例，$CaCO_3$ 的分子质量为 100g/mol，S 的分子质量为 32 g/mol，理论上，每脱除 1kg 的硫需要 3.125kg 的石灰石。钙硫摩尔比由式（5-2）计算，即

$$\frac{\mathrm{Ca}}{\mathrm{S}}=\frac{32}{100}\times\frac{\mathrm{CaCO_3}}{\mathrm{S}}\times\frac{G}{B} \tag{5-2}$$

式中 $CaCO_3$——石灰石中 $CaCO_3$ 含量的质量百分数，%；

S——燃料中硫含量的质量百分数，%；

G——实际加入的石灰石量，kg/h；

B——实际燃料消耗量，kg/h。

反过来，如果已知为达到一定脱硫效率所需的钙硫摩尔比时，也可以由式（5-2）求出所需加入的石灰石量。

在燃煤含硫量为1%～2%和 Ca/S 比为 1.05 时，石灰石的消耗量是锅炉燃煤量的 3%～6%。

在采用其他种类的钙基脱硫剂时，也可以得到类似的计算公式。常用的其他种类的钙基脱硫剂主要有石灰（主要成分 CaO）、消石灰[主要成分 $Ca(OH)_2$]等。对除钙基脱硫剂以外的脱硫剂往往根据具体情况定义脱硫剂的利用率。

几种脱硫工艺的钙硫摩尔比及脱硫效率的比较见表 5-1。

表 5-1　几种脱硫工艺的钙硫摩尔比及脱硫效率的比较

脱硫工艺	钙硫摩尔比	脱硫效率（%）
湿法脱硫	1.1～1.2	>90
半干法脱硫	1.5～1.6	>85
干法脱硫	2.0～2.5	70

3. 脱硫装置的出力

工程上采用脱硫装置在设计的脱硫效率和钙硫摩尔比下所能连续稳定处理的烟气量来表示其出力，通常用折算到标准状态下每小时处理的烟气量（m^3/h）来表示。

4. 工程总投资和单位容量造价

工程总投资是指与烟气脱硫工程有关的固定资产投资和建设费用的总和。而年均投资即工程总投资除以设备寿命年数。

单位容量造价是根据工程总投资计算的每千瓦机组容量平均的投资费用。

5. 年运行费用

烟气脱硫系统运行一年中所发生的全部费用，包括脱硫剂等原材料消耗费用、设备维修

和折旧费、材料费、人员等费用。

6. 脱除每吨 SO_2 的成本

脱除每吨 SO_2 的成本是在烟气脱硫系统寿命期内所发生的一切费用与此期间的脱硫总量之比，可按式（5-3）计算，即

$$脱硫成本=(工程总投资+年运行费用\times寿命)/(年脱硫量\times寿命) \tag{5-3}$$

7. 售电电价增加

因烟气脱硫系统的投用而引起的售电电价(元/kWh)增加的计算式为

$$电价增加=年运行费用(元)/[机组容量(kW)\times24(h)\times365\times锅炉可用系数] \tag{5-4}$$

表 5-2 给出了以 300MW 燃煤电站锅炉为例，对当前各主流脱硫工艺的占地面积、动力消耗和投资的估计比较数据。

表 5-2　几种脱硫工艺重要指标比较（300MW 机组）

脱硫工艺	占地面积（m^2）	占厂用电（%）	脱硫效率（%）	工艺流程复杂程度	占机组总投资比例（%）
石灰石—石膏法	2700～3000	1.6	≥95	最复杂	15
喷雾干燥法	1500～1800	1.0	≥85	中等	12
炉内喷钙加尾部增湿法	900～1100	0.5	60～85	较简单	5～7
烟气循环流化床法	1000～1200	0.4	≥90	简单	5～7
电子束法	2500～2700	2.35	≥90	简单	～10

8. 环境指标

脱硫系统可能产生的环境问题主要是废水和废渣等，某些脱硫工艺在脱硫剂制备过程中还可能产生噪声和粉尘等。

（1）废水。几乎所有的湿法脱硫工艺均会产生废水，如湿法脱硫产物的脱水和浆液槽罐等设备的冲洗水等废水。脱硫废水的主要超标项目是 pH 值、COD、悬浮物及汞、铜、镍、锌、砷、氯、氟等。因此，在整体工艺中需考虑相应的废水处理措施。

（2）固体废弃物。大部分脱硫工艺对脱硫副产品采用抛弃堆放等处理放式时，要对堆放场的底部进行防渗处理，以防污染地下水；对表面进行固化处理，以防扬尘。

第三节　湿法烟气脱硫工艺

一、石灰石浆液洗涤脱硫工艺

湿法烟气脱硫技术是目前效率最高、应用最广泛的烟气脱硫技术。世界各国的湿法烟气脱硫工艺流程、形式和机理大同小异，主要是使用石灰石（$CaCO_3$）、石灰（CaO）或碳酸钠（Na_2CO_3）等浆液作洗涤剂，在反应塔中对烟气进行洗涤，从而除去烟气中的 SO_2。在大型火力发电厂中，90%以上采用石灰石浆液洗涤脱硫工艺流程。

1. 化学反应机理

石灰石法或石灰法主要的化学反应机理为

石灰石法　　$SO_2+CaCO_3+\frac{1}{2}H_2O \longrightarrow CaSO_3\cdot\frac{1}{2}H_2O+CO_2$

石灰法 $$SO_2+CaO+\frac{1}{2}H_2O\longrightarrow CaSO_3\cdot\frac{1}{2}H_2O$$

由于烟气中还存在部分氧，或向脱硫装置中进一步鼓入空气时，部分已生成的$CaCO_3\cdot\frac{1}{2}H_2O$还会进一步氧化而生成石膏

$$2CaCO_3\cdot\frac{1}{2}H_2O+O_2+3H_2O\longrightarrow CaSO_4\cdot 2H_2O$$

2. 工艺流程

湿法烟气脱硫系统位于锅炉烟气除尘器和锅炉引风机之后，典型原理性工艺流程如图5-3所示。湿法烟气脱硫的最主要设备是脱硫吸收塔和气—气换热器，脱硫的主要化学反应发生在吸收塔及循环浆液槽内。

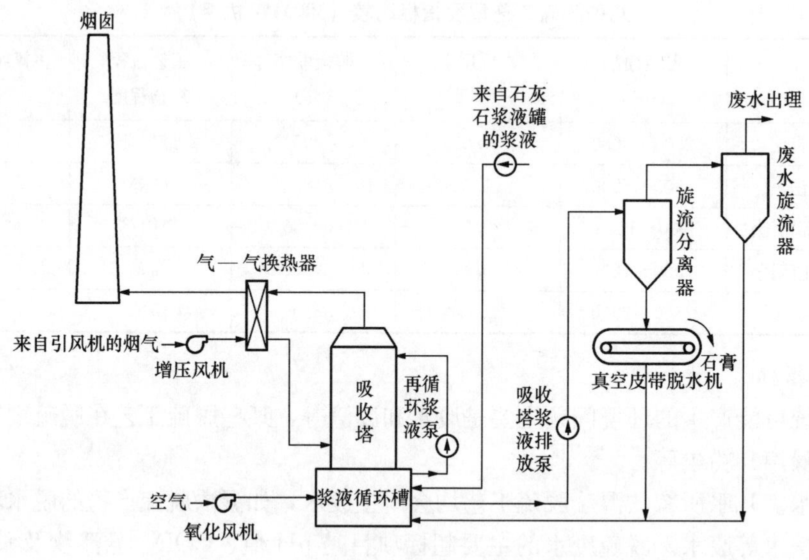

图 5-3 典型湿法烟气脱硫系统工艺流程

一定浓度的石灰石或石灰洗涤浆液连续从吸收塔顶部（或底部）喷入，在吸收塔内，烟气在被洗涤的过程中，其中的 SO_2 与浆液中的 $CaCO_3$ 以及鼓入的氧化空气进行化学反应，生成亚硫酸钙（$CaSO_3$）和硫酸钙（$CaSO_4$）结晶物，SO_2被脱除。吸收塔排出的石膏浆液经脱水装置脱水后回收。脱硫后的烟气经除雾器去水、换热器加热升温后进入烟囱排向大气。

亚硫酸钙（$CaSO_3$）具有不稳定性，没有利用价值，而且在受热情况下，会分解放出SO_2。如果采用石膏回收法，则需向吸收塔底部的反应槽或在外部加装的氧化塔中，向浆液中鼓入空气，可将全部亚硫酸钙转化成二水硫酸钙（$CaSO_4\cdot 2H_2O$）。然后，连续将一部分含石膏较浓的浆液送入增稠装置，清水则进入洗涤系统重新使用。最后，从增稠的浆液中洗涤出固体硫酸钙，并脱水分离出来，即可得到有价值的副产品石膏，可用于化学或建筑工业。

湿法烟气脱硫工艺的全部化学反应均是在脱硫吸收塔（包括下部浆池）喷淋洗涤过程中进行的，加之脱硫浆液的循环和强烈的搅拌，脱硫过程的反应温度均低于露点，温度适中，

具有气相、液相、固相三相反应的特点，并有足够的停留时间。因此，脱硫反应速率快，脱硫效率高，钙的利用率高，在Ca/S略大于1时，脱硫效率可达90%以上。另外，由于脱硫过程的反应温度均低于露点，即在湿态下进行，因此，锅炉来的烟气一般需要冷却降温，脱硫后的烟气需经再加热后才能从烟囱排出，否则将会造成下游设备的腐蚀和影响烟气抬升高度。

3. *石灰石—石膏湿法烟气脱硫系统的组成及主要设备*

石灰石—石膏湿法烟气脱硫（WFGD）系统工艺流程见图5-4，主要由石灰石浆液制备系统、烟气输送和热交换系统、SO_2吸收系统（包括浆液循环及氧化）、石膏处理系统、废水处理系统组成。

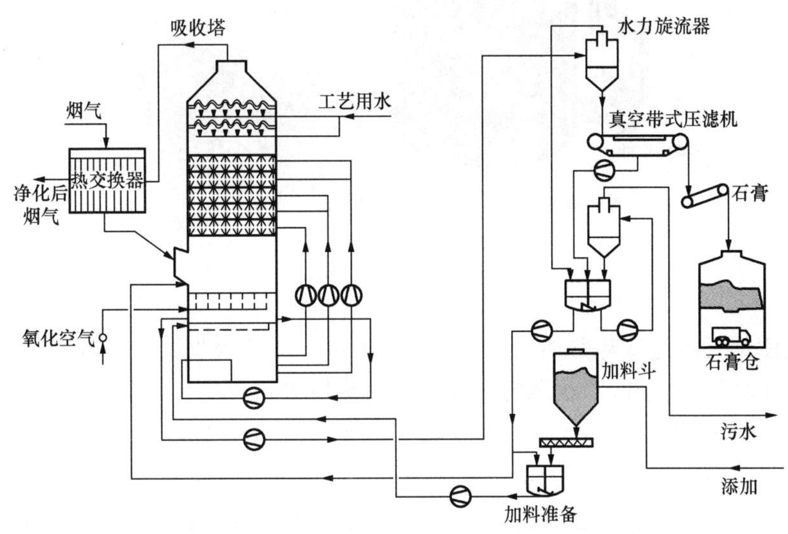

图5-4 石灰石—石膏湿法烟气脱硫系统工艺流程

石灰石—石膏湿法烟气脱硫的主要优点是，技术成熟，运行可靠，系统可用率高（≥95%）；已大型化，单塔处理烟气量达到1000MW机组容量；吸收剂利用率很高（90%以上），钙硫比较低（1.05左右），脱硫效率可大于95%；对锅炉负荷变化有良好的适应性，在不同的烟气负荷及SO_2浓度下，脱硫系统仍可保持较高的脱硫效率及系统稳定性。该工艺是世界上应用最广泛的一种脱硫技术，日本、德国、美国的火力发电厂的烟气脱硫装置85%以上采用此工艺。

（1）石灰石浆液制备系统。石灰石经破碎机破碎至粒度为6mm以下，然后送入球磨机磨制成一定细度的石灰石粉，石灰石粉粒度小于63μm，筛余量小于5%。石灰石粉经计量给料器送入石灰石制浆池，与池内的水搅拌混合，调制成一定浓度的石灰石浆液（固体物含量25%左右）。根据排烟中SO_2反应所需的脱硫剂消耗量以及吸收塔内吸收浆液的pH值，通过浆液泵向吸收塔供应所需的石灰石浆液。

（2）吸收塔。图5-5所示为最常用的逆流式吸收塔，在吸收塔内循环浆液经过一系列集箱和喷嘴向下喷入，对自下向上流过吸收塔的烟气进行洗涤，反应生成物在塔底部的浆池内形成。塔内烟气流速一般为4～5m/s。吸收塔大致可分为四个工作区域：

1）急速冷却区。该工作区域位于吸收塔烟气进口区域，布置在进口上方的急速冷却喷

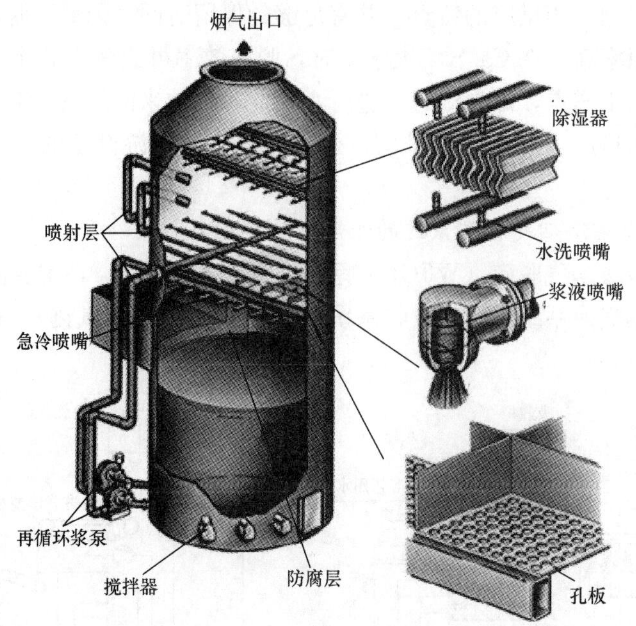

图 5-5　逆流式吸收塔

嘴喷出的浆液使烟气迅速冷却并达到饱和状态，为进一步的吸收反应创造条件。

2）SO_2 吸收区。处于饱和状态的烟气，在吸收塔的上部空间区域，在吸收浆液的喷淋下发生 SO_2 的吸收过程。为了提高吸收效果，喷嘴通常设计成交叉喷淋系统，布置成能使喷雾完全覆盖吸收塔的整个横断面，喷淋区的设计应使烟气分布和浆液分布均匀，使流体处于高度湍流状态，增强烟气和浆液的均匀接触，增大气液传质面积。除通过喷嘴的合理设计外，在喷淋吸收区的下部还设有烟气均布装置，如多孔板或栅板等。

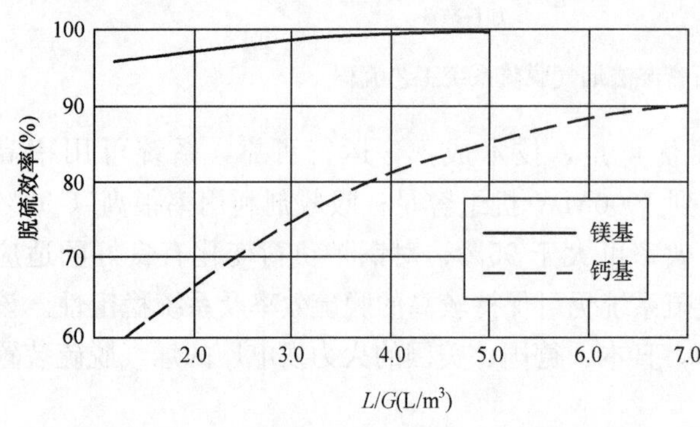

图 5-6　液气比对脱硫效率的影响

吸收塔内的液气比（L/G），即单位体积的烟气的吸收浆液量，对脱硫效率有重要影响，见图 5-6，一般设计值为 5～20L/m^3。

3）液滴分离区。为防止烟气流出时携带的浆液在下游沉积结垢和造成腐蚀，须设置液滴分离区。

4）浆池。脱硫吸收浆液在浆池内收集下来，经循环浆液泵多次循环使用，脱硫后的反应生成物也均在浆池中生成。为了平衡整个脱硫系统内的 Cl^- 的浓度和物质的平衡，必须连续不断地从浆池中排出多余的石膏浆液。吸收塔内的脱硫负荷可以通过控制循环浆液泵的运行数目来灵活调节。浆液的 pH 值是脱硫装置运行中需要重点控制的化学参数之一，浆液的 pH 值高，则碱度大，有利于碱性溶液与酸性气体之间的化学反应，对脱除 SO_2 有利，但会对脱硫产物的氧化起到抑制作用。降低 pH 值可以抑制 H_2SO_3 离解为 SO_3^{2-}，使反应生成物大多为易溶性的 Ca（HSO_3）$_2$，从而减轻系统内的结垢倾向。浆液的 pH 值是靠补充新鲜石灰石浆液来维持的，通常 pH 值选择在 5～6 之间。为了使 pH 值稳定，通常加入具有缓冲作用的有机酸类。

（3）气—气换热器（GGH）。GGH 在 WFGD 系统中的主要作用是降低吸收塔入口烟气温度，同时将吸收塔出口净烟气温度提高到适宜温度。烟气通过 GGH 之后，温度一般由 120℃降到 80℃左右，该温度对脱硫反应较为有利，可提高系统效率，还可以减少系统水耗；净烟气离开吸收塔通过 GGH 再热后温度升高，不仅可以避免下游设备的腐蚀，同时还能提高烟囱排烟中污染物的扩散，避免烟囱附近的液滴沉降。再热之后的温度与地区环境标准有关，以日本与欧洲为例，其 GGH 再热前后温度分别为 35～90℃和 25～90℃，我国 WFGD 系统通常为 45～80℃，其结构普遍采用的是回转式 GGH，与电站锅炉的空气预热器较相似。

在实际运行中，总存在一少部分未经净化的烟气泄漏到净化烟气侧，需要设计性能良好的密封装置并采用空气置换转动部分携带的烟气，可以使换热器的漏风率小于 0.5%。

（4）石膏处理和制备系统。当循环浆池浆液中的石膏过饱和度达到 130%时，需要排出一部分浆液。从脱硫吸收塔底部排出的石膏浆固体物质量分数为 15%～20%，考虑石膏的运输、储存和综合利用，需要进行石膏脱水处理。因此，排出石膏浆液送入石膏处理和制备系统。该系统包括石膏浆旋流器、石膏真空皮带脱水机、石膏传送带、石膏浆泵等设备。

图 5-7 石膏浆旋流器

石膏浆液首先进入石膏浆旋流器（见图 5-7），在旋流器发生分离，形成的粗大石膏颗粒在离心作用下进入流出口，浓缩至固体质量分数为 40%的浆液被排入浓缩石膏浆罐，未反应的小颗粒石灰石及其他固态物，诸如飞灰的细小颗粒随水流进入溢流侧，溢流水回流到吸收塔反应器。

旋流器流出的浓缩石膏浆液在进入石膏浆罐后，根据系统的设计不同，有两种运行方式：一种是石膏回收运行；另一种是石膏抛弃运行，石膏浆直接引入抛浆池。

在采用石膏回收运行方式时，浓缩石膏浆液进入石膏脱水过滤系统，一般分为离心式和真空式两种脱水过滤机，离心式脱水机的脱水率可达 95%，而真空式脱水机的脱水率一般在 90%左右。经脱水处理后的石膏固体物的表面含水率不超过 10%，脱水石膏存放待运。考虑进入脱硫系统的细颗粒粉煤灰的累积对脱水系统的不利影响，水力分离出来的溢流液送入浓缩器进一步浓缩，浓缩液作为废水排入冲灰系统。

为控制脱硫石膏中 Cl^- 等成分的含量不超过 200mg/L，确保脱硫石膏满足用作建筑材料的要求，在石膏的脱水过程中设有冲洗装置，用清水对石膏进行冲洗，去除 Cl^- 等成分，脱硫副产品脱硫石膏纯度可达 90%以上。

4. 石灰石湿法烟气脱硫系统存在的问题及改进措施

(1) 设备结垢。石灰石湿法烟气脱硫系统的设备结垢现象主要发生在吸收塔内部、除湿装置和浆液管道内。发生结垢的原因是在氧化程度低下，甚至无氧化发生的条件下，生成的一种反应物 $Ca(SO_3)_{0.8}(SO_4)_{0.2}\cdot 1/2H_2O$，称为 CSS——软垢，使系统发生堵塞。因此，是否发生结垢与系统运行方式有密切的关系，合理的运行方式将减少或消除结垢的发生，控制氧化过程的技术是目前采用的一个有效方法。

控制氧化是通过控制脱硫洗涤中亚硫酸盐的氧化率，以减少或消除结垢发生的一种运行控制方法。

锅炉排烟中的氧量一般为 6%左右，该部分氧气可以将部分的亚硫酸钙氧化成硫酸钙。研究表明，当亚硫酸钙的氧化率为 15%～95%、钙的利用率低于 80%时，硫酸钙易发生结垢。

所谓的控制氧化是采用抑制或强制氧化的方法将亚硫酸盐的氧化率控制在小于 15%或大于 95%。抑制氧化是向浆液中加入抑制氧化的物质，控制氧化率小于 15%，使浆液中的 SO_4^{2-} 浓度远低于饱和浓度，生成的少量硫酸钙与亚硫酸钙一起沉淀。强制氧化则是向浆液中鼓入足够的空气，使氧化反应趋于完全，氧化率大于 95%，保证浆液中有足够密度的石膏晶种，以利于晶体在溶液中成长。

增大液气比也是防止系统结垢的重要技术措施；但过大的液气比会造成过高的动力消耗。

(2) GGH 的结垢与腐蚀。在 WFGD 系统运行过程中，很多电站，尤其是高硫煤电站均出现了程度不同的结垢问题。在国内电厂 WFGD 系统的运行过程中，GGH 结垢问题较为普遍。图 5-8 所示为 GGH 结垢和腐蚀的实例。一旦 GGH 发生结垢，换热元件被逐渐加厚的垢层覆盖，会严重影响 GGH 换热效果，进而影响 WFGD 系统的稳定性和经济性。

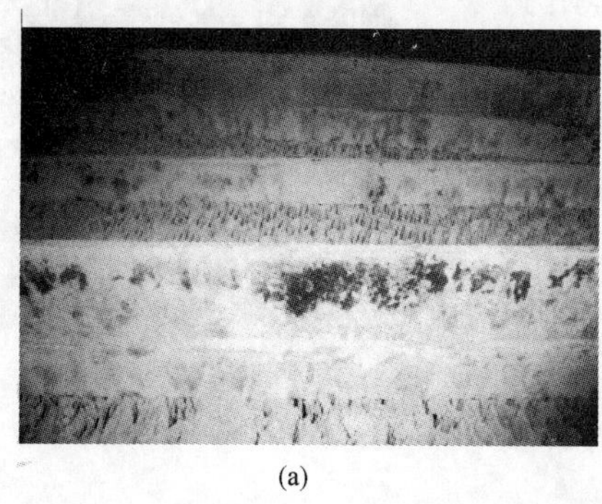
(a)

(b)

图 5-8　GGH 结垢和腐蚀的实例
(a) 国内某电厂 GGH 结垢情况；(b) 德国 Voerde 电厂 GGH 结垢和腐蚀情况

在石灰石—石膏湿法烟气脱硫工艺中是否设置 GGH 是近来争议较多的问题。从系统运行实际情况来看，设置 GGH 能够提升烟气抬升高度，但是其对烟道、烟囱等的防腐蚀效果并不显著。而不设置 GGH 时，可以简化脱硫系统，投资、运行成本都有降低，对脱硫效率也无影响；脱硫装置运行可靠性和可利用率提高；大气污染物 PM10、SO_2、NO_2 的最大落地浓度均低于国家规定的二级标准，但脱硫水耗有明显增加。目前，取消 GGH 可能是解决其结垢和腐蚀的较好方法，但也应当充分考虑当地的水资源状况，应当充分重视烟囱的防腐蚀工作。

二、氨法烟气脱硫工艺

氨法烟气脱硫技术的原理是采用氨水作为脱硫吸收剂，氨水溶液中的 NH_3 和烟气中的 SO_2 反应，得到亚硫酸铵和硫酸铵，其化学反应式为

$$NH_3+SO_2+H_2O \longrightarrow NH_4HSO_3$$

$$NH_4HSO_3+NH_3 \longrightarrow (NH_4)_2HSO_3$$

亚硫酸铵通过用空气氧化，得到硫酸铵溶液，其化学反应式为

$$(NH_4)_2HSO_3+1/2O_2 \longrightarrow (NH_4)_2HSO_4$$

硫酸铵溶液经蒸发结晶、离心机分离脱水、干燥器干燥后，可制得副产品硫酸铵。氨法烟气脱硫工艺流程如图 5-9 所示。

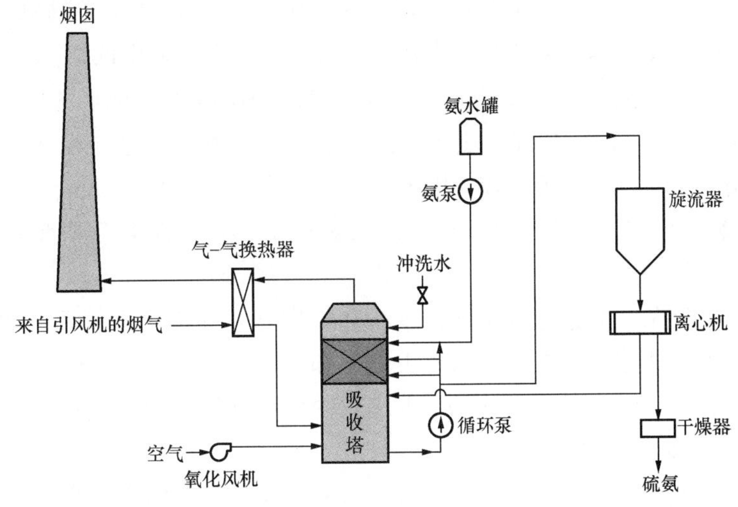

图 5-9 氨法烟气脱硫工艺流程

湿式氨法烟气脱硫的优点在于脱硫效率高达 95%～99%；可将回收的 SO_2 和氨全部转化为硫酸铵化肥，实现了废物资源化；工艺流程短，系统装置占地面积比湿式钙法节省 50%以上；脱硫塔的阻力小，大多无需新增风机，较常规脱硫技术可节电 50%以上；运行成本随燃煤的含硫量增加而减小，尤其适合中高硫煤；无废渣废液排放，不产生二次污染；脱硫过程中形成的亚硫铵对 NO_x 具有还原作用，可同时脱除 20%左右的氮氧化物。因此，氨法脱硫的应用呈上升趋势。但湿式氨法烟气脱硫技术也存在着一些问题，例如，吸收剂氨水价格高；脱硫系统设备腐蚀大；排气中的氨生成亚硫酸铵、硫酸铵和氯化铵等难以除去的气溶胶，造成氨损失、烟雾排放及副产品的稳定性等问题。

三、烟塔合一技术

脱硫后的烟气经冷却塔排放技术（简称烟塔合一技术），是利用冷却塔大量的热湿空气对脱硫后的净烟气形成一个环状气幕，对脱硫后的净烟气形成良好的包裹和抬升，增加烟气的抬升高度，从而促进烟气中污染物的扩散。

烟塔合一技术首先在德国使用，从 20 世纪 70 年代开始，德国已有多座大型火力发电厂采用，2003 年已应用于德国科隆附近的下奥瑟姆（Neideraussem）电厂 1000MW 大容量

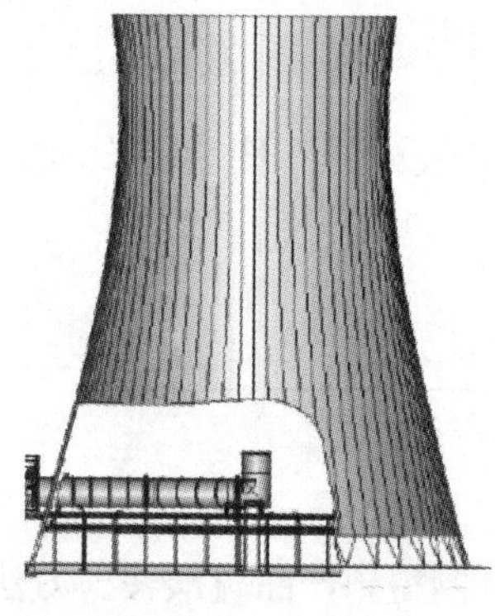
图 5-10　烟塔的基本结构

机组。

烟塔的基本结构如图 5-10 所示，包括烟塔本体、烟道、塔芯填料等。脱硫后的烟气通过玻璃钢烟道（FRP）进入自然通风冷却塔，由塔心排放。

1. 应用条件

采用烟塔合一技术的前提是对烟气的品质有一定的要求。以往我国电厂锅炉的排烟，含尘量和含 SO_2 量高，如由冷却塔排出，将使塔内盛水装置产生污垢，冷却水质变坏，塔筒的腐蚀影响增大。在我国火力发电厂排放标准中，规定烟气含尘量不大于 $30mg/m^3$，SO_2 含量不大于 $200mg/m^3$，NO_x 含量不大于 $200mg/m^3$。在实际工程中，由于装设了脱硫效率为 90%～95%的脱硫装置，烟气中 SO_2 含量可以达到 $200mg/m^3$ 以下；采用低 NO_x 燃烧系统及 SCR 脱硝技术，NO_x 含量不大于 $200mg/m^3$。这样，便与德国烟塔合一电厂的烟气品质基本在同一水平上，为采用烟塔合一技术创造了必要的前提。例如，德国在 1997 建成的黑泵（Schwarze Pumpe）电厂的 2×800MW 机组，其烟气含尘量不高于 $50mg/m^3$，采用湿法脱硫及低 NO_x 燃烧系统，NO_x 排放量不大于 $200mg/m^3$，该电厂即采用了烟塔合一技术。

2. 特点

（1）降低电厂造价。常规的烟气排放系统和烟塔合一的烟气排放系统如图 5-11 所示。由图 5-11 可见，采用烟塔合一技术可以省去烟囱和气－气换热器（GGH），但增加一台热交换器。对于一个 2×600MW 电厂来说，1 座双内筒钢筋混凝土烟囱加上地基处理，其投资一般在 2000 万元以上。

（2）提高电厂效率。由图 5-11 可以看出，采用烟塔合一技术时，烟气温度从 130℃降到 90℃的热量，不必再加热从脱硫装置出来的烟气，使之从 60℃加热到 90℃，而可以加热其他水系统，如补给水或凝结水，从而提高了整个电厂的热效率。粗略估计，如果设计得当，可以提高电厂效率 0.7%左右。

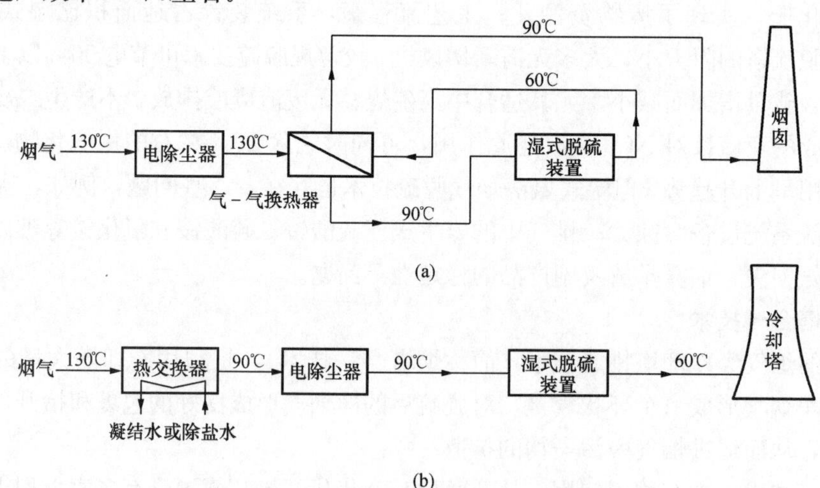

图 5-11　两种烟气排出系统的比较
(a) 常规烟气排放系统；(b) 烟塔合一的烟气排放系统

(3) 有利于环境保护。根据国外资料研究，由于自然通风冷却塔排出大量饱和空气，其质量效应使烟气排到大气的速度大于烟囱排出的速度，如图 5-12 所示。从冷却塔排出烟气时，它对风力的影响较不敏感，可穿透逆温层并可降低排出烟气的酸性，改善扩散条件。

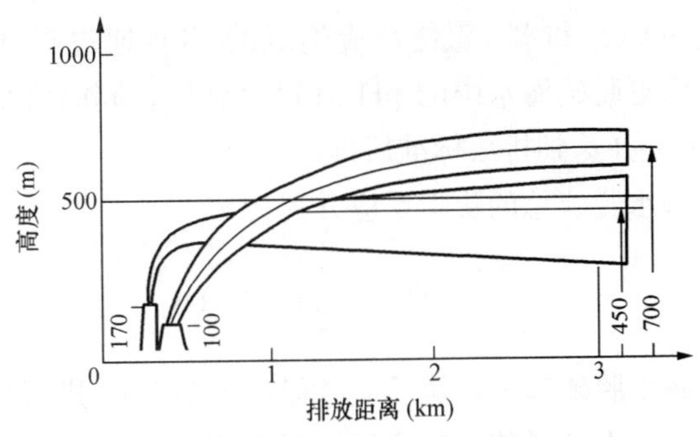

图 5-12 两种烟气排出系统大气扩散示意图

四、海水烟气脱硫技术

海水通常呈碱性，pH 值一般为 7.8～8.3，自然碱度大约为 1.2～2.5mmol/L，这使得海水具有天然的酸碱缓冲能力及吸收 SO_2 的能力。国外一些脱硫公司利用海水的这种特性，开发并成功地应用海水洗涤烟气中的 SO_2，达到烟气净化的目的。

海水烟气脱硫是以天然海水作为吸收剂脱除烟气中 SO_2 的湿法脱硫技术，其具有以下优点：

(1) 以海水作为吸收剂，节约淡水资源。

(2) 脱硫效率高，一般可达 90%以上。

(3) 不产生副产品和废弃物，无二次污染。

(4) 不存在结垢、堵塞等问题，系统利用率高。

(5) 技术较成熟，工艺简单，方便维护，投资和运行费用较低。

近年来，我国沿海地区的青岛电厂、嵩屿电厂的海水烟气脱硫设备相继投运，应用情况见表 5-3，最大单机装机容量已经达到了 1036MW。

表 5-3 海水脱硫技术在我国电厂的应用情况

电厂名称	装机容量 (MW)	技术方	标准状态下 SO_2 初始浓度 (mg/m^3) (6%O_2，干态)	脱硫效率 (%)
青岛电厂	4×300	阿尔斯通	2732	90
嵩屿电厂	4×300	东方锅炉	1517	95
黄岛电厂	3×660	阿尔斯通		90
日照电厂	2×350，2×680	阿尔斯通	1788	90
秦皇岛电厂	3×300	阿尔斯通		90
华能海门电厂	2×1036	阿尔斯通		90
深圳西部电厂	6×300	阿尔斯通	含硫量 0.63%	92
漳州后石电厂	6×600	富士化水	820	91

海水烟气脱硫工艺按是否添加其他化学物质可分为两类：一类是直接用海水作为吸收剂，不添加任何化学物质，是目前多选用的海水脱硫方式；另一类是向海水中添加一定量的石灰以调节吸收液的碱度。

烟气中的 SO_2 被海水吸收生成亚硫酸氢根离子(HSO_3^-)和氢离子(H^+)、HSO_3^- 与氧

(O_2)反应生成硫酸氢根离子(HSO_4^-)，HSO_4^- 与 HCO_3^- 反应生成稳定的硫酸根离子和易于吹脱的 CO_2 和水。最终反应生成的 CO_2 通过曝气方式强制吹脱，使海水中的 CO_2 浓度降低，恢复脱硫海水中的 pH 值和含氧量，同时降低化学需氧量(Chemical Oxygen Demand，COD)，并达到排放标准后排入大海。

海水脱硫总的化学反应方程为

$$SO_2+\frac{1}{2}O_2+2HCO_3^- \longrightarrow SO_4^{2-}+H_2O+2CO_2\uparrow$$

海水脱硫基本化学反应过程可用图 5-13 进行说明。

海水烟气脱硫工艺流程如图 5-14 所示，主要由烟气系统、SO_2 吸收系统、海水供应系统、海水水质恢复系统组成。

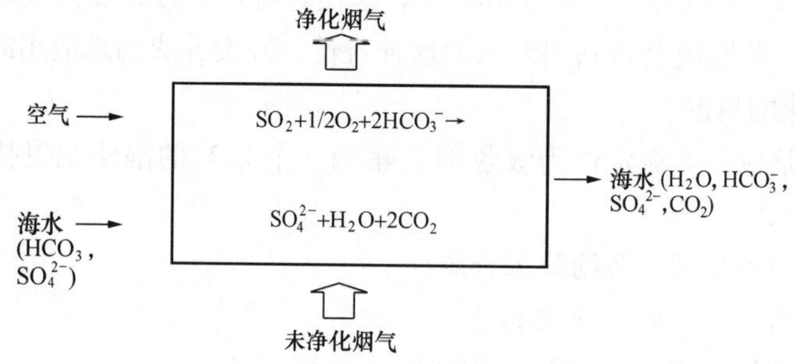

图 5-13　海水脱硫原理示意图

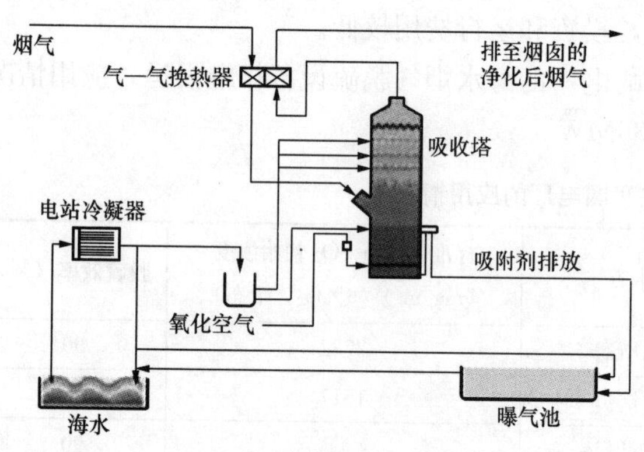

图 5-14　海水烟气脱硫工艺流程

吸收塔喷淋海水洗涤烟气后，其海水 pH 值一般为 2～5。为提高 pH 值和溶解氧(DO)值，必须设置海水水质恢复系统。海水水质恢复系统的主体结构是曝气池。吸收塔排出的含有 SO_3^{2-} 的酸性海水排入曝气池，并与排入曝气池中的大量海水混合。同时向曝气池中鼓入大量压缩空气，使海水中溶解氧维持在接近饱和状态，在溶解氧的作用下，使海水中的 SO_3^{2-} 氧化成 SO_4^{2-}。因此，将易分解的亚硫酸盐氧化成稳定的硫酸盐，并使 COD 降低。同时，海水中的 CO_3^{2-} 与吸收塔排出的 H^+ 发生反应释放出 CO_2，使海水的 pH 值恢复到 6.5 以上，处理后的 pH 值、COD 值等达到排放标准后排入大海。

采用该工艺，烟气脱硫后循环水的温升不超过 1℃，循环水的 pH 值和溶解氧有少量降低。国外对海水烟气脱硫工艺对海水生态环境影响的研究表明，其排放的重金属和多环芳香烃的浓度均未超过规定的排放标准。对重金属含量高的燃料不宜采用海水脱硫工艺。

海水烟气脱硫工艺的脱硫成本约 0.015 元/kWh。工程建设投资比石灰石湿法烟气脱硫低 1/3 左右，运行费用与石灰石湿法烟气脱硫相差不大。

第四节 半干法烟气脱硫技术

一、循环流化床烟气脱硫工艺

循环流化床烟气脱硫(CFB-FGD)工艺是20世纪80年代末由德国鲁奇(Lurgi)公司首先提出的一种新型烟气干法脱硫工艺。该工艺以循环流化床原理为基础，使吸收剂在反应器内多次再循环，延长了吸收剂与烟气的接触时间，从而大大提高了吸收剂的利用率。可在钙硫比较低(Ca/S=1.1～1.2)的情况下达到与湿法脱硫工艺相当的脱硫效率。CFB-FGD技术在德国Borken电厂100MW电站锅炉上已有多年的运行经验。

国内华能邯峰电厂660MW煤粉锅炉是目前世界上容量最大的CFB-FGD装置，该CFB-FGD装置于2008年12月投入运行。

循环流化床烟气脱硫是有望与湿法烟气脱硫工艺在大型锅炉机组上进行比选的一种脱硫工艺。该工艺集脱硫及除尘一体化，具有占地小、水耗低、设备投资小等优点，其投资约为湿法烟气脱硫工艺的50%，在中低硫煤和缺水地区，以及兼具除尘和多污染物治理(多种酸性污染物如SO_3、HF、HCl，重金属如汞，二噁英等)要求的领域，具有良好的技术经济性。

1. 循环流化床烟气脱硫工艺流程

根据脱硫剂的制备方法和送入循环流化床(CFB)反应器的方式，工艺系统可分为两种类型：一种是将石灰干粉和水分别经喷嘴送入反应器内；另一种是将石灰制成浆液直接经雾化喷嘴送入循环流化床反应器内，分别如图5-15和图5-16所示。

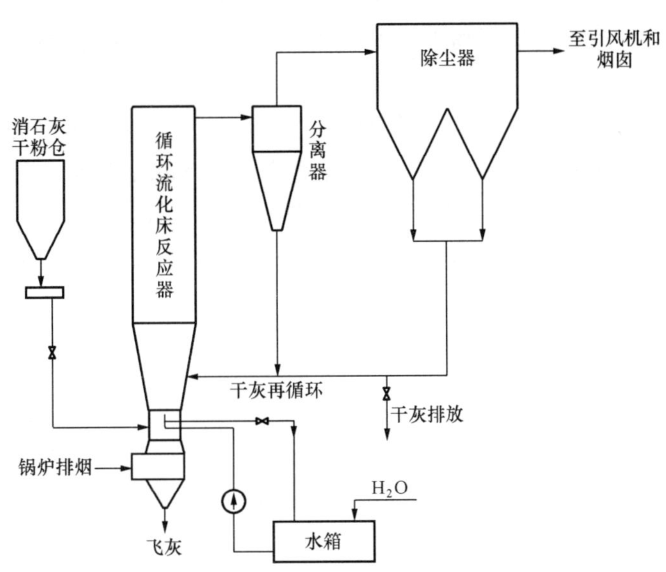

图5-15 循环流化床烟气脱硫流程(石灰粉)

CFB-FGD脱硫工艺由吸收剂添加系统、循环流化床反应器、分离器以及自动控制系统组成。CFB反应器底部为布风装置(布风板或文丘里管)，反应器下部密相区布置有石灰浆(或石灰粉)喷嘴、加湿水喷嘴、返料口等，反应器上部为过渡段和稀相区。CFB反应器的

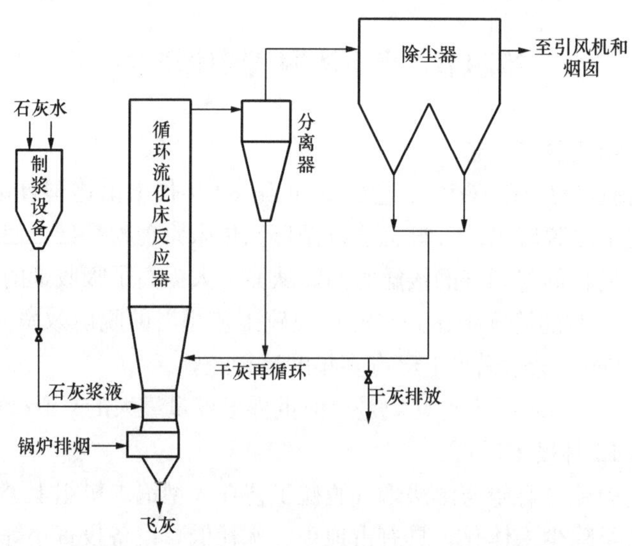

图 5-16　循环流化床烟气脱硫流程(石灰浆)

出口为旋风分离器，分离器下部为立管和回料装置，用来分离反应器循环物料，并送回循环流化床反应器。

锅炉空气预热器出口的烟气从 CFB 下部布风装置进入反应器，烟气同时作为 CFB 的流化介质，维持循环流化状态。新鲜石灰浆(或干石灰与水)通过布置在反应器中央的两相流喷嘴(或单独喷嘴)并由压缩空气雾化后进入反应器，与流化床中颗粒(灰粒等)充分混合。在 CFB 反应器内，SO_2、SO_3 及其他有害气体如 HCl 和 HF 与脱硫剂反应。反应产物由烟气从反应器上部携带出去，经分离器分离下来的固体颗粒返回 CFB 反应器进行循环，其中未完全反应的脱硫剂经过多次循环，延长了脱硫反应时间，提高了脱硫剂的利用率。工艺水用喷嘴喷入吸收塔下部，以增加烟气湿度、降低烟气温度，使反应温度尽可能接近水露点温度，从而提高脱硫效率。从分离器出来的烟气及少量细颗粒进入除尘器进行最后除尘。除尘后的烟气温度为 70～75℃，不必经过加热，即可经过烟囱排入大气。

CFB-FGD 反应器系统内的主要化学反应为以下过程，生成亚硫酸钙和硫酸钙等干态产物，即

$$Ca(OH)_2 + SO_2 \longrightarrow CaSO_3 \cdot \frac{1}{2}H_2O + \frac{1}{2}H_2O$$

$$CaSO_3 + \frac{1}{2}O_2 \longrightarrow CaSO_4$$

在进行脱硫反应的同时，还可以脱除其他有害气体(如 HCl 和 HF 等)，即

$$Ca(OH)_2 + 2HCl \longrightarrow CaCl_2 + 2H_2O$$

$$Ca(OH)_2 + 2HF \longrightarrow CaF_2 + 2H_2O$$

如果采用兼有脱氮功能的吸收剂，则还可以在同一 CFB 反应器内完成联合脱硫脱氮的过程。

为了维持 CFB 反应器内的合理物料存有量，总要连续排出相当于脱硫剂给料量的灰渣至灰场。

CFB-FGD工艺的副产品呈干粉状，主要成分有飞灰、$CaSO_3$、$CaSO_4$ 以及未反应的吸收剂等，加水后会发生固化反应，固化后的屈服强度可达 15～18N/mm²，渗透率约为 3×10^{-11}，压实密度为 1.28g/cm³，强度与混凝土接近，渗透率与黏土相当，因此适合用于矿井回填、道路基础等方面。

2. 循环流化床反应器的结构

CFB 反应器通常为文丘里空塔结构，整个反应器由普通碳钢制成。为建立良好的流化床，预防堵灰，反应器内部气流上升处均不设内撑，故称为空塔。反应器下部的文丘里喷嘴的形式有单喷嘴和多喷嘴两种，如图 5-17 所示。CFB 反应器的结构见图 5-18。

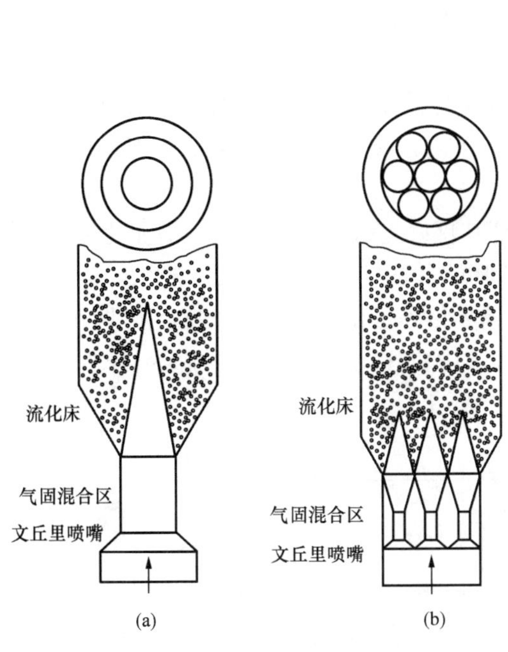

图 5-17 CFB 反应器文丘里喷嘴结构
(a)单喷嘴；(b)多喷嘴

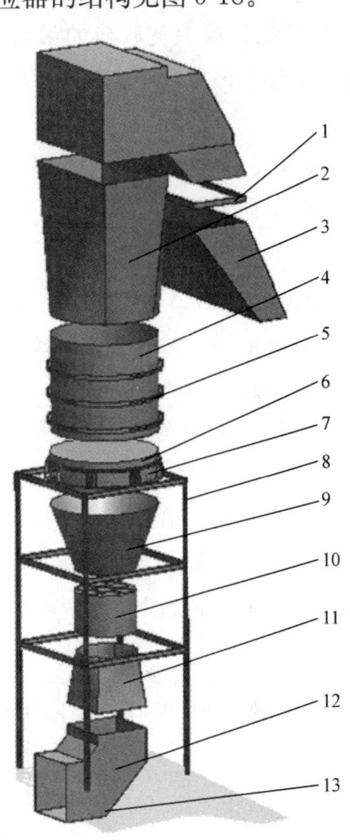

图 5-18 CFB 反应器塔结构
1—膨胀节；2—上部方圆节；3—出口扩大段；4—其他节；5—环形加强筋；6—第一节；7—环梁基座；8—钢支架；9—锥形段(喷水点)；10—文丘里段；11—下部方圆节(物料加入点)；12—进口烟道；13—塔底排灰装置

由于 CFB 脱硫反应器始终在烟气露点温度 15～20℃以上运行，加上反应器内部强烈的碰撞与湍动，SO_3基本全部除去。因此，吸收塔内部不需要防腐内衬。

通过脱硫灰的不断循环，反应器内的床层物料浓度最高可达到 10kg/m³，流化床段的设计烟气流速为 4～6m/s，这种流速在保证对塔内床层物料进行充分流化的同时，有利于上升气流中絮凝颗粒的返回，使气固间具有相对较高的滑移速度，建立稳定良好的流化床。上升气流中的大部分物料由于絮凝团聚而不断滑落、返回，只有少部分被气流带出反应器，反应器出口粉尘浓度一般为500～1000g/m^3(标况)。

反应器出口通常采用下出风的结构形式，该结构对较大颗粒具有高效的惯性分离作用，高浓度含尘烟气经过预分离后进入后续的除尘器，减轻了除尘器的负荷。

为了防止烟气中颗粒沉降造成的反应器进口烟道积灰，反应器底部进口烟道及转弯处均设有气流分布装置及压缩空气吹扫系统；进口烟道的设计烟气流速高达18m/s，少部分沉降的颗粒经压缩空气吹起后也能够被高速烟气带走。由于文丘里段的烟气流速最高达55m/s，经文丘里段加速后产生的射流烟气，将流化床内的物料完全托起，只有非常少量的大颗粒沉降至反应器底部的进口烟道，这些沉降的颗粒可通过反应器底部设置的排灰输送机排出反应器。

3．循环流化床烟气脱硫的运行控制

为了保证CFB反应器内最佳的脱硫效果，该系统采用三个主要的自动控制回路，如图5-19所示。

(1)根据反应器进口烟气流量及烟气中原始SO_2浓度控制脱硫剂的给料量，以保证按要求的脱硫效率所必需的Ca/S，在烟囱中SO_2的排放值，则用来作为校核和精确地调节脱硫剂的给料量的辅助调控参数。

(2)根据反应器出口处的烟气温度T直接控制反应器底部的喷水量，以确保反应器内的温度处于尽可能地接近露点的最佳反应温度范围内，喷水量的调节方法一般采用离心式回流调节喷嘴，通过调节回流水压来调节喷水量。

(3)CFB反应器内的固体颗粒浓度是保证其良好运行的重要参数，沿流化床高的固体颗粒浓度可通过整个床高的压差Δp来表示。固体颗粒浓度越大，则Δp越大，运行中需要能调节流化床内的固体颗粒浓度，以保证反应器始终处于良好的运行工况，其调节方法是通过调节分离器和除尘器下所收集的飞灰排灰量，以控制送回反应器的再循环干灰量，从而保证了流化床内必需的固气比。

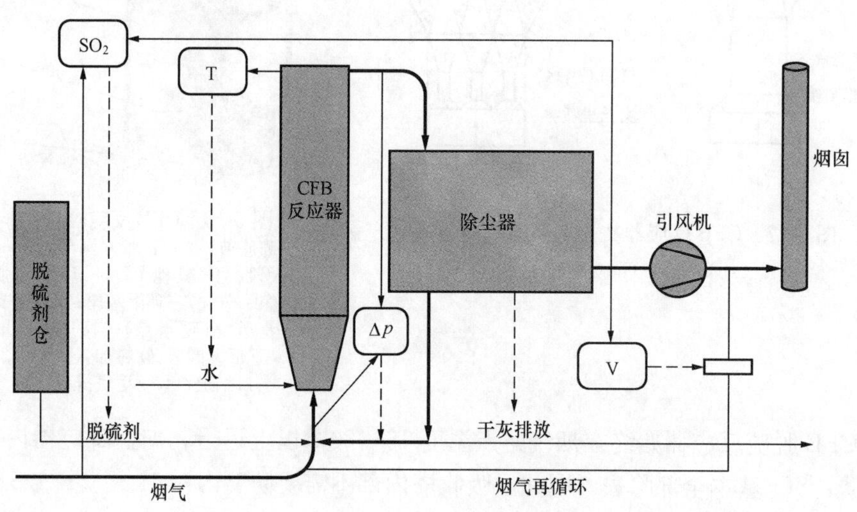

图5-19　循环流化床烟气脱硫系统的控制回路

4．工程示例

(1)华能邯峰电厂2×660MW机组CFB烟气脱硫装置。华能邯峰电厂2×660MW机组烟气循环流化床干法脱硫装置于 2008 年 12 月 11 日完成 168h 试运行，2008 年 12 月 13 日顺利通过环保验收测试，各项性能指标均优于设计值。该项目是世界上装机容量最大的烟气循环流化床半干法脱硫除尘一体化系统。

邯峰发电厂一期工程的 2 台 660MW 燃煤发电机组采用的锅炉蒸发量为 2026.8t/h 的亚临界、一次中间再热、单炉膛、平衡通风、W 型火焰燃烧、固态排渣汽包炉，是世界上最大的燃烧无烟煤的电站锅炉。华能邯峰电厂在对这两台机组进行脱硫改造时，考虑到采用传统的石灰石湿法脱硫工艺，必须对原有的电除尘器进行大规模的改造。但由于场地紧张，加上需要长时间停炉，改造难度大。经研究比较，最终选择烟气循环流化床脱硫除尘一体化的工艺方案。

邯峰发电厂 CFB-FGD 脱硫系统采用每台炉两套脱硫装置，布置见图 5-20。脱硫岛的负荷范围能满足锅炉负荷在 350～660MW 范围内变化，脱硫系统既可以两套脱硫除尘装置同时运行，满足全负荷下全烟气脱硫的要求，同时也允许锅炉低负荷时单塔(即只投入一台脱硫装置及启运一台脱硫引风机)脱硫运行。

图 5-20 邯峰 2×660MW 机组 CFB-FGD 装置

每套脱硫系统的吸收塔、脱硫除尘器与吸风机呈一字形排列，吸收剂仓布置在每台炉两套脱硫系统之间，主要工艺设备和辅助设施围绕脱硫塔，按工艺要求集中布置。

每台炉两套脱硫系统的生石灰仓和消石灰仓并排布置于脱硫塔旁边，便于生石灰粉的卸车；同时生石灰仓与消石灰仓的距离较近，便于消化出来的消石灰输送至消石灰仓内储存。消石灰仓靠近吸收塔布置便于消石灰输送进入吸收塔内。

工艺水箱、水泵、流化风机等布置在脱硫布袋除尘器下的 0m 层地面上，两个脱硫灰库布置在 1 号炉脱硫除尘装置旁，便于脱硫灰装车、外运。

图 5-21 华能榆社电厂 2×300MW 机组 CFB-FGD 装置

邯峰 2×660MW 机组 CFB-FGD 装置运行结果表明，烟气入口 SO_2 浓度为 2175mg/m^3 的情况下，经过 CFB-FGD 装置脱硫后出口净烟气 SO_2 浓度降为 146mg/m^3，系统整体脱硫效率达到 93.3%，同时经布袋除尘后粉尘排放控制到了 30.6mg/m^3。脱硫除尘效果完全满足设计要求，同时满足国家规定排放标准的要求。

(2)华能榆社电厂 2×300MW 机组 CFB 烟气脱硫装置。华能榆社电厂 2×300MW 机组配套循环流化床脱硫系统见图 5-21，该电厂 CFB-FGD 装置于 2003

年4月开始设计，2003年12月开始安装。2004年10月和11月，两套脱硫系统分别与锅炉同步投运，脱硫效率高达90%以上。

表5-4给出了华能榆社电厂300MW煤粉锅炉在燃用硫分(S_{ar})为2.5%的贫煤时，采用烟气循环流化床脱硫工艺的主要运行参数。该工程脱硫塔直径10.5m、高度59m，表5-5给出了CFB-FGD系统技术经济分析结果。

表5-4　　300MW煤粉锅炉CFB-FGD系统运行参数

序号	参　数	单　位	数　值
1	入口烟气量	m^3(标况)/S	344.4～363.8
2	机组负荷	MW	295～300
3	入口烟气温度	℃	120～128
4	入口粉尘浓度	g/m^3(标况)	12～22
5	入口SO_2浓度	mg/m^3(标况)	3500～6780
6	入口烟气含氧量	%	5.2～5.6
7	吸收塔压降	Pa	1840～1960
8	出口烟气温度	℃	75
9	电除尘器出口粉尘浓度	mg/m^3(标况)	20～48
10	电除尘器出口SO_2浓度	mg/m^3(标况)	100～400
11	Ca/S比		1.2～1.5
12	脱硫效率	%	90～98
13	脱硫塔及电除尘器总除尘效率	%	99.996
14	吸收塔降温用水量	t/h	32
15	消石灰消耗量	t/h	7.1～15

表5-5　　2×300MW煤粉锅炉CFB-FGD系统技术经济分析结果

序号	参　数	单位	数　值	备　注
1	机组容量	MW	2×300	
2	工程投资	万元	12 000	不含土建、安装
3	吸收剂(生石灰)单价	元/t	250	
4	水价	元/t	0.8	电厂工业水
5	电价	元/kWh	0.35	
6	年运行小时数	h	7500	
7	吸收剂耗量	t/h	2×4.4	按设计煤种
8	吸收剂年费用	万元	2×825	
9	水耗量	t/h	2×31.8	按设计煤种
10	水年费用	万元	2×19.08	
11	电耗量	kW	2×2600	
12	电年费用	万元	2×682.5	
13	人员数		12	

续表

序号	参　　数	单位	数　　值	备　　注
14	人员年费用	万元	36	按 3 万元/(人·年)
15	年大修费用	万元	180	按 1.5%计
16	年折旧费用	万元	570	按 20 年计
17	年脱硫总成本	万元	3839.16	
18	年发电量	亿 kW	45	
19	电价增加成本	元/kWh	0.008 53	
20	年脱硫量	万 t/年	2.5	按设计煤种
21	脱硫成本	万 tSO_2/年	1535	
22	单位千瓦投资	元/kW	200	基于 2005 年价格水平

(3) 华能白山电厂 2×300MW CFB 锅炉 CFB 烟气脱硫装置。华能白山煤矸石电厂 2×330MW 直接空冷机组，采用 CFB 锅炉，炉内设计脱硫效率 80%，出口 SO_2浓度不满足排放标准要求。因此，还采用了炉外烟气脱硫系统。

通过对国内已投运的烟气脱硫工艺装置进行全面的考察后，对石灰石/石膏湿法、氨法以及各流派的干法或半干法等多种烟气脱硫工艺进行充分对比与论证，华能白山煤矸石电厂 2×330MW CFB 锅炉炉后采用了烟气循环流化床脱硫工艺。

图 5-22　华能白山电厂 2×330MWCFB 锅炉及 CFB-FGD 装置

华能白山电厂 2×330MWCFB 锅炉及 CFB-FGD 装置见图 5-22，该装置于 2012 年 5 月与主机同步顺利完成 168h 试运行。从运行过程中的监测数据表明，烟气经过 CFB-FGD 装置脱硫后，出口烟气 SO_2浓度低于 100mg/m^3(标况)，系统脱硫效率在 95%以上；同时粉尘排放低于 20mg/m^3(标况)，各项性能指标均优于设计值。

(4) 广州石化公司 2×465t/h CFB 锅炉 CFB 烟气脱硫装置。广州石化公司高硫石油焦产量达到 62.6×10^{4}t/年，高硫石油焦含硫量为 6.0%～6.7%，热值 32.03MJ/kg。采用福斯特惠勒(FW)公司的 465t/h CFB 锅炉燃烧高硫石油焦。锅炉尾部设有 CFB-FDG 装置，该装置设计参数见表 5-6，运行参数见表 5-7。

实际运行结果表明，CFB 锅炉具有很强的炉内脱硫能力，对于含硫量为 7%左右的石油焦，其脱硫效率可以达到 96%以上；两级脱硫装置投运后，总脱硫效率达到 98%～99%，SO_2 平均排放浓度小于 200mg/m³，最低小于 100mg/m³。

表 5-6　　CFB-FGD 装置设计参数

序号	参　数	单　位	数　值
1	脱硫塔入口 SO_2 浓度	mg/m³	1230
2	脱硫塔出口 SO_2 浓度	mg/m³	250
3	除尘器出口灰浓度	mg/m³	＜50
4	脱硫及除尘器系统压降	Pa	3900
5	脱硫塔出口温度	℃	65～75
6	生石灰粉耗量	t/h	0.8
7	水耗量	t/h	18
8	蒸汽耗量（0.5MPa，150℃）	t/h	0.32
9	脱硫灰量	t/h	1.5
10	脱硫效率	%	90
11	漏风率	%	4

表 5-7　　CFB-FGD 脱硫岛系统运行参数

序号	参　数	单位	设计值	工况 1	工况 2	工况 3	工况 4
1	出口烟气量	m³/h	762 600	687 200	695 900	714 300	741 400
2	脱硫塔入口 SO_2 浓度	mg/m³	1230	2583.6	686.94	1168.27	2463.76
3	脱硫塔出口 SO_2 浓度	mg/m³	＜250	75.63	66.28	110.91	192.93
4	除尘器出口灰浓度	mg/m³	＜50	31.55	33.03	32.50	31.35
5	脱硫塔入口温度	℃	148	122.7	121.71	131.72	131.74
6	脱硫塔出口温度	℃	65～75	69.49	69.37	69.95	69.36
7	脱硫塔压降	Pa	0.8～1.2	1.07	1.16	1.1	1.13
8	脱硫塔入口压力	Pa	−3.0	−3.42	−3.59	−3.45	−4.12
9	引风机入口压力	Pa	−5.9	−5.9	−6.98	−6.81	−7.57
10	脱硫岛压降	Pa	3.90	3.39	3.39	3.36	3.45
11	脱硫效率	%	90	97.04	90.37	90.43	92.15

二、喷雾干燥法烟气脱硫技术

喷雾干燥法烟气脱硫技术以石灰为脱硫剂，脱硫效率一般为 80%左右，最高可达 85%，而且不产生废水；但系统运行费用较高，其脱硫剂石灰的耗量比湿法烟气脱硫大，其钙硫摩尔比为 1.5 左右。

喷雾干燥法烟气脱硫工艺根据所采用的喷雾雾化器的形式不同可分为两类，即旋转喷雾干燥脱硫和气液两相流喷雾干燥脱硫。目前，已经投入商业化运行的以旋转喷雾干燥脱硫工艺为多。

1. 旋转喷雾干燥脱硫工艺

旋转喷雾干燥脱硫系统由脱硫剂灰浆配置系统、SO_2 吸收和吸收剂灰浆蒸发系统、收集飞灰和副产品的粉尘处理系统组成，如图 5-23 所示。

首先，石灰经消化并加入热水制成消石灰浆液，即

$$CaO + H_2O \longrightarrow Ca(OH)_2$$

消石灰浆液经过滤后由泵输入到吸收塔内的雾化装置，热烟气在喷雾干燥吸收塔内与经雾化的细小石灰浆液滴（平均直径约 60μm）充分混合接触，烟气中的 SO_2 发生化学反应生成

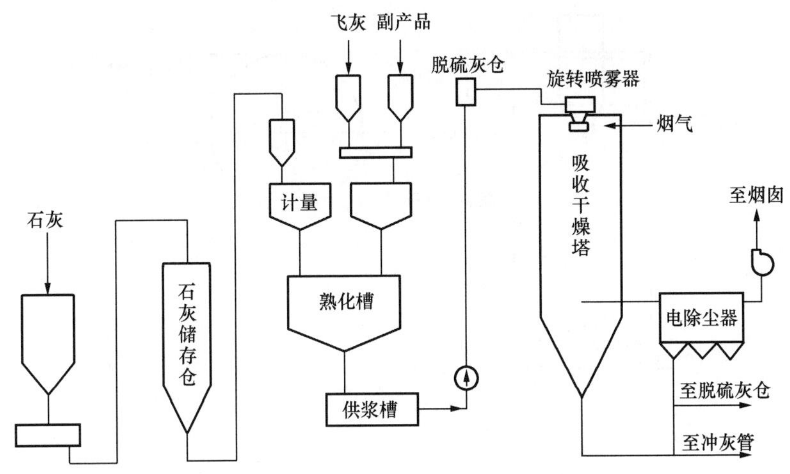

图 5-23 旋转喷雾半干法烟气脱硫工艺流程

$CaSO_3$ 和 $CaSO_4$，烟气中的 SO_2 被脱除，同时水分被迅速蒸发，烟气温度随之降低，但仍高于酸露点。部分飞灰和反应产物落入吸收塔底部排出，细小颗粒随处理后的烟气进入除尘器被收集。脱硫后的烟气经除尘器除尘后排放。为了提高脱硫剂的利用率，一般将部分脱硫灰加入制浆系统进行循环利用。

吸收塔内发生的主要化学反应为

$$Ca(OH)_2+SO_2 \longrightarrow CaSO_3 \cdot \frac{1}{2}H_2O+\frac{1}{2}H_2O$$

$$Ca(OH)_2+SO_2 \longrightarrow CaSO_4 \cdot \frac{1}{2}H_2O+\frac{1}{2}H_2O$$

由于在该工艺过程中，脱硫产物的氧化不彻底，从除尘器收集下来的粉尘主要是含亚硫酸钙的脱硫灰，一般采用抛弃法，通过电厂的除灰系统排入灰场。

目前，丹麦正在开发吸收剂可再生的喷雾干燥脱硫工艺，用氧化镁做吸收剂，生成的亚硫酸镁已在高温流化床中成功实现再生，再生后的吸收剂活性不但没有失去，反而有所提高。

喷雾干燥法烟气脱硫工艺的脱硫效率虽然没有湿法烟气脱硫高，但它不必处理大量废水，可使系统简化、降低造价。

由于排烟温度高于烟气酸露点温度，也由于该脱硫工艺几乎可以吸收烟气中所有的 SO_3，因此，不需要对脱硫后的烟气管道、引风机和烟囱做特殊的防腐处理。

该脱硫工艺运行中存在的主要问题是雾化喷嘴结垢、堵塞与磨损，以及吸收塔内壁面上结垢等。

2. 关键设备

旋转喷雾器是该工艺的核心设备，是一个采用变频调速电动机直接驱动的高速旋转设备，转速达 7000～10 000r/min，其雾化质量和工作可靠性是影响脱硫效率的关键因素。

喷雾干燥吸收塔也是喷雾干燥法烟气脱硫工艺的关键设备之一，其内部结构如图 5-24 所示。

为了使烟气能够充满吸收塔的整个空间，吸收塔的烟气入口一般设计成切向进气方式，

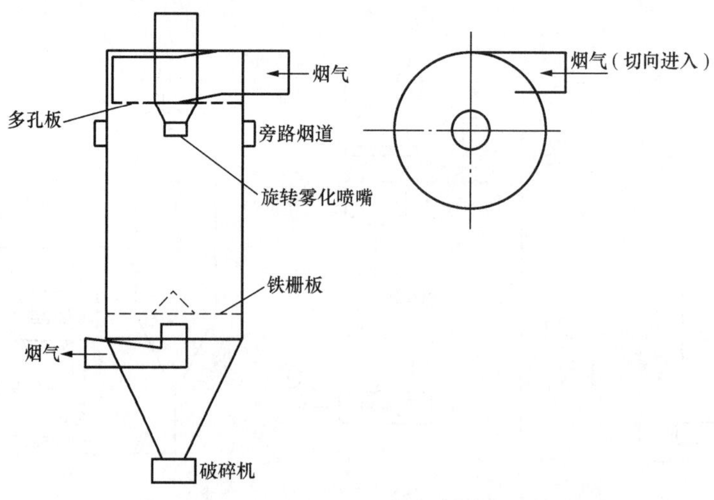

图 5-24　旋转喷雾干燥塔内部结构

再通过烟气分配器经由旋转雾化器的四周进入吸收塔的空间。在吸收塔内，烟气与喷雾器喷入的石灰浆液雾滴接触并发生反应，烟气自脱硫塔下部引出，经电除尘器收集粉尘和脱硫副产品后，再由引风机送至烟囱。

脱硫干燥吸收系统均设置旁路烟道，在吸收塔发生故障时，将锅炉排烟引至旁路，直接送至烟囱排出，以保证锅炉的正常运行。

三、炉内喷钙尾部增湿活化脱硫技术

炉内喷钙尾部增湿活化脱硫工艺是在炉内喷钙脱硫工艺的基础上，在锅炉的尾部增设增湿段，以提高脱硫效率。吸收剂石灰石粉由气力喷入炉膛 850～1150℃温度区，$CaCO_3$ 受热分解并与烟气中 SO_2 和少量 SO_3 反应生成 $CaSO_3$ 和 $CaSO_4$。反应在气固两相之间进行，反应速度较慢，吸收剂利用率较低。在位于尾部烟道的适当部位（一般在空气预热器和除尘器之间）的增湿活化反应器内，雾状增湿水与炉内未反应的 CaO 反应生成 $Ca(OH)_2$，进一步吸收 SO_2。系统的总脱硫率可达到 75%以上。增湿水由于吸收烟气热量而被迅速蒸发，未反应的吸收剂、反应产物呈干燥态随烟气排出，被除尘器收集。将除尘器捕集的部分物料加水制成灰浆喷入活化器增湿活化，可使系统总脱硫率提高到 85%。

炉内喷钙尾部增湿活化脱硫工艺流程如图 5-25 所示。

炉内喷钙尾部增湿活化脱硫工艺实际上由炉内和炉后活化反应器内两次脱硫过程组成，其各自的化学反应过程如下。

(1) 炉内脱硫剂热解并脱硫。喷入炉内的石灰石粉在炉膛中 850～1150℃温度区域，煅烧分解为氧化钙和二氧化碳，氧化钙与烟气中的 SO_2 反应生成硫酸钙，即

$$CaCO_3 \longrightarrow CaO + CO_2$$

$$CaO + SO_2 + \frac{1}{2}O_2 \longrightarrow CaSO_4$$

通常，钙基吸收剂（主要是 $CaCO_3$）在烟气温度高于 1200℃的区域内，发生热解所生成的 CaO 会被烧僵，化学反应活性变得很差，能得到的脱硫效率很低（20%以下）。

(2) 尾部活化反应器内增湿水脱硫

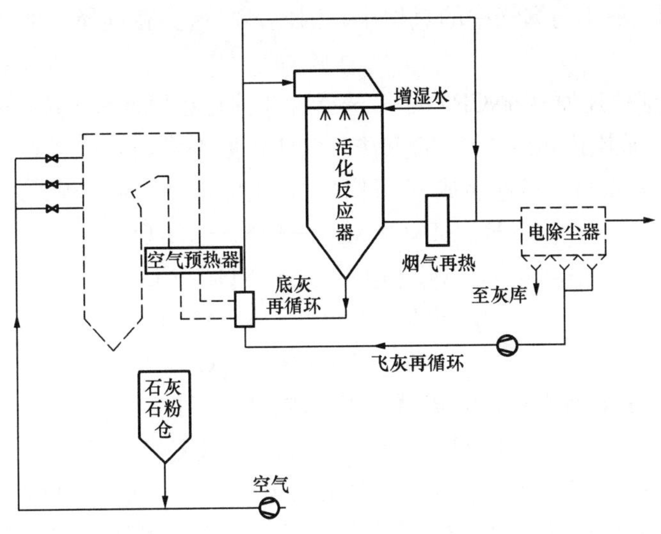

图 5-25 炉内喷钙尾部增湿活化脱硫工艺流程

$$CaO+H_2O \longrightarrow Ca(OH)_2$$

$$Ca(OH)_2+SO_2 \longrightarrow CaSO_3 \cdot \frac{1}{2}H_2O+\frac{1}{2}H_2O$$

$$Ca(OH)_2+SO_2+\frac{1}{2}O_2 \longrightarrow CaSO_4+H_2O$$

炉内喷钙尾部增湿活化脱硫工艺系统简单、脱硫费用低，适用于老锅炉的改造，但脱硫效率不高。国内南京下关电厂（2×125MW）和钱清电厂（125MW）分别采用了这种工艺。但由于此工艺脱硫过程吸收剂的利用率较低，脱硫副产物中 $CaSO_3$ 含量较高，其综合利用受到一定限制。

第五节 烟气脱硝技术及应用

一、烟气脱硝技术概述

目前，已经开发和研制的烟气脱硝工艺有 50 余种，大致可归纳为干法烟气脱硝和湿法烟气脱硝两大类。

1. 干法烟气脱硝技术

干法烟气脱硝技术是用气态反应剂使烟气中的 NO_x 还原为 N_2 和 H_2O，主要有选择性催化还原（SCR）法、非选择性催化还原（NSCR）法和选择性非催化还原（SNCR）法，其中 SCR 被采用的较多。其他干法烟气脱硝技术还有氧化铜法、活性炭法等。

干法烟气脱硝的主要特点为：反应物质是干态，多数工艺需要采用催化剂，并要求在较高温度下进行，因此，无须烟气再加热系统。

(1) 选择性催化还原（SCR）法。用氨（NH_3）作为还原剂，在催化剂的作用下，将烟气中的 NO_x 还原成 N_2，脱硝率可达 90%以上，该法所采用的催化剂的不同，其适宜的反应温度范围也不同，一般为 250～420℃温度区域。由于所采用的还原剂 NH_3 只与烟气中的

NO_x 发生反应，而一般不与烟气中的氧发生，因此，将这类有选择性的化学反应称为选择性催化还原法。

（2）选择性非催化还原（SNCR）法。选择性非催化还原（SNCR）法是一种不用催化剂，在850～1100℃范围内还原 NO_x 的方法。该法还原剂常用氨或尿素，还原剂迅速热分解，和烟气中的 NO_x 反应，迅速生成 N_2 和 H_2O，主要化学反应方程式是

氨为还原剂 $$4NH_3+4NO+O_2 \longrightarrow 4N_2+6H_2O$$

尿素为还原剂 $$(NH_2)_2CO \longrightarrow 2NH_2+CO$$

$$NH_2+NO \longrightarrow N_2+H_2O$$

$$NO+CO \longrightarrow N_2+CO_2$$

当温度过高，超过温度范围时，氨就会氧化成 NO_x，即

$$4NH_3+5O_2 \longrightarrow 4NO+6H_2O$$

将氨作为还原剂还原为 NO_x 的反应只能在850～1100℃这一温度范围内进行，因此，需将氨气喷射注入炉膛出口区域相应温度范围内的烟气中，将 NO_x 还原为 N_2 和 H_2O。该法也称为高温无催化还原法或炉膛喷氨脱硝法。如果加入添加剂（如氢、甲烷或超细煤粉），可以扩大其反应温度的范围。当以尿素［$(NH_2)_2CO$］为还原剂时，脱硝效果与氨相当，但其运输和使用比 NH_3 安全方便。但是，采用尿素作还原剂时，可能会有 N_2O 生成，这是一个值得注意的问题。

SNCR脱硝率为40%～60%，而且对反应所处的温度范围很敏感，高于1100℃时，NH_3 会与 O_2 反应生成NO，反而造成 NO_x 排放量增加，低于700℃则反应速率下降，会造成未反应的氨气随烟气进入下游烟道，这部分氨气会与烟气中的 SO_2 发生应生成硫酸铵，在较高温度下，硫酸铵呈黏性，很容易造成空气预热器的堵塞并存在腐蚀现象，另外，也使排入大气中的氨量显著增加，造成环境污染。

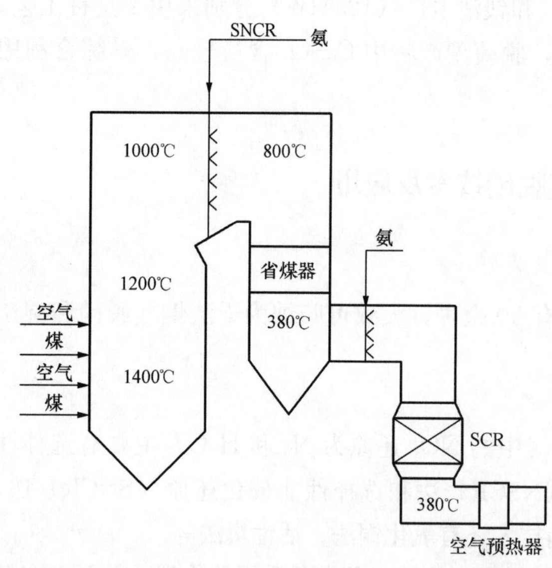

图5-26　SNCR和SCR在锅炉中的布置位置

通常需要在锅炉炉膛上部沿高度开设多层氨气喷射口，以使氨气在不同负荷工况下均能喷入所要求的温度范围的烟气中。该法的主要特点是无需采用催化反应器，系统简单。

SNCR和SCR在锅炉中的布置位置如图5-26所示。

2. 湿法烟气脱硝技术

由于锅炉排烟中的 NO_x 主要是NO，而NO极难溶于水，所以，采用湿法脱除烟气的 NO_x 时，不能像脱除 SO_2 一样采用简单的直接洗涤方法进行吸收，必须先将NO氧化为 NO_2，然后用水或其他吸收剂进行吸收脱除，因此，湿法烟气脱硝工艺过程要比湿法烟气脱硫工艺复杂得多。

湿法烟气脱硝工艺过程包括氧化和吸收，并反应生成可以利用或无害的物质，因此，必

须设置烟气氧化、洗涤和吸收装置，工艺系统比较复杂。湿法烟气脱硝大多具有同时脱硫的效果。

湿法烟气脱硝工艺主要有气相氧化液相吸收法、液相氧化吸收法等。因为该工艺是局部或全部过程在湿态下进行，需使烟气增湿降温，因此，一般需将脱硝后的烟气除湿和再加热后经烟囱排放至大气。

(1) 气相氧化液相吸收法。向烟气中加入强氧化剂（ClO_2、O_3 等），将 NO 氧化成容易被吸收的 NO_2 和 N_2O_3 等，然后用吸收剂（碱、水或酸等液态吸收剂）吸收，脱硝率可达90%以上。

(2) 液相氧化吸收法。用 $KMnO_4$-KOH 溶液洗涤烟气。$KMnO_4$ 将 NO 氧化成容易被 KOH 吸收的组分，生成 KNO_3 和 MnO_2 沉淀，MnO_2 沉淀经再生处理，生成 $KMnO_4$ 重复使用。

湿法烟气脱硝的效率虽然很高，但系统复杂，氧化和吸收剂费用较高，而且用水量大并会产生水的污染问题，因此，在燃煤锅炉上很少采用。

二、选择性催化还原烟气脱硝技术

目前在火力发电厂被采用最多的主流工艺是干法烟气脱硝技术中的 SCR 法。该法脱硝效率高，无需排水处理，无副产品；但脱硝装置的运行成本很高，系统复杂，烟气侧的阻力会增加。此外，采用 SCR 法，要消耗昂贵的 NH_3，而反应产物却是完全无用的 N_2，不能实现废物利用，这是该方法的缺点。

1. SCR 反应原理

SCR 是指将氨、烃类等还原剂喷入烟气中，在一定温度下，利用催化剂将烟气中的 NO_x 转化为 N_2 和 H_2O。在氨选择催化反应过程中，NH_3 可以选择性地与 NO_x 发生反应，而不是被 O_2 氧化，因此，反应被称为“选择性”。主要反应式如下

$$4NO+4NH_3+O_2 \longrightarrow 4N_2+6H_2O$$

$$6NO+4HN_3 \longrightarrow 5N_2+6H_2O$$

$$2NO_2+4NH_3+O_2 \longrightarrow 3N_2+6H_2O$$

$$6NO_2+8NH_3 \longrightarrow 7N_2+12H_2O$$

锅炉烟气中的大部分 NO_x 均以 NO 的形式存在，NO_2 约占 5%，影响并不显著。所以，反应以前两式为主，反应原理如图 5-27 所示。

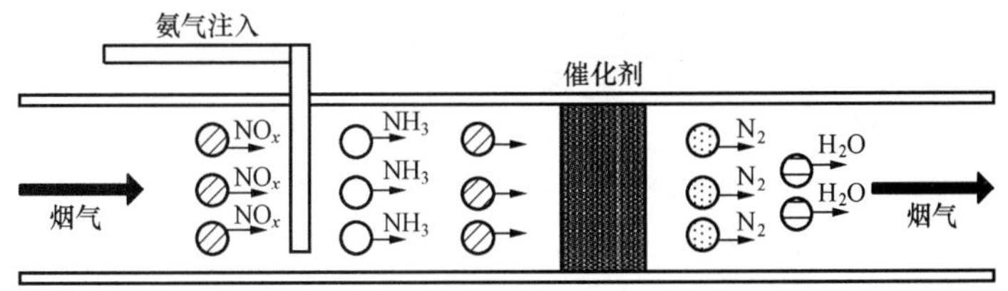

图 5-27　SCR 反应原理示意

由于氨具有挥发性，很有可能逃逸。此外，在反应条件改变时，还可能发生氨的氧化反应

$$4NH_3+3O_2 \longrightarrow 2N_2+6H_2O$$

$$2NH_3 \longrightarrow N_2 + 3H_2$$
$$4NH_3 + 5O_2 \longrightarrow 4NO + 6H_2O$$
$$2NH_3 + 2O_2 \longrightarrow N_2O + 3H_2O$$

由于反应温度的改变，SCR 催化剂同时也会将烟气中的 SO_2 氧化为 SO_3，SO_3 又能与逃逸的氨继续发生如下副反应

$$SO_2 + \frac{1}{2}O_2 \xrightarrow{\text{催化剂}} SO_3$$
$$NH_3 + SO_3 + H_2O \longrightarrow NH_4HSO_4$$
$$2NH_3 + SO_3 + H_2O \longrightarrow (NH_4)_2SO_4$$
$$SO_3 + H_2O \longrightarrow H_2SO_4$$

实际使用时，催化剂通常制成板状、蜂窝状的催化元件，再将催化元件制成催化剂组件，组件排列在催化反应器的框架内构成催化剂。

2. SCR 反应的主要影响因素

SCR 脱硝过程是一个受物理化学因素综合影响的过程，因此，影响 NO_x 脱除效率的因素也是多方面的，主要有催化剂性能、反应温度、反应时间、NH_3/NO_x 摩尔比等。

（1）催化剂性能。不同的 SCR 催化剂具有不同的活性和物理性能。按照活性组分不同，SCR 催化剂可分为金属氧化物、碳基催化剂、分子筛催化剂和贵金属催化剂。目前，应用较多的是金属氧化物催化剂。经研究表明，TiO_2 具有较高的活性和抗 SO_2 氧化性；V_2O_5 表面呈酸性，容易与碱性的氨发生反应，并能在富氧环境下工作，工作温度低，抗中毒能力强，可负载于 SiO_2、Al_2O_3、TiO_2 等氧化物中；WO_3 有助于抑制 SO_2 向 SO_3 的转化。因此，电厂通常采用的 SCR 催化剂是以多孔 TiO_2 作载体，起催化作用的活性成分 V_2O_5 和 WO_3 分布在其表面。

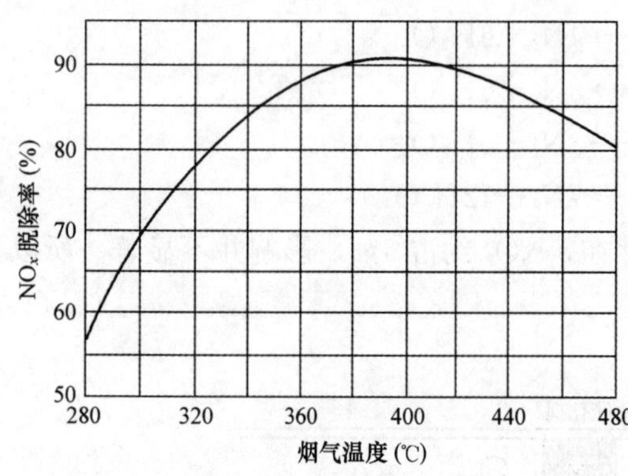

图 5-28　典型金属氧化物型催化剂的 NO_x 脱除率与温度的关系曲线

（2）反应温度。SCR 的适宜反应温度对应一个温度区间，其数值取决于催化剂类型和烟气成分，温度低于这一区间时，化学反应速度降低；温度高于这一区间时，则导致 N_2O 生成量增大，易发生催化剂烧结和钝化加剧等现象。研究表明，SCR 脱硝效率在开始阶段随着温度的增加而增加，当温度达到一定值时，效率将会随温度的增加而下降。对于绝大多数金属氧化物型催化剂，SCR 系统运行温度应该维持在 250～420℃。图 5-28 所示为典型金属氧化物型催化剂的 NO_x 脱除效率与温度的关系曲线。

NO_x 脱除效率定义为

$$\eta_{NO_x} = \frac{NO_{x_{in}} - NO_{x_{out}}}{NO_{x_{in}}} \times 100\% \tag{5-5}$$

式中　η_{NO_x}——NO_x 脱除效率，%；

$NO_{x_{in}}$——反应器入口处 NO_x 的含量，mg/m³；

$NO_{x_{out}}$——反应器出口处 NO_x 的含量，mg/m³。

根据 SCR 反应对应的最佳温度范围，实际应用时，SCR 催化反应器一般布置在省煤器出口和空气预热器进口之间。需要注意的是，电站锅炉在低负荷运行时，省煤器出口烟气温度可能会降低到最佳温度以下，可通过采用省煤器旁路烟道等措施来使省煤器出口烟气温度尽可能保持在适宜的温度范围内。

(3) 空间速度。空间速度是指烟气体积流量（标准温度和压力下的湿烟气）与 SCR 反应器中催化剂体积的比值，是烟气在 SCR 反应器内的停留时间尺度。空间速度越大，烟气在 SCR 反应器内停留时间就会越短，反应越不充分，氨的逃逸量将增大，同时，烟气对催化剂骨架的冲刷会增大，脱硝效率就会降低。通常是根据 SCR 反应器的布置、脱硝效率、烟气温度、允许氨逃逸量及粉尘浓度等确定空间速度。对于固态排渣锅炉高灰段布置的催化反应器，空间速度可选择在 2300～3500h^{-1}。

(4) NH_3/NO_x 摩尔比。研究表明，随着 NH_3/NO_x 摩尔比的增加，NO_x 的脱除率也增加。NH_3 量不足会导致 NO_x 脱除率降低；若 NH_3 量过多，NH_3 氧化等副反应的反应速率加大，也会导致 NO_x 脱除率降低，同时 NH_3 的排放量增加，形成二次污染。一般控制 NH_3/NO_x 摩尔比在 0.8～1.2。

图 5-29 给出了 NO_x 脱除率和氨逃逸量与 NH_3/NO_x 摩尔比之间的关系。

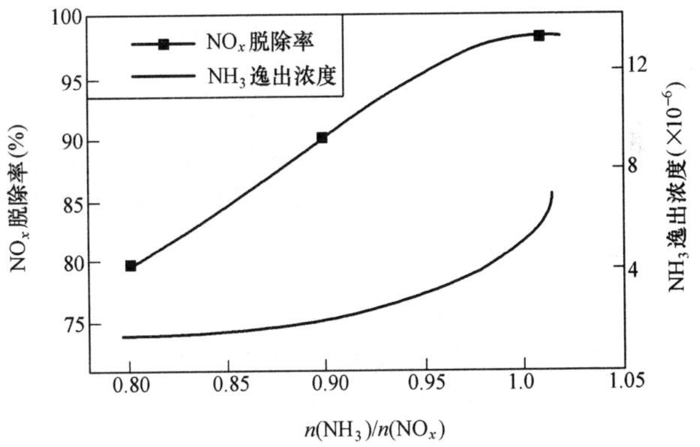

图 5-29 NO_x 脱除率和氨逃逸量与 NH_3/NO_x 摩尔比之间的关系

(5) 氨与烟气的混合程度。氨与烟气在进入 SCR 反应器前进行混合，如果混合得不充分，NO_x 与氨不能充分反应，NO_x 脱除率会有所降低，并且会增加氨的逃逸量。因此，氨必须被雾化并与烟气均匀混合，以确保与 NO_x 充分接触反应。采用合理的喷嘴格栅，并为氨和烟气提供足够长的混合烟道，是使氨与烟气均匀混合的有效措施，并能够保证 NO_x 脱除率、氨逃逸量和催化剂使用寿命。

在 SCR 系统中，氨逃逸量随着催化剂活性的降低而增加。由于氨泄漏到大气中会造成新的污染，因此，在进行 SCR 系统设计时，要求在接近理论化学当量比时，提供足够的催化剂量，以维持较低的氨逃逸水平，一般要求在 5mL/m³ 以下。

3. SCR 反应器布置方式和工艺流程

(1) 布置方式。SCR 反应器可以安装在锅炉之后的不同位置，一般有 3 种情况，即高温高尘、高温低尘及低温低尘布置三种形式，见图 5-30。

高温高尘布置方式是将 SCR 反应器布置在省煤器和空气预热器之间，其优点是催化反应器处于 300～400℃温度区间，有利于反应的进行。但是，由于催化剂处于高尘烟气中，条件恶劣，磨刷严重，寿命将会受到影响。高温低尘布置方式是将 SCR 反应器布置在空气

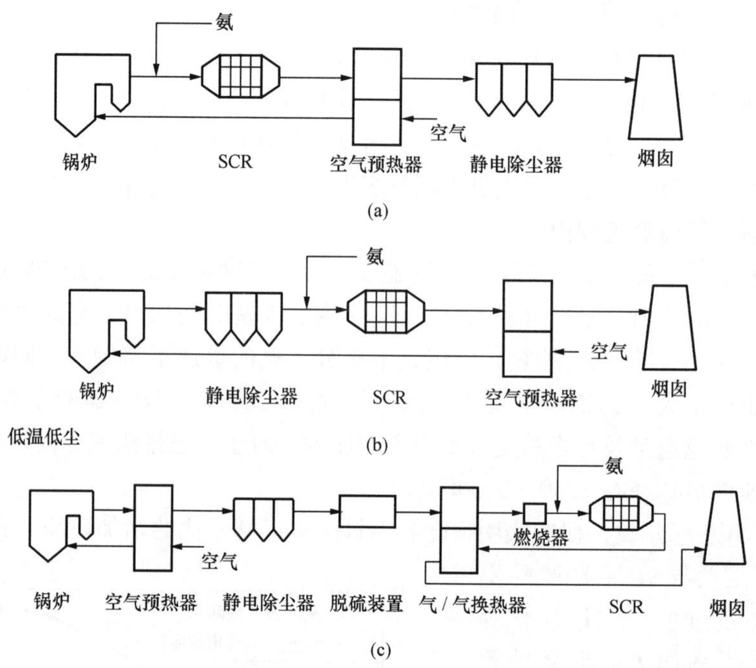

图 5-30　SCR 反应器的布置方式

(a) 高温高尘布置；(b) 高温低尘布置；(c) 低温低尘布置

预热器和高温电除尘器之间，该布置方式可防止烟气中飞灰对催化剂的污染和对反应器的磨损与堵塞，其缺点是在 300～400℃的高温下，电除尘器运行条件差。低温低尘布置（或称尾部布置）方式是将 SCR 反应器布置在除尘器和烟气脱硫系统之后，催化剂不受飞灰和 SO_2 影响，但由于烟气温度较低，仅为 50～60℃，一般需要用 GGH 或燃烧器将烟气升温，能耗和运行费用增加。

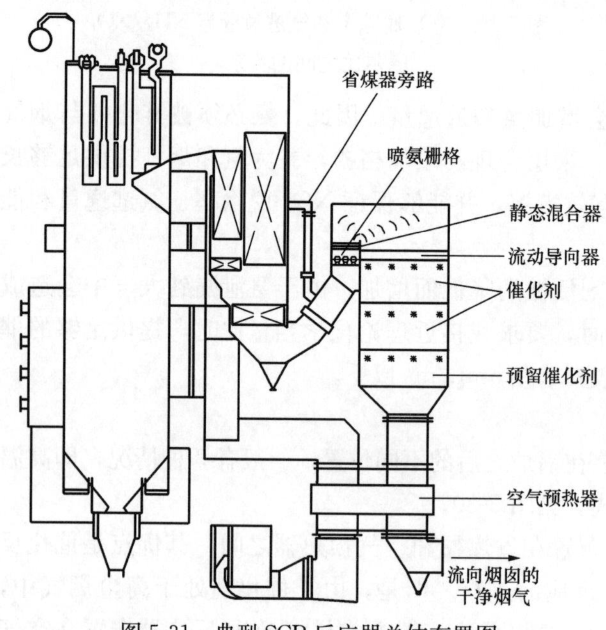

图 5-31　典型 SCR 反应器总体布置图

由于省煤器与空气预热器之间的烟气温度刚好适合 SCR 脱硝还原反应，氨被喷射于省煤器与 SCR 反应器间烟道内的适当位置，使其与烟气充分混合后在反应器内与 NO_x 反应，脱硝效率可达 80％以上，因此，高温高尘布置是目前应用最广泛的布置方式，如图 5-31 所示。

(2) 工艺流程。SCR 系统一般是由氨储存系统、氨/空气喷雾系统、催化反应器系统、省煤器旁路、SCR 旁路、检测控制系统等组成。首先，液氨由液氨罐车运送到液氨储罐，输出的液氨经蒸发器蒸发成氨气，再将其加热到常温后送入氨缓冲槽中备用。运行时，将缓冲槽的氨气减压后送入氨/空气混合器中，与空气混合后进入烟道内的喷氨格栅，氨气在混合气体中的体积含量约为5%。氨气喷入烟道后再通过静态混合器与烟气充分混合，继而进入到SCR反应器中，工艺流程如图5-32所示。

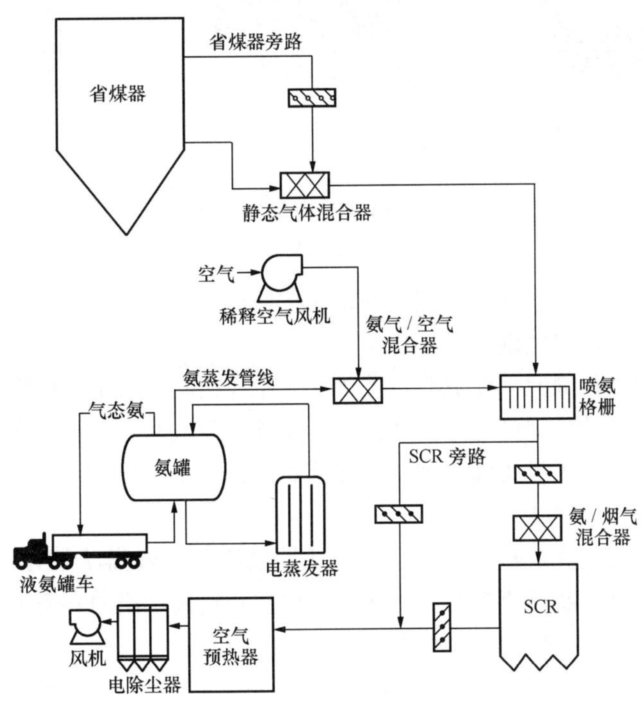

图5-32　SCR系统工艺流程

三、SCR的催化剂与还原剂

1. 催化剂的分类及特点

催化反应器中装填的催化剂是SCR工艺的关键部件。用于SCR系统的催化剂主要有四类：贵金属催化剂、金属氧化物催化剂、沸石催化剂和活性炭催化剂。

贵金属催化剂主要有铂、钯、铑等，用 Al_2O_3 作为载体，制成球状或蜂窝状。这类催化剂具有很强的 NO_x 还原能力，但同时也加速了 NH_3 的氧化。目前这类催化剂主要用于天然气脱硝及低温SCR装置。

金属氧化物催化剂主要是氧化钛基 V_2O_5-WO_3（MoO_3）/TiO_2 系列催化剂。其次是氧化铁基催化剂，是以 Fe_2O_3 为基础，添加 Cr_2O_3、Al_2O_3、SiO_2 以及微量的MgO、TiO、CaO等组成，但这种催化剂的活性比氧化钛基催化剂的活性要低。

沸石催化剂是一种陶瓷基的催化剂，由带碱性离子的水和硅酸铝的一种多孔晶体物质制成丸状或蜂窝状。这类催化剂具有较好的热稳定性和高温活性。

活性炭也可作为SCR反应的催化剂，但在温度较高且有氧存在时容易燃烧，适宜的反应温度为100～150℃，由于反应温度较低，应用范围受到限制。

目前电厂常用的催化剂是 V_2O_5-WO_3/TiO_2 系列催化剂。

SCR催化剂结构形式有三种：平板式、蜂窝状和波纹板式，如图5-33所示。

平板式催化剂采用钢板作为骨架，表面涂敷活性催化剂后烧结成型，相对质量轻，比表

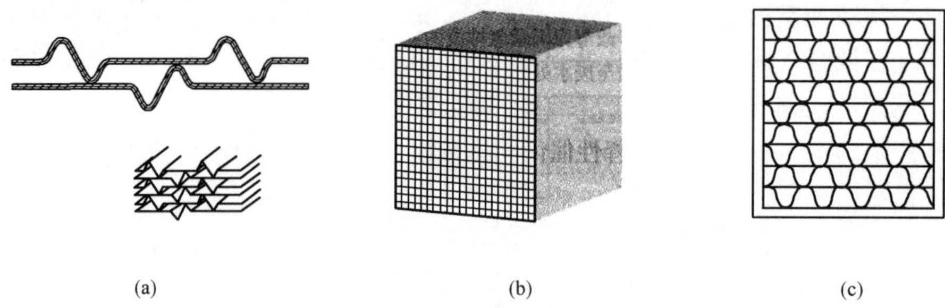

(a)　　(b)　　(c)

图 5-33　三种 SCR 催化剂结构形式

(a) 平板式；(b) 蜂窝状；(c) 波纹板式

面积小，与波纹板式催化剂、蜂窝状催化剂相比在处理的烟气量相同时，体积较大。在国外还用于垃圾焚烧炉后的尾气脱硝。

平板式和蜂窝状催化剂的主要成分与催化反应原理相同，只是结构形式有所区别。相比平板式催化剂，蜂窝状催化剂可通过更换挤出机模具方便地调节蜂窝的孔径，从而提高表面积，因此应用范围更宽；平板式催化剂在燃煤锅炉应用中有一定优势，发生堵塞的概率小，平板式催化剂中的30%应用在燃煤电厂。

波纹板式催化剂最大优点是质量轻，由于活性物质要比蜂窝状催化剂少70%，在粉尘的冲刷下当表面活性物质磨损流失后，催化剂活性下降较快，使用寿命较短，一般不太适合燃煤高灰脱硝，而在灰含量较低时的燃油和燃气脱硝中有较多应用。

用于燃煤电厂的3种类型催化剂的比较，见表5-8。

表 5-8　　催化剂类型比较

项　目	蜂窝状	平板式	波纹板式
催化剂活性	高	中等	中等
SO_2/SO_3 氧化率	高	高	较低
压力损失①	1.0	0.9	<1.0
抗腐蚀性	一般	高	一般
抗冲刷性	中等	高	中等
抗中毒性	高	中等	中等
防灰堵能力	差	很强	中等
耐热性	中（≈60℃/min)	中	高（>150℃/min)
比表面积	高	低	中等
空隙率	低	高	高
表面抗磨损力	高	低	很低
内部抗磨损力	高	低	很低
催化剂再生	非常有效	无效	无效
质量（催化剂+模块)①	<1.0	1.23～1.50	<0.9
空间	<1.0	1.20～1.24	<0.9
初始建设成本	中等	高	中等

① 蜂窝状为基准，其他为相对值。

目前国外生产脱硝催化剂的主要厂家有：美国康宁（Cormetech）公司，欧洲托普索（Topsoe）公司、巴斯夫（Ceram）公司、亚吉隆（Argillon）公司，日本日立（Hitachi）公司、日本触媒、触媒化成、日立造船（Hitz），韩国 SK 公司等。

根据国外经验，一般催化剂在初装 6 年后，需要将其中一层催化剂更换，再隔 3 年后需要将另一层更换。在此之后，催化剂需要每隔 3 年更换其中的一层。

为了满足烟气脱硝反应对温度的要求，通常将 SCR 反应器布置于锅炉省煤器和空气预热器之间。由于该区域烟气含尘量大，因此粉尘和其他组分将会对催化剂的性能产生以下影响：

(1) 催化剂的磨蚀。催化剂的磨蚀由于飞灰撞击催化剂表面而形成。磨蚀强度与气流速度、飞灰特性、撞击角度及催化剂本身特性有关。

(2) 催化剂的堵塞。由于氨盐及飞灰小颗粒沉积在催化剂小孔中，阻碍 NO_x、NH_3、O_2 到达催化剂活性表面，导致催化剂钝化。

(3) 砷中毒。由于烟气中的氧化砷（As_2O_3）扩散进入催化剂，并在活性和非活性区域固化。砷中毒与催化剂的毛细孔浓度有关。

(4) 碱金属(Ca、Na、K 等)中毒。碱金属和催化剂表面的活性组分接触，致使催化剂活性降低。

催化剂失效的因素与煤种密切相关，而我国各地区煤炭的品质差异很大（主要包括 As、Ca、Na、K、Mg、S、Cl 等元素含量；灰分的含量和特性），这就需要针对煤种来设计催化剂的组分和结构，以提高催化剂的适应性。

对于失效的催化剂，首先考虑的处理方式是催化剂的再生。催化剂的再生是把失去活性的催化剂通过浸泡洗涤、添加活性组分以及烘干的程序使催化剂恢复大部分活性。然而不是所有的失效催化剂都能够通过再生方式回用。如果失效催化剂不采用再生的方法回用，那么就应该对其进行废弃处理。目前对于蜂窝状 SCR 催化剂，一般的处理方法是把催化剂压碎后进行填埋。填埋过程中应严格遵照国家有关危险固体废物的填埋要求。对于平板式催化剂，除填埋方式外，由于其中含有不锈钢基材，还可以送至金属冶炼厂进行回收利用。

2. 还原剂的种类及特点

用于燃煤电厂 SCR 烟气脱硝的还原剂一般有 3 种：液氨、尿素和氨水。选择还原剂时需要从物理化学特性、安全性和经济性等方面综合考虑。

(1) 液氨的特性。液氨，即无水氨，为无色气体，有刺激性恶臭味，分子式 NH_3，分子质量 17.03，密度 0.771 4g/L，溶点－77.7℃，沸点－33.35℃，自燃点 651.11℃，蒸气相对密度 0.6，水溶液呈强碱性；属于高毒性、易燃危险品。

无水氨通常以加压液化的方式储存，液态氨转变为气态时会膨胀 850 倍。液态氨泄漏到空气中时，会与空气中的水形成云状物，不易扩散，对附近的人身安全造成危害。氨蒸汽与空气混合物的爆炸极限为 16%～25%（最易引燃浓度为 17%）。氨和空气混合物达到上述浓度范围遇到明火会燃烧和爆炸，如有油类或其他可燃性物质存在，则危险性更大。

人们长期暴露在氨气中，会对肺造成损伤，导致支气管炎；直接与氨接触会刺激皮肤、眼睛，使眼睛暂时或永久失明，并导致头痛、恶心、呕吐等，严重时会导致人死亡。

使用液氨投资和运行费用最节省，但液氨是国家规定的乙类危险物品，储量超过 40t 即被规定为重大危险源，因此储存与运输都需要经过相关部门审批。

(2) 尿素的特性。尿素的分子式为 $(NH_2)_2CO$，分子质量为 60.06，含氮量通常大于 46%，为白色或浅黄色的结晶体，吸湿性较强，易溶于水，水溶液呈中性。

用尿素作脱硝还原剂时，需要通过水解或热解的方法使尿素分解，产生氨气，然后才能送入催化反应器中。尿素用于 SCR 脱硝需要溶解为约 50%的水溶液后，水解或热解才能制得 SCR 所需的氨气，消耗蒸汽或燃料量高，因此尿素制氨系统复杂，初投资与运行费用高。

在考虑安全因素的情况下，一些火力发电厂使用尿素作为 SCR 还原剂，尿素无毒无害，并且是颗粒状，易于储存，化学性质稳定。利用尿素作还原剂时运行环境较为安全，因为尿素是经水解或热解后才转化为氨，从而可以避免在运输、储存过程中由于管路和阀门泄漏造成的危害。

(3) 氨水的特性。氨水即氨的水溶液，用于脱硝还原剂的氨水浓度为 20%～30%。

氨水也是危险品，不过比无水氨相对安全。氨水的水溶液呈强碱性，有很强的腐蚀性。当空气中氨气浓度在 15%～28%范围内时有爆炸的危险。

对于大机组氨用量大时，采用液氨较节省运行成本，但因液氨保存的不安全性，可采用氨水。对于小机组可采用氨水，其次为尿素，但后者运行成本较高。

以国内某 2×600MW 机组烟气脱硝工程为例，SCR 系统设计脱硝效率为 80%～90%，使用的还原剂为液氨，液氨的消耗量为 412～464kg/h，液氨市场价格（各地平均价格）在 2500 元/t 左右，则 SCR 系统每小时消耗 1100 元左右的液氨，这对电厂来说是一笔不小的运行费用。有资料显示，液氨作为还原剂的脱硝成本最小，氨水和尿素作为还原剂的成本分别是液氨的 1.5 倍和 1.8 倍。

四、SCR 的主要设备

1. 催化反应器

催化反应器是 SCR 装置的核心部件，是提供烟气中的 NO_x 与 NH_3 在催化剂表面上生成 N_2 和 H_2O 的场所。

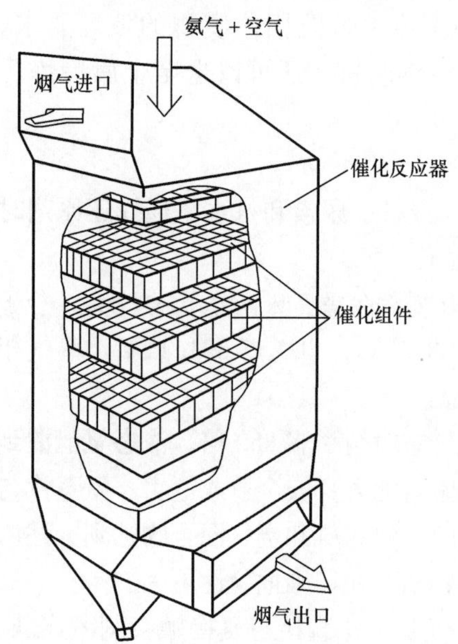

图 5-34 SCR 催化反应器结构

组件形式的催化反应器的内部一般结构，如图 5-34 所示，是由平板式、蜂窝状或波纹板式的催化剂元件制成的组件，排列在催化反应器的框架内构成催化剂层，以便于更换。烟气流经催化反应器的流速一般控制在 5m/s，为使烟气均匀流过催化剂层，入口通常还装设气流均布装置，在入口段及出口段设导流板，在催化反应器内部易于磨损的部位采取必要的防磨措施。催化反应器应能够承受足够的压力，能在温度低于 400℃的情况下长期工作。催化反应器应采取保温措施，使经过催化反应器的烟气温度变化小于 5℃。催化反应器内还安装吹灰装置，使烟气流动顺畅，避免催化剂堵塞，减小反应器阻力。合理的结构设计应能使烟气在进入第一层催化剂时速度偏差尽可能小，最大速度偏差为平均值的 15%；温度最大偏差在平均值的±10℃之内；烟气入射催化剂的最大角度（与垂直方向的夹角）为±10°。

2. 氨/空气混合器

氨气在进入喷氨栅格前需要在氨/空气混合器中充分混合，以保证经喷氨栅格喷入烟气中的氨的浓度分布足够均匀。氨/空气混合器的结构如图 5-35 所示，插入圆筒形混合器筒体内的两根喷氨管末端封闭，并在朝向空气流动方向的一面，分别均匀地开有 4 个供氨气流出的小孔。氨气从这些小孔中流出并与进入筒体的空气混合。

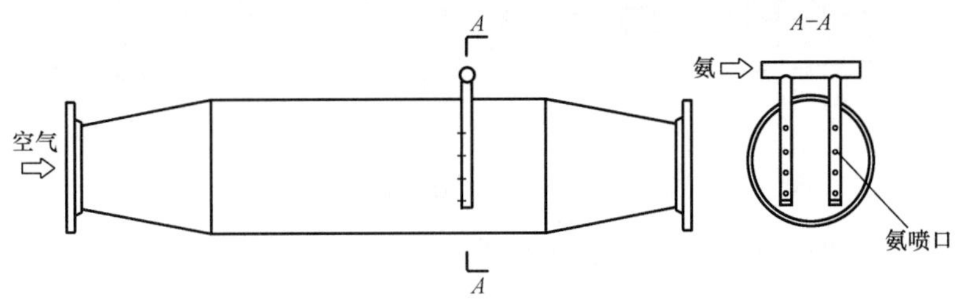

图 5-35 氨/空气混合器的结构

3. 喷氨混合装置

氨与空气混合后形成的氨—空气混合物再通过喷氨混合装置实现氨与烟气的均匀混合。这些装置包括喷射系统和混合导流装置等。喷射系统主要有喷氨栅格和涡流式混合器。

（1）喷氨栅格（ALG）。喷氨栅格是目前 SCR 系统使用较为普遍的喷射系统。典型的喷氨栅格结构如图 5-36 所示。喷射系统由 1 个给料总管和数个连接管组成。连接管给分配管供料，分配管给数个配有喷嘴的喷管供料。喷氨栅格一般由碳钢制成，安装在催化反应器入口的垂直烟道内。

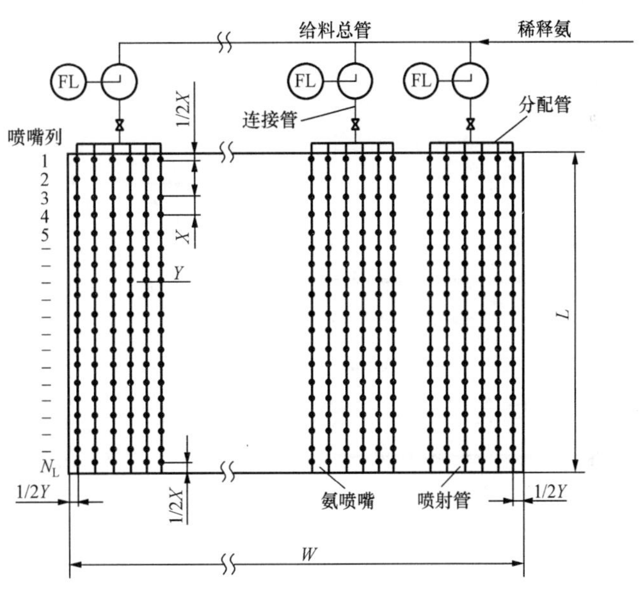

图 5-36 典型的喷氨栅格结构

传统的喷射栅格氨混合器长期运行会出现喷嘴堵塞现象，造成混合不均匀，而且系统调节复杂，已有许多改进产品。

奥地利 ENVIRGY 公司生产的 SCR 氨/空气喷嘴混合系统如图 5-37 所示。每个氨气喷嘴部分稀释氨气的流速都可通过 1 个安装在供气管道上的流量调节装置来调节；为确保氨气和烟气均匀混合，每个喷嘴的下游（沿烟气方向）都装有 1 个静态混合叶片。

（2）涡流式混合器。德国费赛亚巴高科环保公司（FBE）开发的涡流式混合器如图 5-38 所示，该混合器除了可优化烟气和氨混合状况，还具有以下优点：①减少注射孔；②降低喷嘴因氨中颗粒而形成堵塞概率；③控制简便，调试时间短；④压力损失小，节约装置用电。

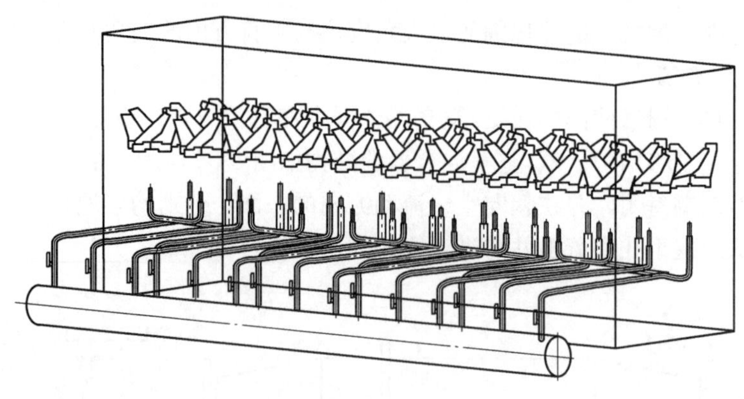

图 5-37　氨/空气喷嘴混合系统

五、选择性非催化还原（SNCR）脱硝技术

1. SNCR 工艺流程

典型的 SNCR 系统由还原剂储槽、还原剂喷枪以及相应的控制系统组成，如图 5-39 所示。因为 SNCR 系统不需要催化剂，因而初始投资相对于 SCR 工艺来说要低得多，运行费用与 SCR 工艺相当。

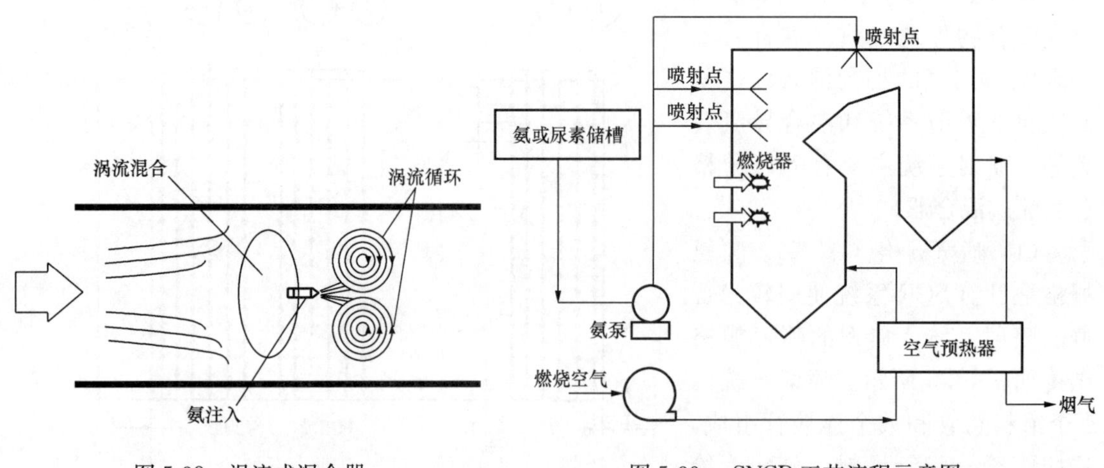

图 5-38　涡流式混合器　　　　图 5-39　SNCR 工艺流程示意图

同 SCR 工艺类似，SNCR 工艺的 NO_x 的脱除效率主要取决于反应温度、还原剂在最佳温度窗口的停留时间、混合程度、NH_3 与 NO_x 的摩尔比等。

SNCR 法的还原剂可以是 NH_3、尿素或其他氨基。但在用尿素作还原剂的情况下，其 N_2O 的生成几率要比用氨作还原剂大得多，可能会有高至 10%的 NO_x转变为 N_2O，这是因为尿素可分解为 HNCO，而 HNCO 又可进一步分解生成为 NCO，而 NCO 可与 NO 进行反应生成氧化亚氮

$$NCO+NO \longrightarrow N_2O+CO$$

通常可以通过比较精确的操作条件控制而达到削减 N_2O 生成的目的。另外，如果操作条件未能控制到优化的状态，也可排放出大量的 CO。在 1MW 循环流化床试验台进行的试验表明，采用尿素作还原剂时，在床温为 905℃，氨氮比约为 2.5 时，N_2O 会升高约

$50mg/m^3$。该试验结果还有待于在实炉上进一步验证。

2. 采用尿素为还原剂的 SNCR 系统组成

以尿素为还原剂的 SNCR 工艺原理见图 5-40。尿素首先被溶解制备成浓度为 50%的尿素浓溶液，尿素浓溶液经输送泵输送至炉前计量分配系统之前，与稀释水系统输送过来的水混合，尿素浓溶液被稀释为 5%～10%的尿素稀溶液，再经过计量分配装置的精确计量分配至每个喷枪，经喷枪喷入炉膛，进行脱除 NO_x 反应。

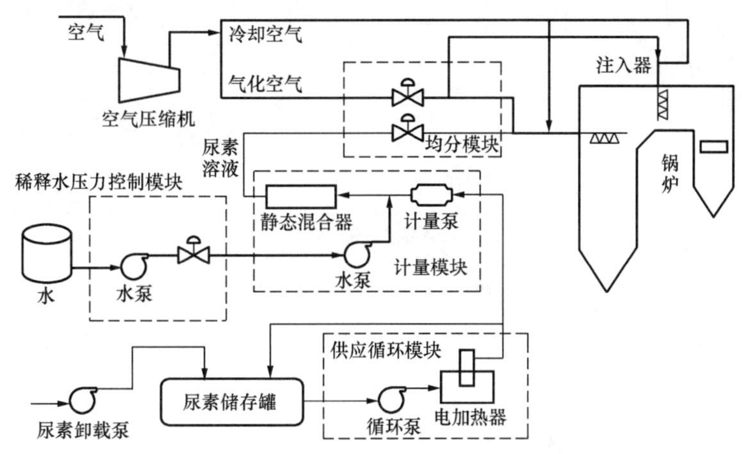

图 5-40 以尿素为还原剂的 SNCR 工艺原理

通常按模块可将以尿素为还原剂的 SNCR 工艺过程划分为供应循环模块、计量模块、分配模块、稀释水模块等。

以尿素为还原剂的 SNCR 烟气脱硝过程由以下四个基本过程完成：

(1) 固体尿素的接收和储存还原剂。

(2) 还原剂的溶解、储存、计量输出及水混合稀释。

(3) 在锅炉合适位置喷入稀还原剂。

(4) 还原剂与烟气混合进行脱硝反应。

喷枪是尿素添加设备的技术关键，喷枪的结构设计应该首先保证使尿素溶液具有良好的雾化效果，其次应考虑喷枪本身处于高温部位，应具有良好的耐热性能，不易烧损。典型的喷枪结构见图 5-41，其主要参数：最大空气压力为 0.4MPa，尿素溶液最大压力为 0.4MPa，最大空气流量为 $120m^3$（标）/h，尿素溶液流量为 0.42～$4.2m^3/h$，气水体积比为 28.6，喷射角度为 60°。

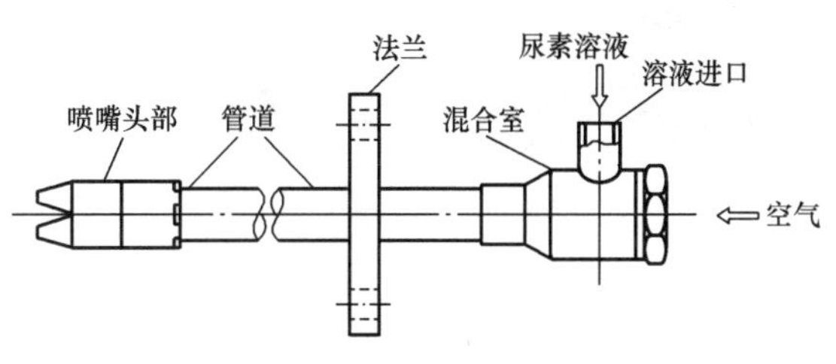

图 5-41 典型的喷枪结构

图 5-42 给出了广州瑞明电力股份有限公司 2×125MW 机组 SNCR 脱硝系统组成。

用尿素作为还原剂的 SNCR 系统在 CFB 锅炉上应用的典型实例是秦皇岛秦热发电有限公司 2×300MW CFB 锅炉，SNCR 系统分四个喷射区域将尿素溶液喷入旋风分离器入口烟道内，喷枪及管路的布置见图 5-43。SNCR 系统的脱硝效率为 73.43%，最大脱硝效率可达

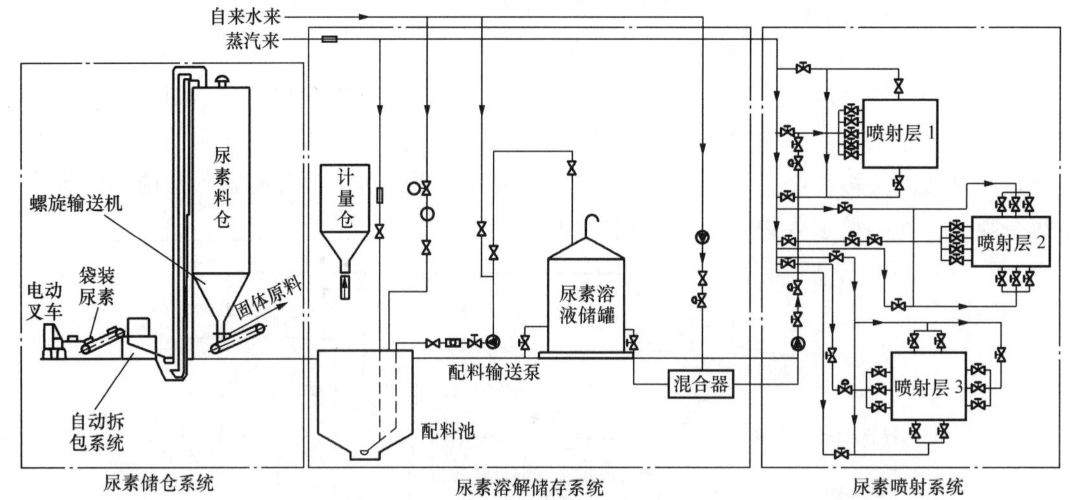

图 5-42　广州瑞明电力股份有限公司 2×125MW 机组 SNCR 脱硝系统组成

82.96%，脱硝效率与氨氮比的关系见图 5-44，锅炉的 NO_x 排放值可降低到 37mg/m^3（标况）左右（见图 5-45）。

图 5-43　SNCR 系统的喷枪及管路布置

图 5-44　脱硝效率与氨氮比的关系

3. 采用液氨为还原剂的 SNCR 系统组成

以液氨为还原剂的 SNCR 工艺原理见图 5-46。纯氨系统含有储氨罐，用于存储液氨，氨罐槽车将液氨运送至工厂内，通过卸载管线进行卸氨，氨罐和氨蒸发器构成一个循环回路，通过加热液氨使其蒸发后回到氨储罐，维持其上部氨蒸气的量。氨蒸气从储罐顶部被抽出，经过调压后送往锅炉脱硝。为了保证喷入的氨气有足够的穿透力，需要使用特殊的氨气喷枪，确保足够的氨气动量。根据布置在系统出口处的连续检测装置所测得的排放数据来控制从氨储罐抽出的氨蒸气量。在氨蒸气被喷入炉膛之前用空气将其稀释为浓度小于 10%的混合物（一般为 5%～10%），氨和空气的流量都由流量计测量监视，通过适合的控制阀来

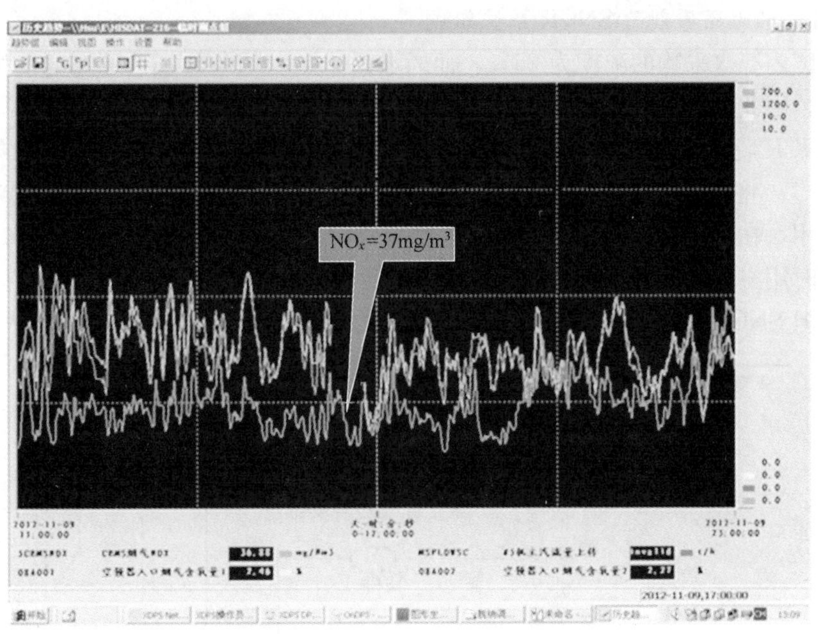

图 5-45　300MW CFB 锅炉 NO_x 排放值

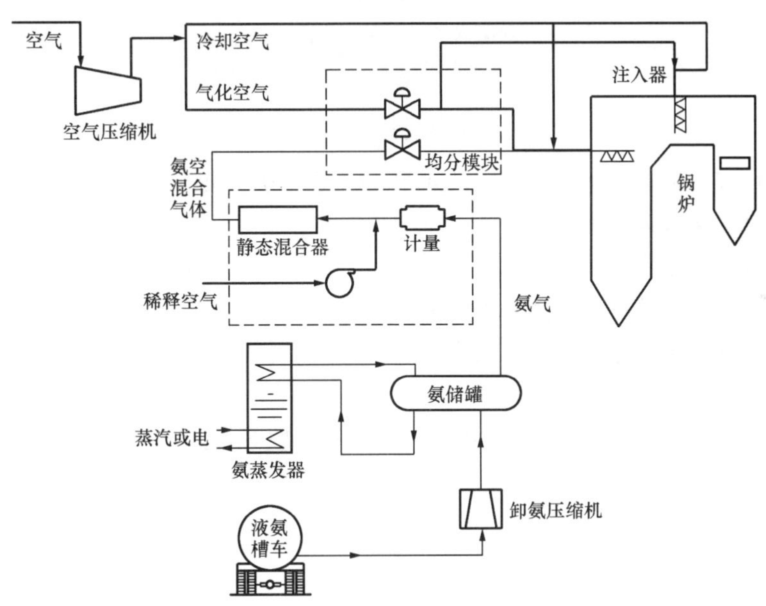

图 5-46　以液氨为还原剂的 SNCR 工艺原理

实现精确控制。

以液氨为还原剂的 SNCR 烟气脱硝过程由以下四个基本过程完成：

(1) 液氨的接收和储存还原剂。

(2) 还原剂的蒸发及空气混合稀释。

(3) 在锅炉合适位置喷入稀释后的还原剂。

(4) 还原剂与烟气混合进行脱硝反应。

4. 采用氨水为还原剂的 SNCR 系统组成

目前，国内氨水采购的浓度为 25%，而燃煤锅炉氨水 SNCR 工艺还原剂使用 20%左右浓度的氨水，因此使用时首先对氨水进行稀释，后续工艺则和尿素 SNCR 工艺基本相同。

氨水 SNCR 脱硝系统由氨水卸载系统、存储系统、计量系统、分配系统及氨水泵等构成，见图 5-47。将水溶氨储存在储罐中并保持常温常压，用泵将其从储罐送到喷嘴处喷入炉内即可使用，在喷嘴处用压缩空气来雾化水溶氨，用控制阀组来调节喷嘴的流量，当不需要喷水溶氨时用空气对系统进行吹扫。氨水溶液运输和处理方便，不需要额外的加热设备或蒸发设备，但 SNCR 的氨水浓度较小，所以氨水的运输成本及储罐系统容量较大。

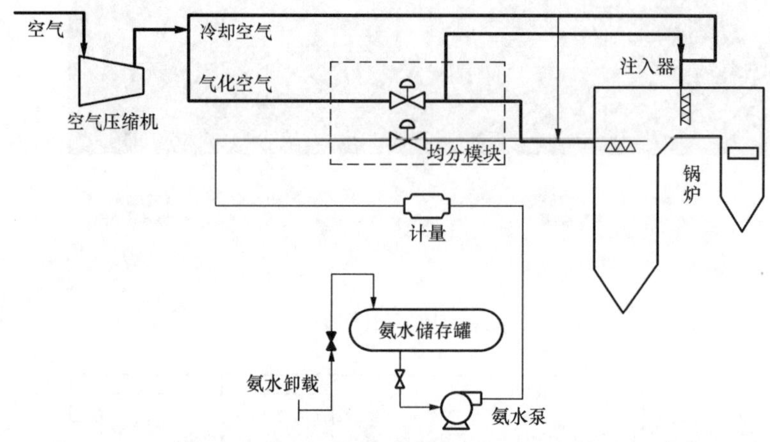

图 5-47　以氨水为还原剂的 SNCR 工艺原理

以氨水为还原剂的 SNCR 烟气脱硝过程由以下四个基本过程完成：

(1) 氨水的接收和储存还原剂。

(2) 还原剂的泵送及计量。

(3) 在锅炉合适位置喷入稀释后的还原剂。

(4) 还原剂与烟气混合进行脱硝反应。

第六节　烟气中汞的排放与脱除

汞是一种在生物体内和食物链中具有永久累积性的有毒物质，也是全球性循环元素，会对人类生态环境产生一定影响。

汞作为一种大气污染物得到全球越来越多的关注，而燃煤电厂已经成为全球最大的人为汞排放源，约占汞排放总量的 33%。世界范围内煤中汞含量一般在 0.012～0.33mg/kg，平均汞含量约为 0.13mg/kg，我国煤中汞的平均含量为 0.22mg/kg。

目前，我国除对垃圾焚烧炉和其他与汞相关的化工生产规定了控制排放标准外，针对燃煤锅炉，我国标准规定汞的最高允许排放浓度为0.03mg/m^3。但随着日趋严格的环保要求，燃煤重金属特别是对汞的污染控制日益受到重视。

经过 10 余年的研究，对燃煤电厂汞的形成、分布、排放和脱除方面已具有一定程度的了解，但仍然有许多未知领域等待深入研究。以后的研究方向为：①汞的均相和多相氧化机理，因汞控制技术的发展依赖于理论上的突破；②采取适当措施促进现有烟气净化装置的除汞能力；③ 烟气中喷活性炭技术需降低成本，提高汞脱除率以及对各种电厂的适用性；④汞被飞灰或活性炭吸附后的稳定性；⑤ 继续研发低于现有技术成本的汞脱除工艺。

一、烟气中汞的形态分布

汞的形态分布受到煤种及其成分、燃烧器类型、锅炉运行条件（如锅炉负荷、过量空气系数、燃烧温度、烟气气氛、烟气成分、烟气冷却速率、烟气在低温下停留时间等）以及除尘脱硫系统的布置等多种因素的影响。

我国储煤中汞的分布不均匀，而且煤种、产地不同，汞的含量差别也很大，大约为0.308～15.9mg/kg，其中，褐煤中汞的含量通常较少。煤中汞的存在形态可分为无机汞、有机汞，其中无机汞由于其较强的亲硫特性而主要分布在黄铁矿中。

研究表明，烟气中汞的形态分布主要与燃煤中氯元素含量和温度的影响有关。有数据显示，不同电厂向大气排放汞量相差较大，可变范围占燃煤中总汞含量的10%～90%。总体而言，约40%的汞迁移到飞灰中被除尘装置捕捉或存在于湿法洗涤装置的浆液中，约60%的汞随烟气排入大气。

煤在锅炉内燃烧时，在炉膛内高于800℃的高温燃烧区，煤中的汞几乎全部转变为元素汞（Hg^0）并停留在烟气中。在烟气流向烟囱出口的过程中，随着烟气温度的逐步降低，烟气中大约1/3的Hg^0与烟气中其他成分发生反应，形成Hg^{2+}的化合物，也有部分Hg^0被飞灰残留的炭颗粒所吸附或凝结在其他亚微米飞灰表面上，形成颗粒态的汞，但大部分仍然停留在气相中，如图5-48所示。

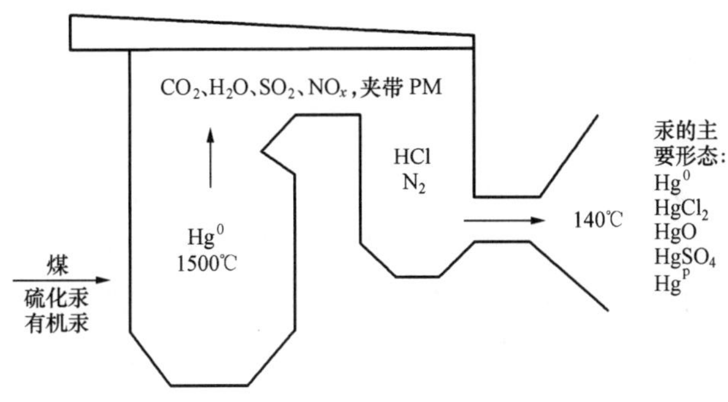

图5-48 燃煤电厂锅炉烟气中汞的主要形态分布

汞以何种化学形式释放是影响大气汞沉积形式和数量的一个关键因素。目前国内外一致认为，燃煤电厂燃烧释放的汞主要有3种形式：单质汞（Hg^0）、氧化态汞（Hg^{2+}）和颗粒态汞（Hg^P），总称为总汞（Hg^T）。许多二价汞易溶于水，能被湿法烟气脱硫（WFGD）循环液吸收，吸收效率可达69%。颗粒态汞也能很好地被除尘器捕捉下来，电除尘器（ESP）脱汞的效率是50%，布袋除尘器脱汞的效率可达80%以上。单质汞难溶于水，也不能被现有设备有效捕捉，在大气平均停留时间达0.5～2年之久，因此单质汞的控制成为现今燃煤电厂汞排放控制的重点和难点。

二、燃煤烟气中汞的测量方法

1. 安大略法

安大略法（Ontario Hydro Method，OHM）是一种标准的测量烟道气中汞浓度及其形态分布的测试方法，也是被美国环保署（EPA）和能源部（DOE）等机构推荐的汞测试分析的标准方法。OHM 标准汞浓度取样系统如图 5-49 所示，采样系统从烟气流中等速取样，取样管线的温度维持在 120 ℃以上。取样系统主要由石英取样管及加热装置、过滤器（玻璃纤维滤筒）、吸收瓶（置于冰浴中）、流量计、真空泵等组成。颗粒态汞由位于取样枪前端的玻璃纤维滤筒捕获，氧化态汞由 3 个盛有 1mol/L KCl 溶液的吸收瓶收集，元素汞由 1 个装有 HNO_3（体积分数为 5%）$+H_2O_2$（体积分数为 10%）和 3 个装有 $KMnO_4$（质量分数为 4%）$+H_2SO_4$（体积分数为 10%）溶液的吸收瓶收集，最后由盛有干燥剂的吸收瓶吸收烟气中的水分。取样结束后，进行样品恢复，并对煤样、灰样和各吸收液样品进行消解；最后用冷蒸汽原子吸收光谱法（CVAAS）分析检测样品中的汞浓度。该方法的特点是精度高，可用来校核汞连续式分析仪。

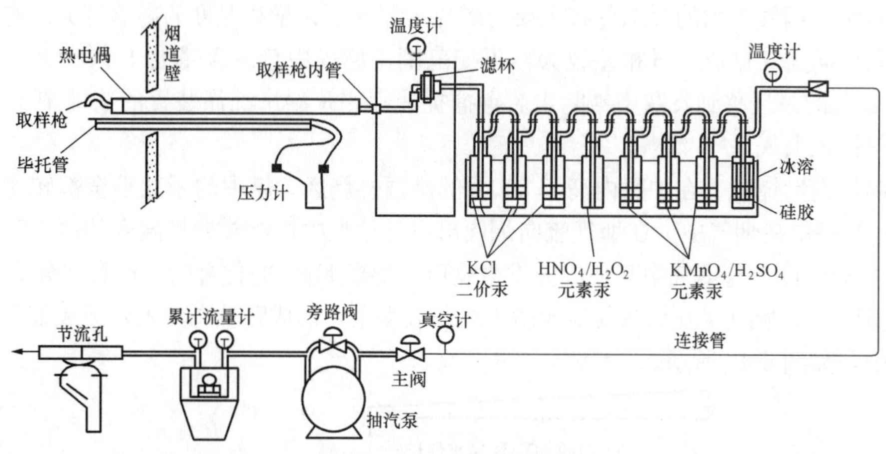

图 5-49　OHM 标准汞浓度取样系统

采样结束后，将各吸收液和石英纤维滤纸分别按照 OHM 法进行样品的恢复和消解后采用 XGY21011A 型原子荧光光谱仪来测定其汞含量。样品测定时同一样品重复测量 3 次，测量结果取平均值。试验中吸收、消解和分析所用化学试剂均为优级纯。最后用冷原子荧光光谱法（CVAFS）分析测定样品中汞的浓度。

2. 汞连续式分析仪

汞连续式分析仪（Continuous Emission Monitor，CEM）主要由两部分组成，即预处理/转化单元和分析单元。

(1) 预处理/转化单元。使烟气中的汞在金制元件上预富集/释放，提高分析气体中的汞浓度；通过湿化学（$SnCl_2$）或干式热催化还原法将烟气中的二价汞转化为单质汞，进入分析单元。

(2) 分析单元。测定采样烟气中的汞含量，使用的技术主要有 CVAAS、CVAFS 等。

作为 CEM 的示例，图 5-50 给出了 Semtech Hg 2000 分析仪（瑞典）的示意图。Semtech Hg 2000 分析仪为一个可连续监测 Hg^0 的塞曼—可调式 CVAAS。Semtech Hg 2000 分析仪还配备在线还原单元，因此可连续监测烟气中的总汞。还原单元中将还原性溶液 $SnCl_2$ 压入取样探针中，并与还原性溶液一起通过混合螺旋管以使气—固相接触的时间达到最大，从而保证 Hg^{2+} 能完全转化为 Hg^0。随后，冷却气液分离器将烟气干燥，并送至分

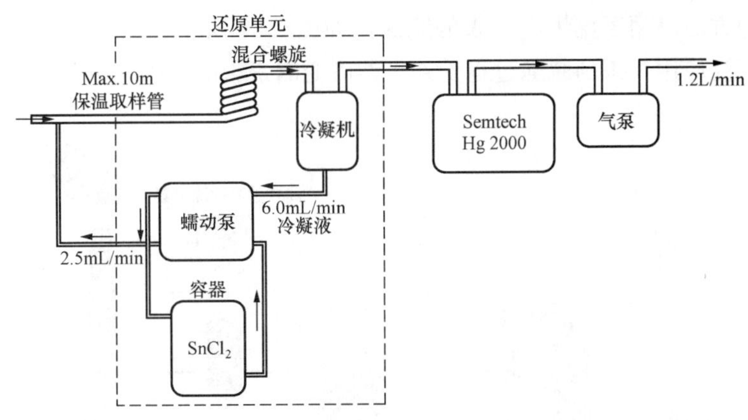

图 5-50 Semtech Hg 2000 分析仪的示意图

析单元进行分析。Semtech Hg 2000 分析仪可通过调试来消除烟气样品中 SO_2、碳氢化合物、颗粒物对检测结果带来的影响。该在线分析仪的量程为 0.3～20mg/mHg。美国能源和环境研究中心（EERC）实际检测发现，Semtech Hg 2000 分析仪和 OHM 法测量总汞和 Hg^0 的偏差在 0～10%。

另外，固体样品（煤、飞灰等）中的颗粒汞可采用 LecoAMA254 颗粒汞分析仪测量，该分析仪的测量范围为 0.05～600ng。

三、汞形态转化

影响汞形态转化的因素具有很大的不确定性，通过研究燃烧过程中汞的反应机理，可验证试验结论并可从理论上进行深入分析。化学热力学模型是较早运用于预测汞形态分布的一种理论分析方法，在燃烧和气化过程中，可建立多组分气体条件下汞形态随温度的迁移转化模型，利用系统吉布斯自由能最小原则，进行化学热力学平衡计算。烟气温度高于 750℃时，气态 Hg^0 是最主要的热力学稳定形式；烟气温度小于 430℃，HCl 含量较高时，汞主要以 $HgCl_2$ 形式存在；在 430～750℃，气态 Hg^0 和少量 HgO 共存。Hg^{2+} 化合物的形成与 O_2、NO_x 的存在以及 Hg^0 与飞灰颗粒中氯化物之间的反应等有关。

热力学计算结果揭示了汞各种形态形成的基本反应途径，但它仅能粗略估计系统在某一平衡状态下的主要产物分布，而在许多情况下系统中组分浓度都会偏离平衡值。例如，热力学计算认为，除尘装置入口处（温度低于 450℃）汞应以 $HgCl_2$ 形式存在；但荷兰 14 个燃煤电厂测试数据表明，$HgCl_2$ 含量只有计算预测值的 30%～95%。

在一定时间范围内使系统趋于平衡的决定因素是反应动力学，将此机理引入汞形态分布的研究，有助于了解主要的反应路径并精确描述系统内化合物的生成与反应速度。近几年，各国学者对汞的化学反应动力学开展了研究；提出了一系列均相氧化反应机理，包括 8 个 Hg/ Cl 基元反应，并利用过渡态理论，估算了相应的动力学参数；用量子化学从头计算 MP2 方法，给出了 Hg/O 基元反应，但还缺少其他众多气体成分与汞之间的反应模型；对于飞灰表面吸附的烟气组分及飞灰矿物成分与汞之间的复杂多相反应的机理仅有初步了解，认为汞的多相反应机理模型更接近实际化学过程。飞灰吸附汞和活性炭吸附汞非常相似，因此了解飞灰表面化学反应的机理，有助于利用汞价态间的转化对汞进行控制。

四、控制汞排放的方法

目前有多种方法可用于燃煤电厂汞的脱除，如图 5-51 所示，但还没有任何一种非常成熟的技术得到广泛应用。汞的脱除过程受到多种可变因素影响，因而极其复杂。

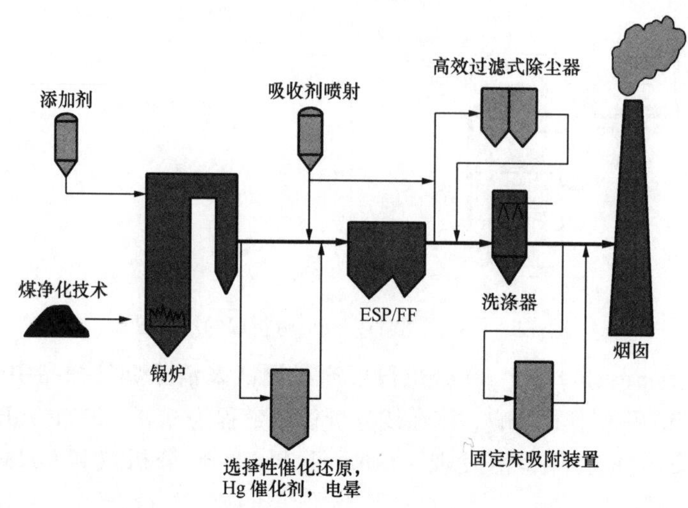

图 5-51　火力发电厂汞排放控制技术的多种方案

1. 洗选煤技术

煤中汞一般与灰分、黄铁矿等结合在一起，洗选煤技术可去除大部分硫化铁硫和其他矿物质，同时除去原煤中部分汞。该技术简单而成本低。常规物理洗选煤技术对原煤中汞的去除率为 0～60%，可变性很大，其与煤种、洗选技术有关。

2. 现有污染物控制装置的除汞性能

利用现有污染物控制设备对汞进行控制，可提高设备利用率，降低控制成本。例如，利用现有的烟气清洁装置（FGC），可实现对汞、SO_2、NO_x 等污染物的联合控制。

烟气中固相汞大多存在于亚微米颗粒中，一般电除尘器（ESP）对这部分粒径范围的颗粒脱除效率很低，所以电除尘器的除汞能力有限。与热侧电除尘器相比，冷侧电除尘器除汞效果较好，可获得 27%的平均除汞效率，而热侧只有 4%。布袋除尘器（FF）在脱除微细粉尘方面，有其独特的效果，可获得 58%的平均除汞效率。通过回归分析，美国电力研究所（EPRI）发现煤中较高的含氯水平有助于提高除尘装置的汞捕捉率，而对于冷侧电除尘器，煤中较高的硫元素含量可能会降低汞捕捉率。

通过对荷兰燃煤电厂汞排放持续 25 年的监测显示，不同烟气净化装置的平均脱汞效率如下：

(1) 冷态 ESP 脱除 50%的汞。

(2) 冷态 ESP＋WFGD 脱除 75%的汞。

(3) 冷态 ESP＋WFGD＋DE NO_x（SCR）脱除 90%的汞。

由于 Hg^{2+} 化合物易溶于水，因此湿法烟气脱硫系统（WFGD），可除去约 90%的 Hg^{2+}，而对 Hg^0 没有明显的脱除，这可能是烟气中某些金属（V、Ni 等）的催化作用促进了 $Hg^{2+} \longrightarrow Hg^0$ 的化学转变过程。美国 B＆W 和 MTI 公司研究在湿法烟气脱硫过程中加入一种少量的液体试剂，可显著增加 WFGD 系统的汞捕捉率。在 Michigan 州和 Cincinnati 州电厂中间试验中，分别获得了平均 77%和 52%的除汞率，其差异在于所用煤中汞含量不同以及烟气冷却阶段某些气相反应的影响。另外，利用 WFGD 加强汞脱除，对脱硫塔运行以及脱硫副产物填埋或出售几乎无影响。

在喷雾干燥脱硫系统（SDA）中，可除去约 90%的 Hg^{2+}。SDA 系统中如果采用布袋除尘器，同样对气态 Hg^0 也有显著的捕捉功效，平均汞脱除率为 38%，汞脱除率随煤中 Cl 含量高低而有较大变化。

选择性催化还原法（SCR）可将氮氧化物还原为氮气，还可有效促进 Hg^0 氧化。德国电厂的试验测试发现，烟气通过 SCR 反应器后，Hg^0 所占份额从其入口处的 40%～60%降低到 2%～12%。美国能源和环境研究中心（EERC）的中试表明，燃用高 Cl 烟煤时通过 SCR 后颗粒态汞有显著增加，燃用低 Cl 亚烟煤则无明显变化。在 SCR 过程中汞的化学反应可能与煤中的 Cl、S、Ca 含量及 SCR 运行温度、烟气中氨浓度等因素有关。

3. 飞灰再注入

燃煤过程中产生的飞灰可吸附一部分气态汞，飞灰对汞的吸附主要通过物理吸附、化学吸附、化学反应以及三者结合的方式。将飞灰重新注入烟气中可进一步捕集汞，中试表明，将飞灰再注入后通过布袋除尘器除尘，在 135～160℃时，汞脱除率随含碳量增加而升高，在 13%～80%范围内变化。目前认为飞灰吸附主要受温度、飞灰粒径、碳含量、烟气成分以及飞灰无机成分对汞的催化作用等因素影响。

在模拟烟气气氛中模拟飞灰成分，如 Al_2O_3、SiO_2、Fe_2O_3、CuO、CaO，发现多种金属氧化物对 Hg^0 的催化氧化有不同程度影响，如 CuO 和 Fe_2O_3 促进 Hg^0 的吸附。实际电厂飞灰对 Hg^0 氧化的影响比模拟飞灰过程复杂。

用扫描电镜 SEM 分析飞灰表面性质，发现飞灰表面汞富集区域与该处的碳含量有直接关系。利用飞灰吸附方法脱除汞可减少 80%的活性炭使用量，但飞灰中碳含量过高（大于 1%），会限制飞灰作为混凝土添加剂的商业应用，这一点不利于飞灰再注入技术的发展。

4. 喷入活性炭

在烟气中喷入活性炭是研究最为集中且最为成熟的一种除汞方法。目前的研究规模主要有固定床小型试验和中间试验等。

模拟烟气固定床试验主要研究影响活性炭吸附的因素，其结果为：

(1) 温度升高可降低活性炭平衡吸附量；随 Hg^0 和 $HgCl_2$ 入口浓度的增加，活性炭平衡吸附量呈线性上升趋势，这与物理吸附机理一致。

(2) 活性炭粒径决定最小 C/Hg 比例。传质计算表明，烟气中 Hg 浓度（标准状态）约 $10\mu g/m^3$，C/Hg 比为 10 000，要达到 90%汞脱除率，需活性炭平均粒径为 $4\mu m$ 或均衡粒径 $7\mu m$。一般活性炭粒径为 $9\sim15\mu m$，理论上传质速率要受到限制。

(3) 烟气水分含量一般在 5%～12%，水分对吸附的影响微乎其微。

(4) 烟气中 HCl、NO_x、SO_2 等气体中不同组分和含量对 Hg^0 吸附产生一定影响。HCl、NO 与 NO_2 单独或组合能促进吸附效率，SO_2 和 NO_2 共存时，反而会产生抑制作用。

(5) 不同煤种制成的活性炭，在孔隙性质方面基本相当，但吸附水平有差异，这与烟气温度、Hg^0 浓度、酸性气体成分含量等有关。

(6) 运用化学方法在活性炭表面渗入硫或者碘，可提高吸附效率。如每克注碘活性炭的平衡吸附 Hg 容量为 507～8530μg，其随 Hg^0浓度和烟气温度不同而变化。注硫活性炭与一般活性炭相比具有更高的吸附容量，吸附容量的大小与注硫方式（注硫试剂采用单质硫或 H_2S）及注硫处理温度等有关。另外，用含氮物质、$CaCl_2$、$CuCl_2$等其他无机物质对活性炭进行处理，也可提高活性炭吸附容量。

中试的目的在于研究燃用不同煤种时汞的排放水平、达到一定汞脱除率所需活性炭喷入量，以及对投资和运行成本进行评估。试验结果表明：

(1) 在不同条件下汞脱除率有明显差异（汞脱除效率 10%～95%）。

(2) 相同条件下，注碘或注硫活性炭的吸附性能好于一般活性炭。

(3) 对于除尘装置，与 ESP 相比，布袋除尘器滤布表面形成的粉尘层会促进吸附剂表面的气固反应，从而在较低的 C/ Hg 比例下可获得较高的汞脱除率。

活性炭吸附法脱除烟气中的汞可以通过两种方式进行：一种是在颗粒脱除装置前喷入活性炭，吸附了汞的活性炭颗粒通过除尘器时被除去；另一种是使烟气通过活性炭吸附床，但如果活性炭颗粒太细会引起较大的压降。图 5-52 所示的活性炭喷射方式比较有应用潜力。在静电除尘器（ESP）前喷射活性炭，可以吸收烟气中的汞，吸收了汞的活性炭颗粒被 ESP 捕获，实现燃煤烟气的汞排放量降低。

如图 5-53 所示，ESP 前喷射活性炭时，烟气中汞的脱除率随活性炭喷射量的变化而变化。由图 5-53 可见，在没有进行活性炭喷射的情况下，已有近 50%的汞被 ESP 脱除，这是未燃尽的飞灰残碳对汞的吸附结果。据分析，被脱除的汞中 Hg^{2+}占了很大比重；活性炭喷射量小于 $200\times10^{-6}kg/m^3$ 时，汞的脱除率随喷射量的增加而急剧增加；喷射量大于 $200\times10^{-6}kg/m^3$ 时，汞的脱除率稳定在一个高于 90%的水平。

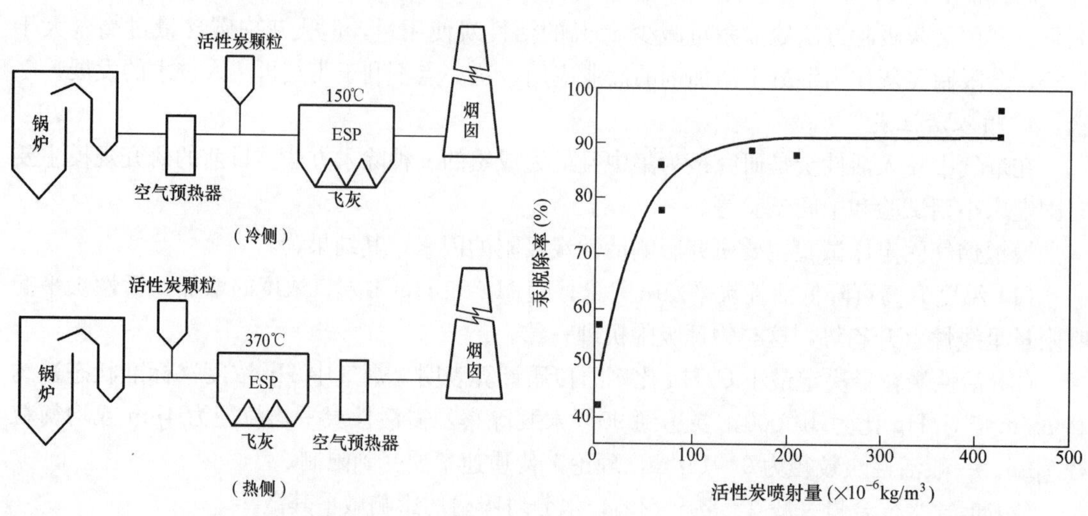

图 5-52　活性炭喷入方式

图 5-53　ESP 前活性炭喷入量与汞脱除率的关系

除活性炭外，还有研究利用其他物质作为汞吸附剂，如钙基吸附剂[CaO、Ca $(OH)_2$、$CaCO_3$、$CaSO_4\cdot2H_2O$ 等]单独使用或与飞灰混合、沸石、紫外线(UV)照射下的 TiO_2等对气态汞也有很好的捕获作用。美国 Power span 公司开发的电子催化氧化法(ECO)，能同时对 NO_x、SO_2、汞、小颗粒物质及其他痕量元素进行控制；Mercap 吸附汞技术以金、银、锌等材料作为吸附滤网，可吸附大量金属汞和含汞化合物，且高温气流可对其进行脱附，脱附后吸附剂可以重新再利用，汞以及化合物可以回收。

第七节 活性炭联合脱除技术

活性炭是一种具有优异吸附和解吸性能的含碳物质，具有稳定的物理化学性能。活性炭孔隙结构优良，比表面积大，吸附其他物质的性能优异，且具有催化作用，一方面能使被吸附的物质在其内孔隙内积聚；另一方面又能在一定条件下将其解吸出来，并保持碳及其基团的反应能力，使活性炭得到再生。

活性炭干法烟气净化工艺基本不用水，完全没有二次污染，基本不存在系统的腐蚀问题，无须烟气加热，而且可以用 1 套设备同时脱硫、脱硝、脱重金属、细微颗粒物（PM）、二噁英和有毒有机物（如多氯联苯、呋喃）等多种污染物，SO_2 脱除率可达到 98%以上，SO_3 脱除率可高达 98%，NO_x 的脱除率在 80%左右，因而近年来受到世界广泛重视，并得到快速发展。

一、活性炭联合脱硫脱硝工艺

图 5-54 所示为活性炭联合脱硫脱硝工艺流程，它主要由吸附、解吸与硫回收三部分组成。

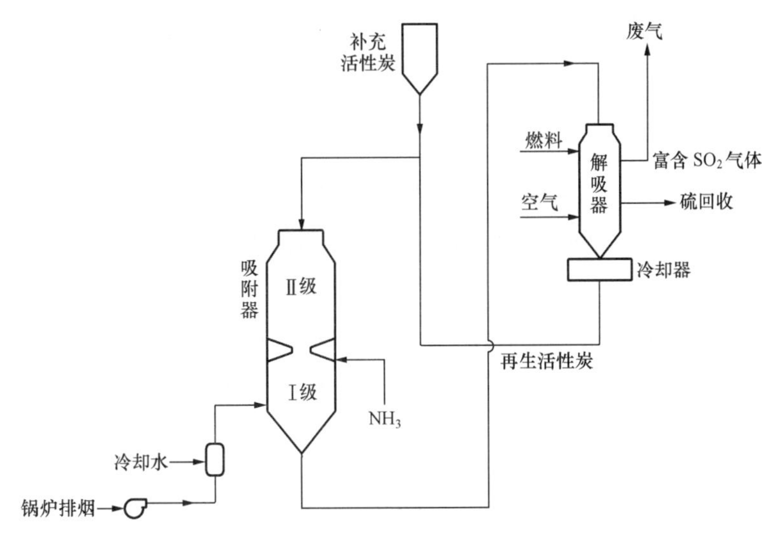

图 5-54 活性炭联合脱硫脱硝工艺流程

由于活性炭可以直接吸收烟气中的 SO_2，脱除烟气中的 NO_x 则需要喷氨，氨对 SO_2 同样也有脱除作用，因此，SO_2 脱除反应需在喷氨脱除 NO_x 之前，以减少氨的消耗。吸附器内分为上、下两级炭床，活性炭在重力的作用下，从第二级的顶部下降至第一级的底部。锅炉的排烟烟气经过除尘器后，在进入器之前，一般需要喷水来冷却至 90～150℃，烟气自下而上流过吸附器的第一级和第二级炭床。

第一级炭床的主要作用是脱除 SO_2，烟气流经第二级炭床时，再喷入氨除去 NO_x。净化后的烟气由烟囱排入大气。吸附了 H_2SO_4、NH_2HSO_4 和 $(NH_4)_2HSO_4$ 后的活性炭被送至解吸器，在有外界热源加热至 400℃左右的条件下进行再生。

在活性炭解吸过程中，SO_2 气体从解吸器中释放出来，再通过化工过程转化为元素硫或硫酸，再生后的活性炭经冷却后再循环回来，与补充的活性炭一起送入吸附器。

（一）活性炭吸附与解吸的原理

1. 活性炭吸附

在第一级炭床中，烟气中的 SO_2 被活性炭的表面所吸附，并在活性炭表面催化剂的催化作用下被氧化成 SO_2，SO_2 再与烟气中的水分结合形成硫酸，活性炭的吸附和催化反应的动力学过程很快，该阶段的反应为

$$SO_2+\frac{1}{2}O_2 \longrightarrow SO_3$$

$$SO_2+H_2O \longrightarrow H_2SO_4$$

同时，在第一级炭床中，占烟气 NO_x 总量约 5%的 NO_2 几乎全部被活性炭还原成 N_2，反应如下

$$2NO_2+2C \longrightarrow 2CO_2+N_2$$

在烟气进入第二级炭床前，与喷入混合室的氨混合，烟气中的 NO 与氨发生催化还原反应生成 N_2 与 H_2O，其主要反应如下

$$6NO+4NH_3 \longrightarrow 5N_2+6H_2O$$

在第二级炭床中还发生以下各级反应

$$6NO+8NH_3 \longrightarrow 7N_2+12H_2O$$

$$2NO+2NH_3 \longrightarrow 2N_2+3H_2O$$

$$NH_3+H_2SO_4 \longrightarrow NH_4HSO_4$$

$$2NH_3+H_2SO_4 \longrightarrow (NH_4)_2HSO_4$$

2. 活性炭解吸

在解吸器中吸附了 H_2SO_4、NH_4HSO_4 和 $(NH_4)_2SO_4$ 的活性炭在约 400℃的条件下，进行解吸和再生，解吸器导出的气体产物为富含 SO_2 的气体。解吸后的活性炭经冷却与筛分后，大部分还可以重复循环使用。解吸过程的化学反应如下

$$H_2SO_4 \longrightarrow H_2O+SO_3$$

$$(NH_4)_2SO_4 \longrightarrow 2NH_3+SO_3+H_2O$$

$$SO_3+C \longrightarrow 2SO_2+CO_2$$

$$3SO_3+2NH_3 \longrightarrow 3SO_2+3H_2O+N_2$$

（二）脱硫副产品利用途径

活性炭联合脱除工艺在脱硫过程中通过解吸再生工艺获得高浓度 SO_2气体（干基体积比达 20%～30%），当 SO_2 气体与强还原剂（如 H_2S、CH_4、CO 等）接触时，可被还原成元素硫。

另一种可选择的回收途径是利用 SO_2 的还原性，将 SO_2 与强氧化剂接触或在有催化剂及氧存在的条件下，氧化成 SO_3，再溶于水，制取硫酸。

二、活性焦联合脱除技术

(一) 工艺流程

活性焦是一种特殊的活性炭，其机械强度比活性炭大，价格比较便宜，也被广泛用于工业废气的净化。

活性焦是以煤炭为原料生产的一种吸收剂，是原煤在较低温度（600～700℃）下热解的产物，由原煤经过粉化、配比、成形、焦化、活化等多道工序生产而成。半焦采用活化的方法，如水蒸气活化，可使孔隙结构得到改善，比表面积和孔容积大幅度增加，成为和活性炭性质相类似的碳基多孔物质，可以用作吸收剂。对于不同的吸附对象，其原料配比和工艺参数不一样。火力发电厂烟气脱硫工艺使用的活性焦如图 5-55 所示，是一种直径为 5mm（或 10mm）、长度为 3～10mm 的圆柱形颗粒，其综合强度高，比表面积小，具有很好的脱硫性能，并可反复使用。

图 5-55 火力发电厂烟气脱硫工艺使用的活性焦

图 5-56 所示为活性焦联合脱硫脱硝工艺流程，该工艺最早于 1987 年应用于德国某燃煤锅炉的烟气净化。

该工艺的吸附部分由两级错流式移动塔组成，上面一级脱硝，下面一级脱硫。锅炉烟气经过除尘后先进入脱硫塔脱硫，脱硫后的烟气与喷入的氨混合，进入脱硝塔脱硝，之后经烟囱排入大气。活性焦自上而下从脱硝塔缓慢移动至脱硫塔，饱和了 SO_2 的活性焦排出后经筛分，粒度合格的送入解析塔再生，不合格的可送入锅炉燃烧。解析塔解析出的富含 SO_2 气体的干基体积比达 20%～30%，送入硫回收单元制成产品出售。解析再生后的活性焦再经过筛分，合格的重新送回脱硝塔进入下一个循环。为弥补活性焦的机械损失和化学损失，需要补充一定量的新鲜焦。

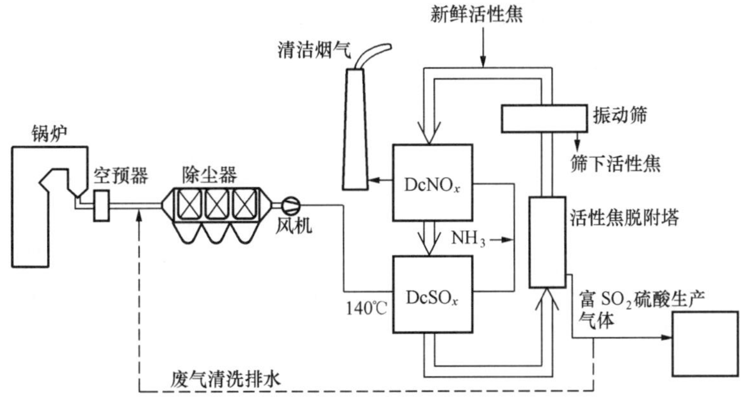

图 5-56 活性焦联合脱硫脱硝工艺流程

国外已运行或拟建的活性焦干法烟气净化装置见表 5-9。由表 5-9 可知，德国阿茨博格（Arzberg）电厂 237MW（107MW+130MW）机组活性焦烟气脱硫装置于 1987 年投产，现已运行近 20 年，运行情况稳定可靠。日本新矶子（Shin Isogo）电厂 2×600MW 机组于 1996 年开工，2002 年 1 号机组投产发电，2 号机组 2009 年投产，烟气净化装置运行可靠，可连续运行 1 个锅炉设备大修周期，主要技术经济指标见表 5-10。

表 5-9 国外已运行或拟建的活性焦干法烟气净化装置

项　目	烟气类型	处理烟气量 (m^3/h)	进口 SO_2 (mg/m^3)	脱硫效率 (%)	进口 NO_x (mg/m^3)	脱硝效率 (%)	投运年份
日本大牟田发电厂	燃煤烟气	3×10^4		98		80	1984
若松电厂常压循环流化床	燃煤烟气	1×10^4					1985
新日本制铁株式会社	烧结机烟气	90×10^4					1987
日本出光兴产株式会社	重油分解废气	23.6×10^4	828	90	205	70	1987
德国阿茨博格电厂	燃煤烟气	45.1×10^4	3997	98～99.6	368	60	1987
德国阿茨博格电厂	燃煤烟气	65.9×10^4		98～99.6		60	
德国 Hoec Hst 公司	燃煤烟气	32.3×10^4	2548	92	920	78	1989
日本久保田铁工厂	焚烧炉烟气	3.2×10^4		100	205	60	1994
日本电力发展公司（EPDC）	燃煤烟气	116.3×10^4	143	98	513	80	1995
韩国浦项制铁集团公司	烧结机烟气	135×10^4					2001
日本新矶子电厂	燃煤烟气	200×10^4	1364	95		20～40	2002
澳大利亚博思格钢铁公司	烧结机烟气			97			2004
韩国现代制铁株式会社	烧结机烟气	140×10^4					2010
韩国现代制铁株式会社	烧结机烟气	180×10^4					2013
韩国仁丘 2×300MW 电厂	燃煤烟气	140×10^4					2015
美国电子工业公司 2×600MW	燃煤烟气	200×10^4					2017

表 5-10 日本新矶子（Shin Isogo）电厂主要技术经济指标

项　目	单位	数值
机组容量	MW	2×600
脱硫效率	%	95
占地面积	m^2	12 000
烟气量	m^3/h	200×10^4
脱硫装置入口 SO_2 排放浓度	mg/m^3	1364
脱硫装置出口 SO_2 排放浓度	mg/m^3	37.2
粉尘浓度	mg/m^3	10
工艺用水量	t/h	约 3

注 表中烟气量、SO_2浓度、NO_x浓度、粉尘浓度等值均为标准状态下数值。

在国家 863 计划的支持下，上海克硫环保科技股份有限公司在贵州宏福实业开发有限总公司的自备热电厂建成了活性焦烟气脱硫装置，这是国内首台投运的活性焦烟气脱硫工业装置。该自备热电厂现有 2 台 75t/h 循环流化床锅炉，设计燃煤量 30t/h，燃用贵州当地煤，煤中含硫量高达 4.5%以上，烟气量 178 000m^3/h，排烟温度 160℃左右。贵州宏福实业开发有限总公司是我国最大的磷化工企业，生产中需要大量的硫酸，采用活性焦脱硫工艺回收的 SO_2 全部用于生产硫酸，形成了一环保产业链，该工程工艺流程见图 5-57。脱硫装置布置在锅炉引风机之后，对 160℃左右烟气降温至 120℃导入吸附塔，净化后的烟气经引风机排入大气。吸附二氧化硫的活性焦依靠自身重力落入再生塔，用蒸汽将其加热到 400℃左右进行再生。活性焦采用空气冷却至120℃以下，产生的热空气用于预热活性焦，从而实现能量回收；再生塔排出的活性焦经筛分后，由斗式提升机送回吸附塔，脱硫获得的高浓度二氧化硫（干基体积比大于20%）气体由高温离心风机抽出，送入工业硫酸生产装置。

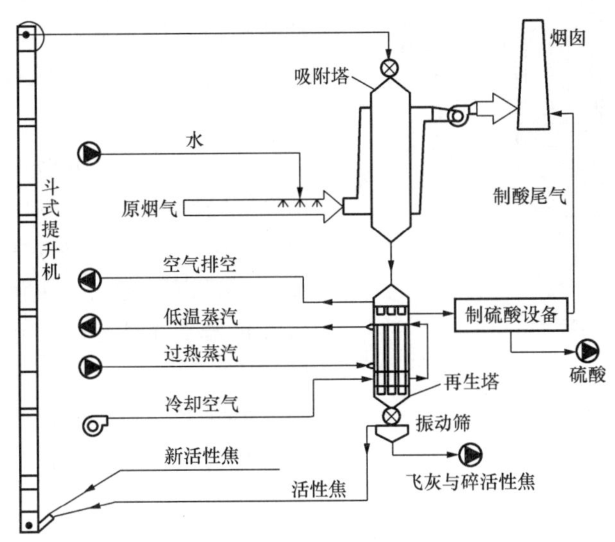

图5-57 贵州宏福实业开发有限总公司自备热电厂活性焦脱硫工艺流程

国内已建或拟建的活性焦干法烟气净化装置，见表5-11。

表5-11 国内已建或拟建的活性焦干法烟气净化装置

项 目	烟气类型	处理烟气量（m^3/h）	功能	投运年份
江西铜业集团公司	冶炼废气	120×10^4	脱硫脱汞	2009
神华胜利电厂2×600MW锅炉	燃煤烟气	269.5×10^4	脱硫	2014
太钢不锈钢股份有限公司	烧结机烟气	160×10^4	脱硫脱硝脱汞	2010
宝钢湛江有限公司	烧结机烟气	280×10^4	脱硫脱硝脱汞	2013
金川有色金属公司	冶炼废气	120×10^4	脱硫脱汞	2013

（二）600MW机组活性焦烟气脱硫方案

600MW机组活性焦烟气脱硫工艺采用1炉配置1套脱硫装置，每套脱硫装置分为4个单元，单元工艺流程见图5-58，主要包括烟气系统、SO_2吸附系统、解析再生系统、活性焦输送系统、蒸汽（或电）加热系统和副产品加工系统。

烟气自每台锅炉引风机出口烟道引出，进入烟气脱硫（FGD）系统，经增压风机进入吸附塔，脱硫净化后的烟气通过烟囱排入大气。吸附二氧化硫的活性焦通过活性焦输送系统进入再生反应器，用电将其加热到400℃左右完成再生。再生反应器排出的活性焦经筛分后，由斗式提升机送回吸附塔，脱硫获得的高浓度二氧化硫气体由高温离心风机抽出，送入工业硫酸生产装置。

脱硫系统解析出的高浓度SO_2气体首先经配套的化工车间处理，然后采用成熟的硫酸制备工艺，生产出纯度为98%的工业硫酸。

660MW机组活性焦干法烟气脱硫工艺与石灰石—石膏湿法烟气脱硫工艺技术经济比较见表5-9，表中有关数据说明如下：

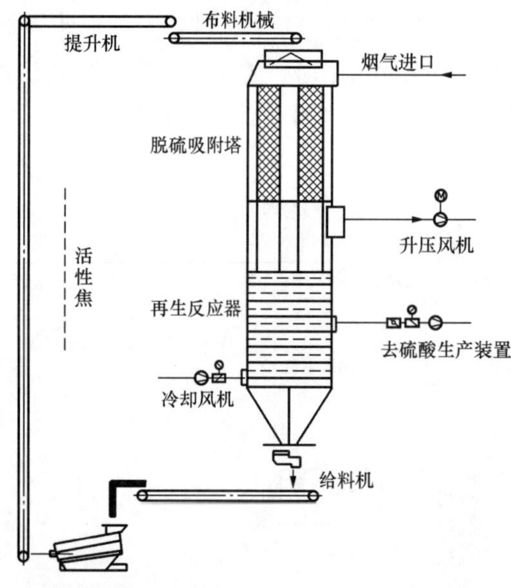

图 5-58　活性焦烟气脱硫单元工艺流程

(1) 煤质按设计煤种考虑，年运行时间按 5500h 计算。

(2) 湿法烟气脱硫投资按 2006 年定额标准，未考虑脱硝设施费用；年脱硫总费用含初期准备活性焦和副产品加工厂投资的折算费用；活性焦烟气脱硫投资按技术引进、国产设备考虑。

(3) 国内硫酸市场价格按 500元/t 考虑，活性焦价格按5000元/t计算，石灰石粉价格按 160元/t 计算，当地水价按 0.56元/t、电价按 0.132元/kWh 考虑。脱硫人员按 15 人考虑，每人每年工资按 5 万元计，福利按工资的 60%计。

根据表 5-12，活性焦干法烟气脱硫工艺与石灰石—石膏湿法烟气脱硫工艺相比，主要优缺点如下：

(1) 转动设备少，维护工作量小。

(2) 脱硫过程不用水，适用于水资源缺乏地区。

(3) 烟气脱硫反应在 120～140℃下进行，不需要对出口烟气加热。

(4) 脱硫剂可再生循环利用，其以煤炭为原料生产，适合我国煤炭丰富的国情。

(5) 副产品有更广泛的利用途径。

(6) 在脱硫的同时还能脱硝及脱除有害重金属。

(7) 具有良好的环保性能，所产生的废物极少，不会对环境造成二次污染。

(8) 初投资和脱硫电价成本均较高。

表 5-12　两种烟气脱硫工艺技术经济比较

项　目	单位	活性焦干法	石灰石—石膏湿法
机组容量	MW	2×660	2×660
含硫量	%	0.45	0.45
FGD 入口干烟气量	m^3/s	624	624
FGD 入口烟气温度	℃	139	139
烟囱入口烟气温度	℃	139	88
脱硫效率	%	95～98	>95
脱销效率	%	> 75	0
除尘效率	%	70	50
运行初期准备活性焦量	t	9240	0
脱硫剂消耗	t/h	2×0.7（活性焦）	2×10.5（石灰石粉）
水耗	t/h	0	215
电耗	kW/h	18 000	19 200
脱硫副产品		94%～98%硫酸	石膏

续表

项目	单位	活性焦干法	石灰石—石膏湿法
二次污染		满足国家排放标准	严重
设备维护费用		低	高
占地面积	m^2	12 000	13 695
工程投资估算	万元	46 200	19 800
单位造价	元/kW	350	150
运行初期准备活性焦量	t	9240	0
运行初期准备活性焦费用	元/a	231	0
脱硫剂年消耗量	t/a	7700（活性焦）	115 500（石灰石粉）
脱硫剂年消耗费用	万元/a	3850	1848
年耗电量	MW/a	9900	105 600
年电耗费用	万元/a	1306.8	1393.9
年耗水量	t/a	0	1 182 500
年耗水费用	万元/a	0	66.22
人工费	万元/a	234	234
大修提存费（动态投资×2.5%）	万元/a	1293	503
年折旧费用（静态投资/15年）	万元/a	3447	1200
财务费用（还贷）	万元/a	1985.4	741.82
年产硫酸量	t/a	约 5.5×10^4	0
硫酸年收益	万元/a	−2750	0
年脱硫总费用	万元/a	9771.2	5986.94
脱硫成本电价	万元/MWh	14.5	8.9

注 表中烟气量、SO_2浓度、NO_x 浓度、粉尘浓度等值均为标准状态下数值。

第八节 电子束联合脱除技术

电子束联合脱除技术是一种物理与化学相结合的新技术，是在电子加速器的基础上逐渐发展起来的烟气净化技术。

一、电子束照射法脱硫脱硝工艺流程

电子束照射法脱硫脱硝工艺流程主要由排烟冷却塔、供氨设备、电子束发生装置以及副产品收集器组成，如图 5-59 所示。锅炉排出的高温烟气经过电除尘器后，进入冷却塔，在冷却塔中由喷雾水冷却至脱硫脱硝反应的合适温度（65～70℃）。然后根据硫化物、氮氧化物的浓度定量注入所需的氨气，再导入反应器。在高能电子束的照射下，烟气中的 N_2、O_2 和水蒸气等在极短的时间内发生辐射反应，生成大量的离子、自由基、原子、电子和各种激发态的原子、分子等活性物质，它们将烟气中的 SO_2 和 NO_x 氧化为 SO_3 和 NO_2。这些高价的硫氧化物和氮氧化物与水蒸气反应成雾状的硫酸和硝酸，这些酸再与共存的氨进行中和反应，生成硫铵和硝铵。最后通过电除尘器收集气溶胶形式的硫铵和硝铵，净化后的烟气由烟囱排入大气，副产品经造粒处理后可作化肥销售。

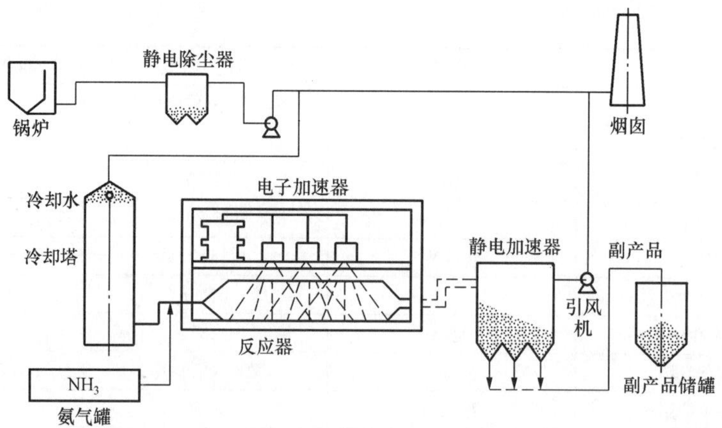

图 5-59　电子束烟气处理工艺流程

电子束照射法脱硫脱硝工艺的脱硫效率为 80%～94%，脱硝率达 80%以上。

1997 年，四川成都热电厂与日本荏原制作所合作建成了电子束处理装置，最大处理量为 300 000m^3/h（相当于 90MW 机组）。

二、电子束照射法脱硫脱硝技术原理

电子束照射法脱硫脱硝工艺利用电子加速器产生的高能等离子体氧化烟气中的 SO_2 和 NO_x 等气态污染物，经电子束照射，烟气中的 SO_2 和 NO_x 接受电子束而强烈氧化，在极短时间内（约 10^{-5}s）被氧化成硫酸和硝酸，这些酸与加入的氨（其量由烟气中的 SO_2 和 NO_x 的浓度确定）反应生成 $(NH_4)_2SO_4$ 和 NH_4NO_3 的微细粉粒，粉粒经捕集器回收作农肥，净化气体经烟囱排入大气。电子束照射法脱硫脱硝技术原理如图 5-60 所示。

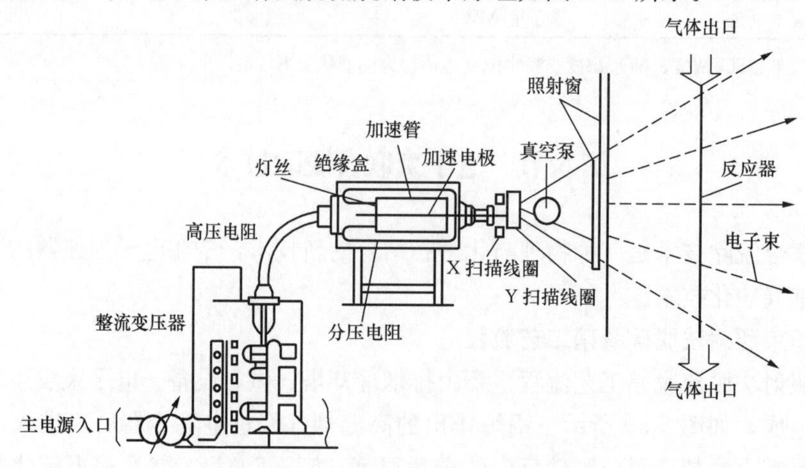

图 5-60　电子束照射法脱硫脱硝技术原理

脱硫脱硝整个反应大致可分为 3 个过程进行：

(1) 生成具有氧化活性的物质。由于高速电子束照射在反应器内，具有很高能量的电子与烟气中的主要成分 N_2、O_2、H_2O 分子碰撞反应，生成了氧化力很强的 OH、O、HO_2 等活性物质。

(2) SO_x 和 NO_x 的氧化。生成的氧化活性物质将 SO_x 和 NO_x 氧化成雾状硫酸和硝酸分子，即

$$SO_x \xrightarrow[H_2O]{OH+O} H_2SO_4$$

$$NO_x \xrightarrow[H_2O]{OH+O} HNO_3$$

(3) $(NH_4)_2SO_4$ 和 NH_4NO_3 的生成。生成的硫酸和硝酸与掺入烟气中的氨中和反应生成微粒状。$(NH_4)_2SO_4$ 和 NH_4NO_3 微粒从反应器进入收尘装置，在短时间内颗粒凝聚长大则被分离回收。

电子束工艺的静态投资略低于湿法工艺，在不考虑副产品利用的情况下，电子束工艺的运行费用是湿法工艺的 2 倍左右。在考虑副产品利用的情况下，两者处理费用相差无几。

电子束联合脱除工艺的主要缺点是系统电耗高，例如，成都热电厂 200MW 机组采用电子束烟气脱硫系统后，仅主要设备用电已使厂用电率提高 3.46%。

电子束烟气脱硫工艺所存在的主要问题在集尘器上，由于燃煤烟气经电子束脱硫后，烟气及烟尘的物理、化学特性发生了很大的变化，故对电除尘器的运行产生很大影响，如二次电流为零、除尘性能恶化等。反应生成的副产品 $(NH_4)_2SO_4$ 和 NH_4NO_3 因烟尘带入而含有微量的重金属元素，但分析表明其浓度符合有关规定。

第九节 除 尘 器

电站锅炉在 2007 年以前普遍采用的高效除尘器有静电除尘器和袋式除尘器两种，从 2008 年开始随着电袋除尘器的投运，近几年静电除尘、电袋除尘及布袋除尘三种技术并存。

一、静电除尘器

1. 工作原理及结构

静电除尘器（Electro Static Precipitator，ESP）是利用强电场使气体电离，粉尘荷电，并在电场力作用下分离、捕集粉尘的装置，也称电除尘器。

在图 5-61 所示的电除尘器的箱体内，有规律地布置曲率半径不等的两种电极，并通以高压直流电，形成场强分布不均匀的电场，使负极线产生电晕放电，从而使电场空间充满负电荷。当向箱体内通入含尘气体时，粉尘颗粒会吸附离子而带电，并在电场力作用下向阳极板沉积，完成烟气的净化。

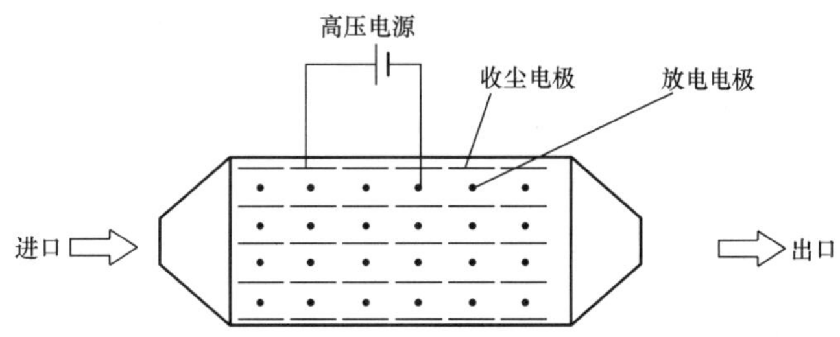

图 5-61 电除尘器简图

静电除尘器由高压供电自动控制装置和静电除尘器本体两部分组成。

高压供电自动控制装置根据气体和粉尘性质，随时调整供给静电除尘器的最高电压，使之保持在稍低火花放电的平均电压下运行。它包括变压器、高压整流和电压自动控制系统。

其中高压整流和电压自动控制系统的技术发展很迅速。高压整流经历了机械、电子管和固态（氧化铜、硒）整流几代产品后，现已普遍采用硅整流器；电压调整则经历了电阻调压、感应调压、饱和电抗和可控硅调压的发展过程。目前，工业上已普遍采用新型的供电装置，如调幅移相调压的高压整流装置、高压脉冲电源、微机控制电源等。

静电除尘器本体是完成气体净化过程的场所。如图 5-62 所示，它包括壳体、进出口烟箱及其气流均布装置、集尘极、放电极及其振打清灰系统等。放电极曲率半径很小（或尖刺），置于由薄钢板压制而成的集尘极之间并接负极性高电压，形成极不均匀的电场，放电极处电场强度很高，产生电晕放电形成大量负离子向集尘极运动。含尘气体进入电场后，由于碰撞和扩散作用使粉尘带上负离子而呈负极性，在库仑力作用下趋向接地的集尘极（见图 5-63）并沉积在其表面，由定期振打清灰使沉积的粉尘落入灰斗，集中后输送出本体外，净化的气体由出口烟箱排出。

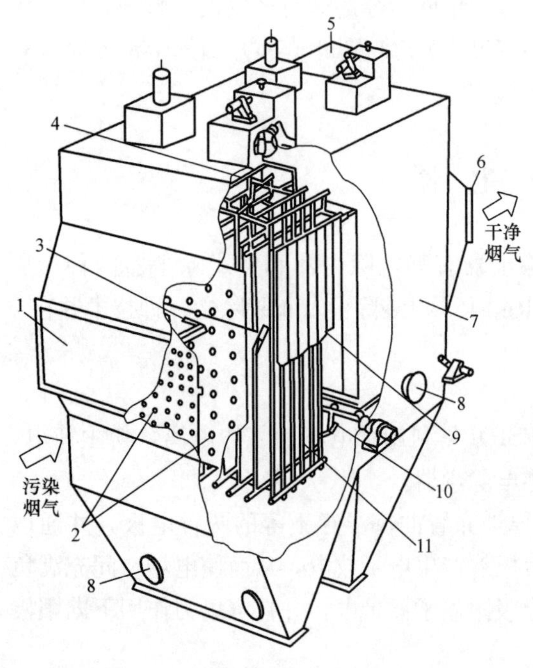

图 5-62　静电除尘器本体结构

1—电极板；2—电晕线；3—瓷绝缘支座；4—石英绝缘管；5—电晕线振打装置；6—阳极板振打装置；7—电晕线吊锤；8—进口第一块分流板；9—进口第二块分流板；10—出口分流板；11—排灰装置

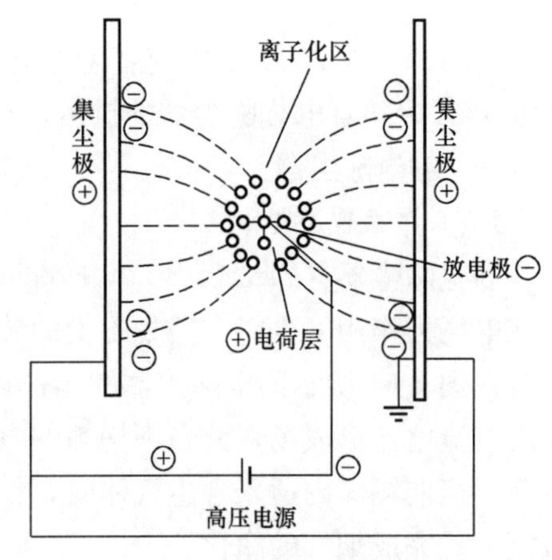

图 5-63　静电除尘器原理图

静电除尘器根据气体流动方向分立式、卧式；按集尘极形式分管形、板形；按放电极的极性分负电晕、正电晕；按粉尘的荷电与分离区的空间分布分为单区、双区；根据清灰方式分干式、湿式。火力发电厂一般采用负电晕、板形、卧式、干式清灰、单区静电除尘器。

静电除尘器的主要特点是：除尘效率较高，通常可达到 99%以上的除尘效率，阻力损失小（Δp=100～300Pa），能耗少（0.2～0.6kWh/10^3m^3），耐高温（$t\leqslant$350℃）；缺点是：

一次性投资高，耗钢量大，对粉尘的特性敏感，最适宜的粉尘比电阻范围为$10^4\sim5\times10^{10}\Omega\cdot cm$，此范围以外则应采取一定的措施才能取得必要的除尘效率。由于除尘机理的限制，除尘效率按指数曲线变化，后级电场的收尘量少，细颗粒粉尘捕集较难。

除尘效率常用多依奇（Deutsh）公式表示，即

$$\eta=1-\exp\left(-\frac{A}{Q}W\right) \tag{5-6}$$

式中　η——除尘效率，%；

A——极板投影面积，m^2；

Q——处理烟气量，m^3/s；

W——粉尘的驱进速度，m/s。

通常，燃煤电厂在满足以下条件时可考虑选用电除尘器：

(1) 煤质稳定。在电除尘器运行过程中，煤的碳、硫、水分、灰分变化不大，灰成分中SiO_2、Al_2O_3、Fe_2O_3、Na_2O含量也变化不大。

(2) 根据设计者的经验，极板比集尘面积(A/Q)小于$120m^2/(m^3\cdot s)$时能达到所要求的排放浓度的场合。因为当比集尘面积大于$120m^2/(m^3\cdot s)$时其技术经济性便不如电袋除尘器或布袋除尘器。

【例 5-1】　某台电除尘器，入口烟气含尘浓度为$50g/m^3$（标况），要求出口排放浓度为$45mg/m^3$（标况），即除尘效率99.91%，粉尘在电场运动的驱动速度为0.07m/s，若电除尘器为四电场，试计算各电场除尘效率及收集的粉尘量。

解　由多依奇公式得

$$\frac{A}{Q}=\frac{-\ln(1-\eta)}{W}=100$$

则每个电场的比集尘面积为$25\ m^2/(m^3\cdot s)$，相应的除尘效率及收集的粉尘量见表5-13。

表 5-13　　**各电场收集的粉尘量**

电场	—	一	二	三	四	总计
比集尘面积	$m^2/(m^3\cdot s)$	25	25	25	25	
除尘总效率	%	82.6	97	99.475	99.91	
电场收集的粉尘量	g/m^3（标况）	41.3	7.2	1.237 5	0.217 5	49.995

将表5-13的计算结果绘制成曲线，则得到如图5-64所示的除尘效率与比集尘面积的关系曲线。

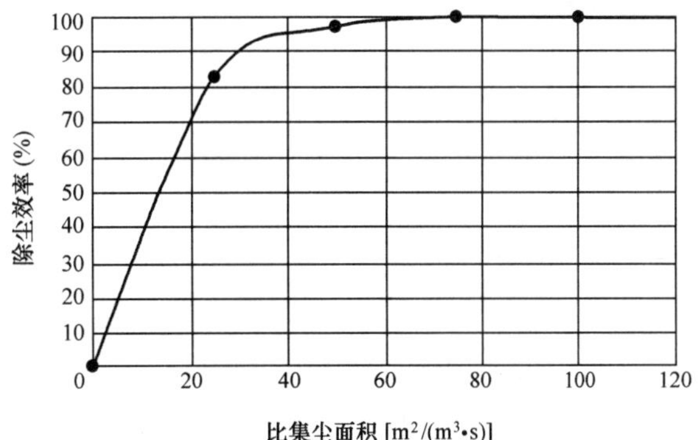

图5-64　除尘效率与比集尘面积的关系曲线

2. 技术参数选择

(1) 电场烟气流速。从设计来说，电场烟气流速选择过高，在相同电场长度下烟尘的停留时间就短，振打清灰过程中易引起二次扬尘，且相同烟气量下电除尘器的有效断面就小。当锅炉燃煤发生变化，很难保证烟尘排放浓度不超

标。反之，电场烟气流速选择过低，则会增加电除尘器的有效截面，从而加大成本。通常情况下电除尘器主要技术参数选择范围见表 5-14。

表 5-14　电除尘器主要技术参数选择范围

设计效率（%）	<99	99.0～99.3	99.3～99.5	>99.5
电场烟气流速（m/s）	0.9～1.2	0.9～1.1	0.8～1.1	0.7～1.0
比集尘面积[$m^2/(m^3 \cdot s)$]	>50	>60	>70	>80
驱进速度（m/s）	<0.1	<0.085	<0.075	<0.065
所需的电场数	3	3～4	4～5	4～6

（2）比集尘面积。在锅炉燃烧普通煤种和常规烟气条件下，推荐的比集尘面积见表 5-14。

特别值得注意的是，当灰中 $Al_2O_3>30\%$，$(SiO_2+CaO+Al_2O_3)>90\%$，$(Na_2O+K_2O)<1\%$，$\eta>99.5\%$时，$A/Q>100m^2/(m^3 \cdot s)$，甚至 $A/Q>120\ m^2/(m^3 \cdot s)$。

（3）驱进速度。驱进速度的选择相当复杂，应考虑的因素也相当多，表 5-14 仅给出通常条件下不同除尘效率与驱进速度的实际取值范围。

（4）电场长度和电场数。通常情况下，单电场长度为 3.5～4.0m，不宜太长（采用分区供电除外）。当单电场长度超过 4.0m 后，虽然电场长度增加，但是收尘效率几乎不变，这是因为收尘极板的利用率降低，使收尘极板发挥不了应有的收尘作用。因此，尽量选择短电场，而不宜采用长电场、少电场数的做法。除尘效率与所需的电场数参见表 5-14。

（5）板线配置。对于收尘极板的要求是：①刚性好；②有合理的防二次扬尘结构；③收尘极板厚度大于 1.5mm；④极板长度小于 15m；⑤扎制成型，平面度、垂直度符合标准要求。对于放电极线的要求是：①起晕电压低；②放电强度高；③点放电、线放电和面放电与电场位置、烟尘性质匹配合理；④结构合理，不断线；⑤传力明确，振打清灰效果好。此外，对除尘器前面电场希望放电极线配置为：起晕电压低，放电强度高，以点放电和线放电的极线为主，这种配置利于烟尘荷电和收尘；后面电场以配置面放电的极线为好，一般来说，后面的电场强度越均匀越好，这是因为越是后面电场，烟尘越细，比电阻也就越高，越易产生反电晕，面放电的极线能起到抑制反电晕发生的作用。

（6）同极距离。通常情况下，同极距离为 400～500mm。当烟尘中 $Al_2O_3>30\%$，烟尘粒度中位径 $d_{50}<15\mu m$，比电阻 $\rho>10^{13}\Omega \cdot cm$ 时，适当增加同极距离可延缓反电晕的发生。特殊条件下同极距可到 600mm。在确定同极距离时要与所配高压硅整流电源的二次输出电压相匹配。

二、电袋除尘器

电袋除尘器有机结合了静电除尘和布袋除尘的除尘机理，即在一个箱体内紧凑安装电场区和滤袋区，其典型结构如图 5-65 所示。

电袋除尘器工作时，烟气从进口喇叭进入电场区，粉尘在电场区荷电并大部分(80%～90%)被收集，粗颗粒烟尘直接沉降至灰斗，少量已荷电难收集的粉尘随烟气均匀地进入滤袋区，通过滤袋过滤后完成烟气净化过程，粉尘被阻留在滤袋外表面，纯净的气体从

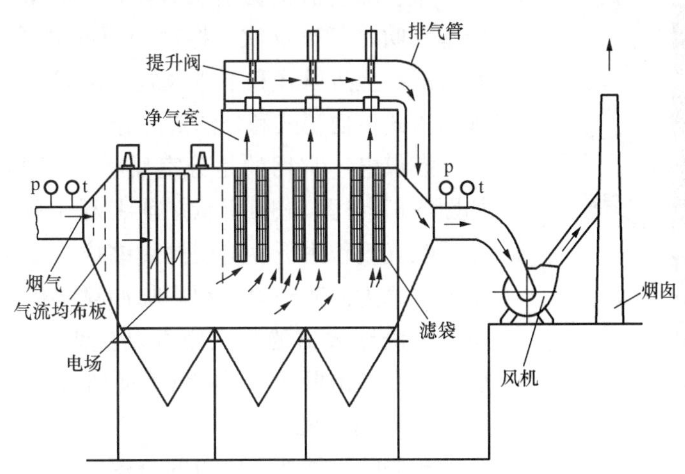

图 5-65　电袋除尘器结构

滤袋内腔流入上部的净气室，然后经提升阀进入排气烟道，最后从出口烟道排出。

电袋除尘器具有以下特点：

(1) 适应煤种及飞灰比电阻变化的能力强，出口排放浓度能够长期稳定的满足小于30mg/m^3（标况）甚至更低的要求。

(2) 运行阻力低。由于电场区的作用，进入滤袋区烟气流的粉尘浓度大幅降低，同时这些粉尘受到电荷之间的排斥力和异性静电凝聚作用，滤袋表面粉层结构呈蓬松絮状，降低了滤袋内外的压差，并减少微尘钻入或嵌入滤袋层而增加的滤袋残余阻力。

(3) 滤袋寿命长。由于滤袋场烟气含尘浓度低，又是荷电粉尘，因此其清灰压力低（一般为 0.2～0.25MPa），清灰周期长（一般为 2500～6000s），同时不受 SiO_2 等粗大颗粒的冲刷磨损，滤袋寿命大大延长。例如，北京京能发电厂、内蒙古乌达电厂 150MW 循环流化床锅炉电袋除尘器的滤袋寿命已超过 6 年，徐州坝山电厂滤袋寿命超过 5 年。

(4) 能耗及维护费用低。电袋除尘器阻力低于布袋除尘器而节省引风机的电耗；滤袋清灰周期得到延长而节省空气压缩机电耗；电场配置电源数量与传统电除尘器相比，仅为 1/4 左右，大大节省了电能。

三、布袋除尘器

1. 结构及原理

布袋除尘器是利用织物制作的袋状过滤元件来捕集含尘气体中固体颗粒物的装置。

布袋除尘器的结构一般包括袋室、清灰机构和灰斗三部分。含尘气体进入挂有一定数量滤袋的袋室后，开始被干净滤袋的纤维进行过滤，一部分粉尘嵌入滤料内部；一部分覆盖在滤袋表面，形成一层粉尘层。此后，含尘气体的过滤主要依靠粉尘层进行。其除尘机理是：含尘气体通过滤料与粉尘层时，粉尘在筛分、惯性碰撞、黏附、扩散与静电等作用下，被阻留在粉尘层上（见图 5-66）。当粉尘层加厚，压力损失达到一定程度时，需要进行清灰。清灰后压力损失降低，但仍有一部分粉尘残留在滤袋上，在下一个过滤周期开始时，起良好的捕尘作用。

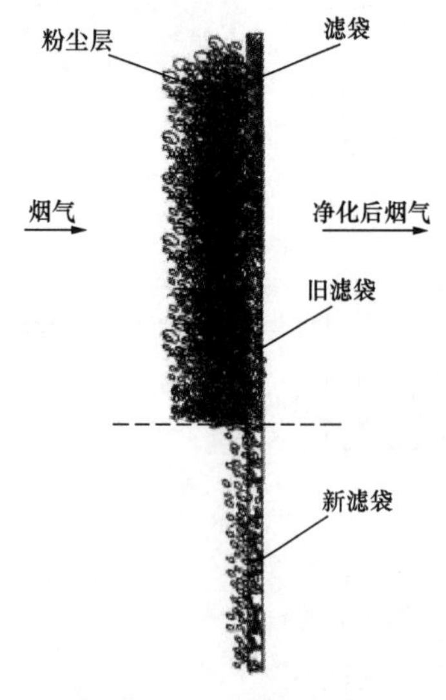

图 5-66　滤袋收尘过程

布袋除尘器根据清灰方法的不同，可分为机械振动、分室反吹、喷嘴反吹、振动与反吹并用、脉冲喷吹五类。其形式有上进风式和下进风式、圆袋式和扁袋式、吸入式和压入式、内滤式和外滤式之分。

燃煤电厂常用的是分室反吹、脉冲喷吹布袋除尘器，如图 5-67 与图 5-68 所示。前者利用阀门逐室切换气流，在反吹气流作用下，迫使滤袋缩瘪或鼓胀而清灰；后者以压缩空气为清灰动力，利用脉冲喷吹机构在瞬间放出压缩空气，诱导数倍的二次空气高速射入滤袋，使其急剧鼓胀，依靠冲击振动和反吹气流而清灰。

2. 运行性能

布袋除尘器处理风量的范围广，小的仅每分钟几个立方米；大的可达每分钟几万立方米。气体温度必须保持在露点以上，最高使用温度视滤料品种而异，天然纤维为 80～100℃；合成纤维除诺梅克斯（Nomex）等个别品种可耐热至 200℃左右外，一般为 90～130℃；玻璃纤维为 250℃。过滤速度根据滤料品种、清灰方法、粉尘与气体的性质而定，低者约 0.5m/min，高者可达 2m/min。

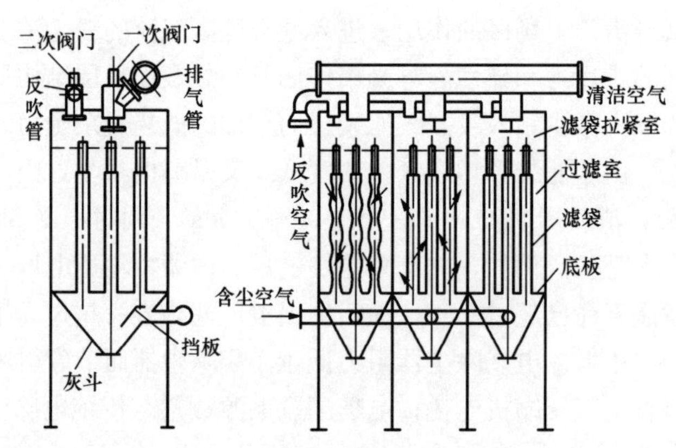

图 5-67　分室反吹布袋除尘器结构

布袋除尘器的优点：

（1）由于其除尘机理为过滤拦截，只要滤料有足够的密集度，便容易达到粉尘的低排放，除尘效率高于 99%，出口气体含尘浓度一般小于 50mg/m^3（标况），低至 3mg/m^3（标况），并对亚微米粒径的粉尘有较高的分级除尘效率。

（2）除尘效率基本上不受烟尘性质的影响，即烟气量、烟气温度、烟气含尘浓度的波动对排放量影响不大。

布袋除尘器的缺点：

（1）运行阻力大，压力损失一般为 1200～1800Pa。

（2）滤袋寿命短，一般小于 3 年，维护费用高。

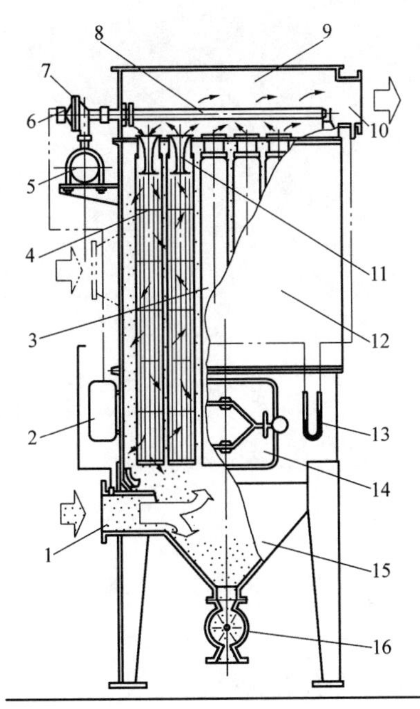

图 5-68 脉冲喷吹布袋除尘器结构

1—进气口；2—控制仪；3—滤袋；4—滤袋框架；5—气包；6—控制阀；7—脉冲阀；8—喷吹管；9—净气箱；10—净气出口；11—文丘里管；12—集尘箱；13—U形压力计；14—检修门；15—集尘斗；16—排灰装置

(3) 滤袋承受高温、SiO_2、SO_3、NO_2、O_2、H_2O 等能力较弱。

工程经验表明，在下列条件下，电站锅炉除尘器可选用布袋除尘器，否则将会出现故障率高、设备寿命短的问题。

(1) 灰成分中 $SiO_2<50\%$或 $SiO_2+Al_2O_3<70\%$。

(2) 烟气中的含尘浓度小于 $20g/m^3$（标况）。

第六章 二氧化碳减排技术

第一节 温室效应

全球气候变暖是当前人类社会所面临的最大挑战之一。根据联合国2007年全球气候变化科学评估报告，气候变化所导致的总代价将引起全球GDP损失约5%；而世界银行前首席经济学家尼古拉斯·斯特恩（Nicholas Stern）2007年指出，在考虑更广泛的风险和影响的情况下，估计损失将上升到GDP的20%或者更多。

在引起全球气候变暖的诸多因素中，人类活动所排放的温室气体不断增加是最主要原因。图6-1给出了1880～2011年全球温度变化曲线，在温室气体引致的全球气候变暖效应中，CO_2的作用高达77%，其他的温室气体还有甲烷（CH_4）、氮氧化物（NO_x）及氢氟烃。因此，减少CO_2的排放对于控制温室效应、减缓全球变暖至关重要。

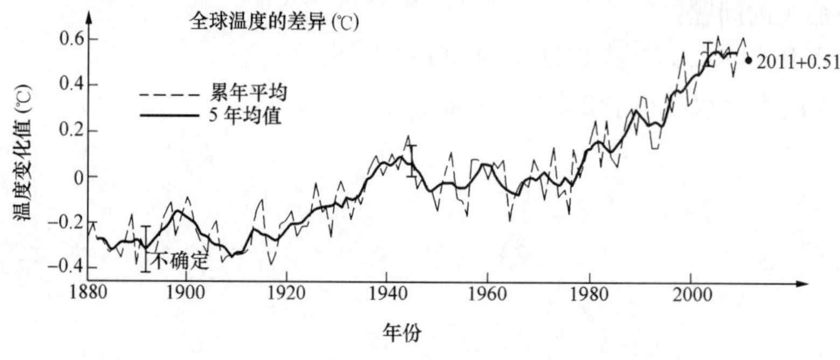

图6-1　1880～2011年全球温度变化曲线

CO_2是最重要的人为温室气体。1750年前的65万年中，大气中的CO_2浓度约为280ppm（百万分之一）左右；到2005年，这一值上升为379ppm，且还在迅速增加。1960～2005年期间，大气中CO_2浓度平均每年增加1.4ppm，最近10年（1995～2005年）这一增幅扩大到每年1.9ppm。导致大气中CO_2浓度大幅度上升的主要原因是化石燃料的大量利用，打破了自然界原有的平衡，土地利用方式的变革也使得CO_2显著增加，但其影响相对前者要小得多。

2009年12月7～18日在丹麦哥本哈根召开的世界气候大会，使“低碳经济”的理念再次引起全球关注，低碳经济成为新的经济发展模式，并终将演变成为规制全球经济社会发展格局的新规则。中国政府在哥本哈根世界气候大会上首次宣布温室气体减排清晰量化目标，到2020年单位GDP的CO_2排放比2005年下降40%～45%。

对燃煤发电机组，每生产1kWh的电，要产生约0.7kg的CO_2。中国能源结构以煤为主，当前CO_2的排放主要来自于能源部门，而火电行业是总排放量的主体。因此，面对低碳经济的发展模式，电力行业势必将成为CO_2减排的主力军。中国有选择低碳经济发展模式的必要性和迫切性，实现电力行业的低碳化发展，是我国电力行业所面临的重要课题。

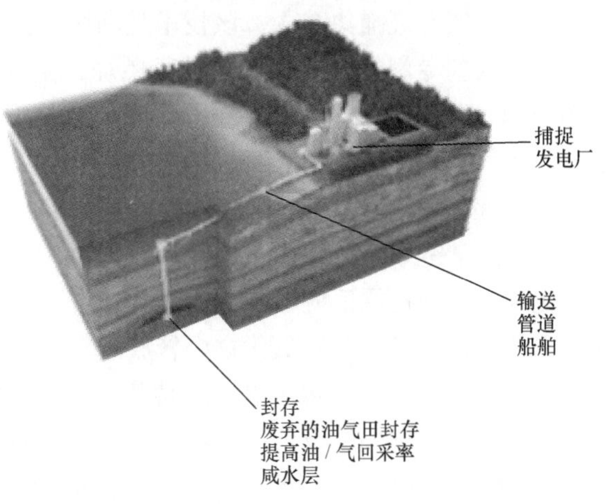

图6-2 典型的CCS流程图

CO_2捕集与封存（Carbon Capture and Storage，CCS）被认为是近期内减缓CO_2排放可行的方案与技术。CCS是将CO_2从化石燃料燃烧产生的烟气中分离、捕集出来，并将其压缩至一定压力，通过管道或运输工具运至存储地，以超临界的状态有效地储存于地质结构层中，主要由CO_2捕集、运输与封存三个环节组成。图6-2所示为典型的CCS流程图。

CO_2捕集有四种主要技术路线，如图6-3所示，即燃烧前捕集、燃烧后捕集、富氧燃烧捕集及化学链燃烧技术。

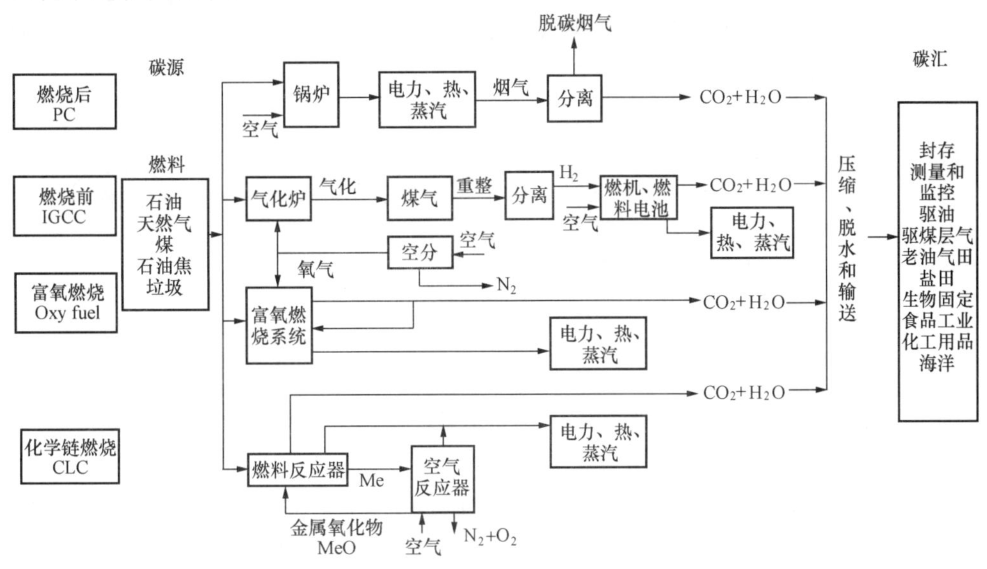

图6-3 CO_2捕集系统的技术路线

（1）燃烧前捕集CO_2。在碳基原料燃烧前，采用合适的方法将化学能从碳中转移出来，然后将碳与携带能量的其他物质分离，从而达到脱碳的目的。IGCC是最典型的可以进行燃烧前脱碳的系统。

(2) 燃烧后捕集CO_2。是指采用适当的方法在燃烧设备后，如电厂的锅炉或者燃气轮机，从排放的烟气中脱除CO_2的过程。

(3) 富氧燃烧捕集CO_2。该技术是利用空分系统制取富氧或纯氧气体，然后将燃料与氧气一同输送到专门的纯氧燃烧炉进行燃烧，生成烟气的主要成分是CO_2和水蒸气。燃烧后的部分烟气重新回注燃烧炉，一方面降低燃烧温度；另一方面进一步提高尾气中CO_2质量浓度，尾气中CO_2质量浓度可达95%以上，可不必分离而直接加压液化回收处理，可显著降低CO_2的捕集能耗。

(4) 化学链燃烧技术。采用金属氧化物作为载氧体，同含碳燃料进行反应；金属氧化物在氧化反应器和还原反应器中进行循环，燃料和氧气之间的反应被燃料与金属氧化物之间的反应替代，相当于从金属氧化物中释放的氧气与燃料进行燃烧。这种技术将原本剧烈的燃烧反应用隔离的氧化反应和还原反应替代，避免了燃烧产生的CO_2被空气中的氮气稀释，且无需空分系统等额外的设备和能耗。燃烧产生的烟气在脱水处理后几乎是纯净的CO_2。

CO_2捕集过程中成本过高和额外能耗问题是CO_2捕集与封存（CCS）技术迄今没有大规模应用的重要原因之一。

第二节　燃烧前捕集技术

燃烧前CO_2捕集主要应用在以气化炉为基础的发电厂，化石燃料和氧或空气发生反应，制成H_2和CO_2，然后进行分离，从而达到CO_2捕集的目的。

IGCC是典型的可以进行燃烧前捕集CO_2的系统，其流程如图6-4所示。和传统的IGCC不同的是，捕集CO_2的IGCC系统需要进行水煤气转化、H_2与CO_2分离，因此进入燃气轮机的是氢气而不是一般的合成气。

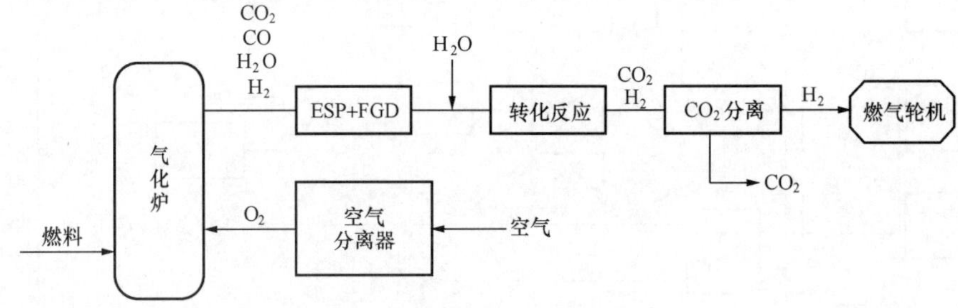

图6-4　燃烧前捕集系统流程

典型的燃烧前CO_2捕集流程分三步实施：

(1) 合成气的制取。将煤炭、石油焦等碳基燃料与水蒸气反应，或者与氧气进行气化反应，生成合成气，即CO和H_2。

(2) 水煤气变换。将合成气中的CO进一步同水蒸气反应，生成CO_2和H_2。水煤气变换反应

$$CO+H_2O \longrightarrow CO_2+H_2$$

水煤气变换反应是一个放热反应，反应热为41kJ/mol。为了维持所需的反应温度，必

须采取冷却措施将反应过程中生成的热量带走。

(3) H_2 与 CO_2 分离。将不含能量的 CO_2 同能量载体 H_2 分离，为后续的能量利用和 CO_2 封存做准备。

燃烧前 CO_2 捕集系统通常具有压力高、杂质少的优点。进入分离装置的混合气中 CO_2 的浓度为 15％～60％（干基），总压一般为 2～7MPa，CO_2 的分压为 0.3～4.2MPa。由于在合成气变换之前一般都需要进行严格的净化措施，因此进入分离装置的合成气粉尘、硫化物的含量都很低。燃烧前捕集 CO_2 的这些优点，使得捕集系统可以采用的分离工艺比较广泛，分离设备尺寸可以较小，分离过程的能耗较少。

分离 CO_2 的典型物理吸收法是聚乙二醇二甲醚法（Selexol 法）和低温甲醇法（Rectisol 法）。这两种方法都属于低温吸收过程，Selexol 法的吸收温度一般在－10～15℃，低温甲醇法的吸收温度一般在－75～0℃。另外，这两种技术能够同时脱除 CO_2 和 H_2S，且净化度较高，可以在系统中省去脱硫单元；但相应需要采用耐硫变换技术。

Selexol 法的溶剂由美国 Norton 公司开发，一些商业应用的数据没有公开，其成本以及投资和操作费用较高，只有像在 IGCC 进行燃烧前脱碳这种高的 CO_2 浓度和高压时才能显示其优势。

低温甲醇法在化工行业已得到了多年应用，其主要缺点是工艺流程庞大，而且吸收过程中甲醇蒸汽压较高，致使其溶剂损失较大。目前大多数基于 IGCC 进行 CCS 的研究计划都选择 Selexol 法进行物理吸收。

另外，膜分离技术被公认为是在能耗降低和设备紧凑方面具有非常大的潜力的技术。膜分离过程是以气体在膜两侧的压差为驱动力，不同气体通过膜的渗透速率不同，渗透速率快的气体在膜的另一侧富集从而实现气体组分的分离。根据对气体分离的机理的不同，膜分离法可分为分离膜和吸收膜两类。吸收膜是在薄膜的另一侧有化学吸收液，并依靠吸收液来对 CO_2 进行选择吸收，而微孔分离膜只起到隔离气体与吸收液的作用。图 6-5 所示为两种膜的分离原理示意图。

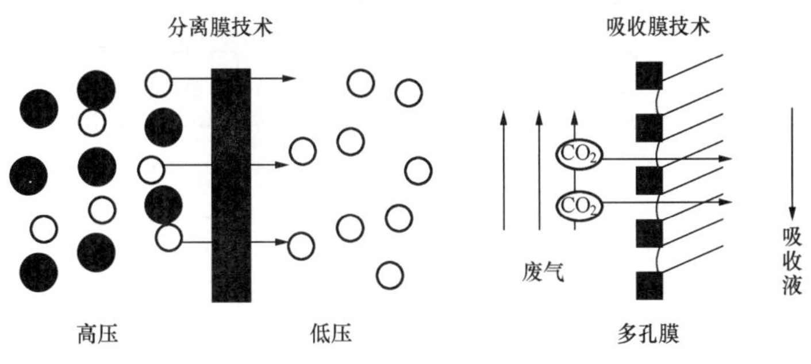

图 6-5 两种膜的分离原理示意图

按照膜材料的不同，主要有高分子膜、无机膜以及正在发展的混合膜和其他过滤膜。膜分离技术是一种能耗低、无污染、操作简单、易保养的清洁生产技术。目前，利用膜分离技术分离出来的 CO_2 纯度不高，需采用多级提纯，如果进行多级提纯，还应提高气体入口的压力。目前各种用于气体分离的无机膜正在被开发，其中以钯基膜产品的开发得到最迅速的发展。

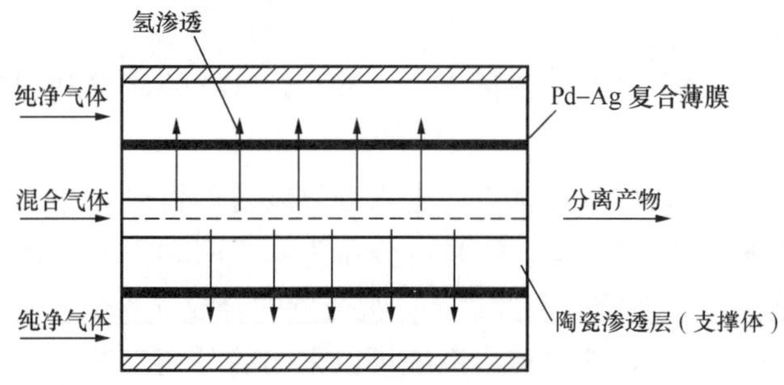

图 6-6　一种薄型的钯银合金复合膜

图 6-6 所示为一种薄型的钯银合金复合膜，附有很薄的贵金属涂层。经济适用的陶瓷微滤和超滤膜被作为支撑体用于 H_2 选择层的沉积。通过减少钯膜的厚度，使 H_2 流通量增加、膜的费用降低。

目前，研究都集中于在多孔的支撑体上沉积出薄且均衡、无缺陷的钯银合金膜，并均采用经济的多孔矾土、微滤和超滤膜为支撑体。该技术已经发展到使用无电镀技术在多孔支撑体上沉积金属合金膜，其可保证合金膜的均衡、无缺陷和致密。

第三节　燃烧后捕集技术

一、燃烧后 CO_2 捕集系统工艺流程

燃烧后 CO_2 捕集系统流程如图 6-7 所示，这种系统是在燃烧系统（如电厂的锅炉或者燃气轮机）的烟气通道上安装 CO_2 分离系统，对烟气中的 CO_2 进行捕集。其基本过程是，从锅炉中出来的烟气首先经过脱硝、除尘、脱硫等净化措施，并调整烟气的温度、压力等参数，以满足 CO_2 分离设备的要求。净化后的烟气进入 CO_2 吸收装置，烟气中的 CO_2 中被脱除，不含（或含有少量）CO_2 的烟气（主要成分为氮气、水蒸气）通过烟囱排放。富含 CO_2 的吸收剂（或者吸附物质等）经过解吸后，释放出高纯度的 CO_2，并实现吸收剂的再生。高纯度的 CO_2 捕集后，加压液化进行运输，以及进行封存或者利用。

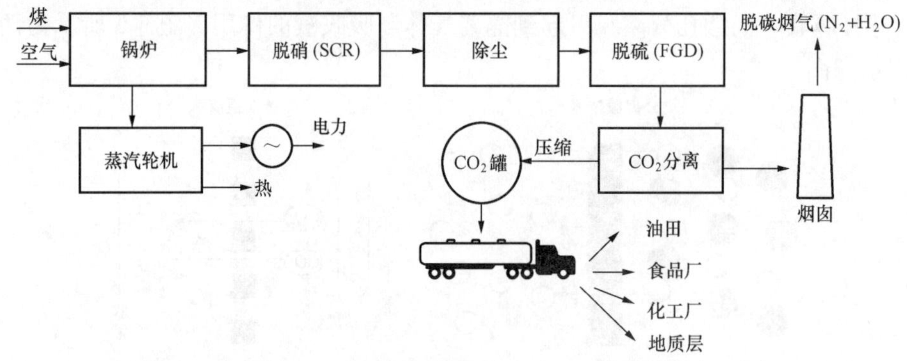

图 6-7　燃烧后 CO_2 捕集系统流程

燃烧后 CO_2 捕集技术可以直接应用于传统电厂，它对传统电厂烟气中的 CO_2 进行捕集，投入相对较少，但环境影响相对燃烧前捕集技术要高。事实上，由于传统电厂排放的 CO_2 浓度低、压力小，无论采用何种燃烧后捕集技术，能耗和成本都难以降低。

目前已有几种商业化的燃烧后 CO_2 捕集技术。评估结果表明，基于化学吸收剂的吸收分离过程是当前燃烧后捕获 CO_2 最优的选择。比起其他燃烧后捕集技术，化学吸收法具有更高的捕集效率和选择性，更低的能耗和投资成本。此外，研究人员还在探索一些其他的捕

集方案，如吸附法、膜分离法和固体吸附法（钙基固碳）等。

二、化学吸收法分离 CO_2 技术

化学吸收法是利用 CO_2 为酸性气体的性质，以弱碱性物质进行吸收，然后加热使其解吸，从而达到脱除 CO_2 的目的。其主要优点是吸收速度快、净化度高，CO_2 回收率高，吸收压力对吸收能力影响不大。目前典型的化学吸收剂为烷基醇胺、热钾碱溶液、氨法等。图6-8所示为化学吸收法工艺流程。

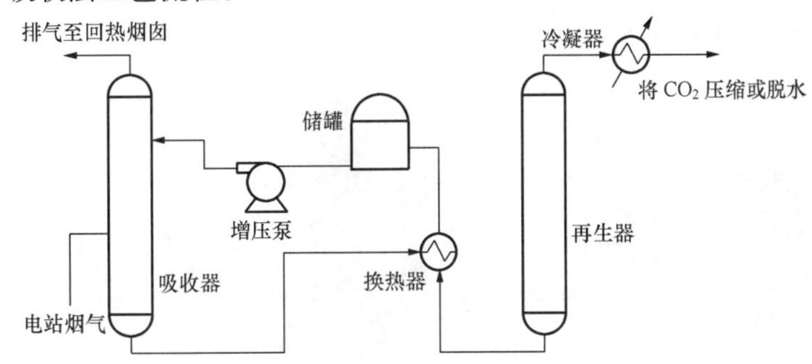

图 6-8 化学吸收法工艺流程

（1）MEA 法。MEA（一乙醇胺）具有较强的碱性，与 CO_2 反应速率较快，具有吸收速度快、吸收能力强的特点。MEA 法存在的主要问题是装置的能耗较高，且 MEA 的氧化降解较严重；目前正准备通过优化吸收/再生工艺的结构及使用抗氧化添加剂等措施以降低操作成本。与常规醇胺法相比，新工艺开发成功后约可降低捕集成本 50%以上。MEA 法适合在 CO_2 分压力较低的情况下应用，吸收率受操作压力影响不大，既可在高压下操作，也可在常压下操作，操作温度与烟气温度相当，同时，MEA 在醇胺类吸收剂中碱性最强，反应速度快，吸收能力在醇胺类溶剂中最强，因此，MEA 法比较适合用于烟气中 CO_2 回收。

采用 MEA 脱碳技术的电站有美国 Warrior Run 电站和 Shady Point 电站。美国 Warrior Run 电站为 180MW CFB 锅炉，燃用美国马里兰州煤，年耗煤 65 万 t。该电站采用 ABB Lummus 胺洗涤工艺分离 CO_2，2000 年投运，每天可生产 150t 食品级 CO_2。

（2）热钾碱法。目前极具发展前景的吸收/再生法脱碳工艺是以哌嗪（piperazine）为活化剂的热钾碱法，由于此法的吸收/再生过程的操作温度相差不大，因此与常规醇胺法相比，再生热量的消耗可下降 50%～75%。

（3）氨法。氨水喷淋法是化学吸收法的一种。与 MEA 法相比，氨水具有明显的优势：吸收容量高达 1.2kgCO_2/kg NH_3；溶液单价成本仅为 MEA 的 1/6；缺点是普通碳铵不稳定，挥发损失大，吸收的碳易分解重返大气，削弱了 CO_2 的吸收效率；吸收反应需要在较低温度下进行，低于 10℃，烟气降温耗能较大。

澳大利亚联邦科学与工业研究组织（CSIRO）能源中心近几年针对燃煤电厂烟气分别进行了 MEA 法和氨法 CO_2 捕集试验，分别在 Loy Yang 电厂和 Munmorah 电厂各建立了一套试验装置。

三、工业示范实例

华能清洁能源研究院（CERI）在华能北京热电厂建设了 3000t/年烟气 CO_2 捕集试验示范工程，试验装置采用国产设备，为我国首套燃煤电厂 CO_2 捕集装置，于 2008 年 7 月 16

日投入运行。CO_2 捕集效率稳定在 80%～85%，CO_2 纯度可达到 99.6%，经过精处理后可达到 99.99%的食品级要求。

图 6-9 所示为华能北京热电厂系统示意图。该电厂为热电冷联产系统。包括 4 台发电机组。燃用神华低硫煤，总发电装机容量为 845MW，采暖供热总量达 4900 GJ/ h，可对外供应工业蒸汽量 500t/ h。锅炉由德国 Babcock 公司设计制造，炉型采用超高压全液态排渣、低氮、双 U 型火焰燃烧、带飞灰复燃装置的塔式直流锅炉形式。电厂装配了选择性催化还原（SCR）脱硝系统、电除尘系统和石灰石—石膏湿法烟气脱硫系统。

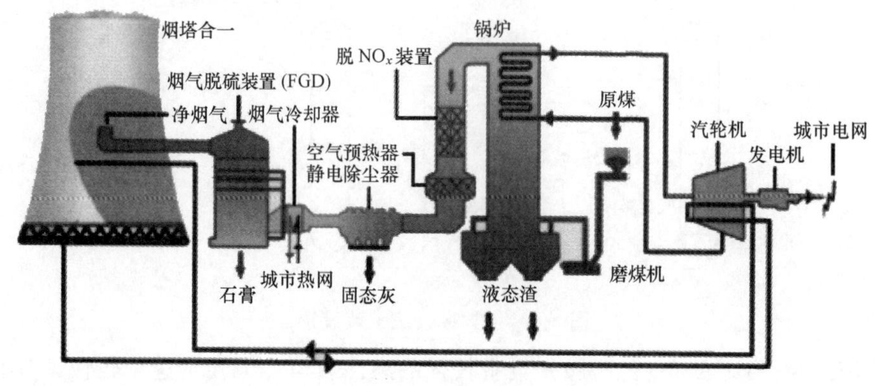

图 6-9　华能北京热电厂系统示意图

华能北京热电厂 3000t/年 CO_2 捕集系统流程如图 6-10 所示，图 6-11 为捕集装置实物。

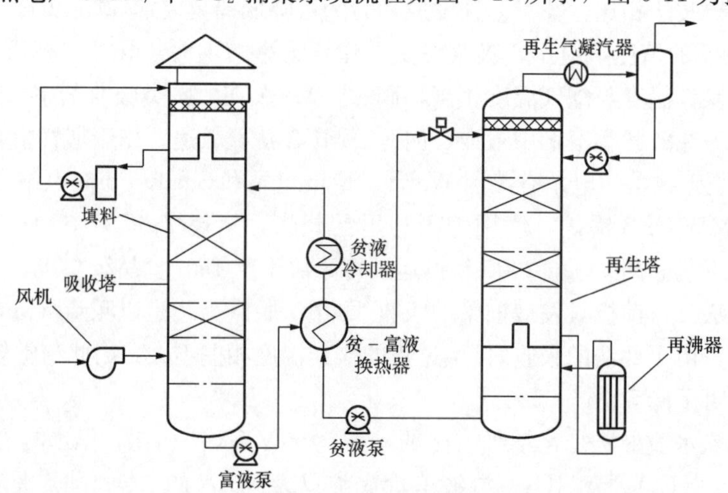

图 6-10　3000t/年 CO_2 捕集系统流程

电厂脱硫后的烟气，在风机作用下，通过旁路管道和脱水系统，由吸收塔储液槽液面之上进入吸收塔。吸收塔的内径为 1.2m，高 30m。吸收塔主要分为三个部分。

(1) 塔底为溶液储槽，吸收了 CO_2 的富液被储存在该区域，并通过富液泵抽至再生塔。

(2) 塔中部为气液接触部分，这部分主要是通过填料来强化气液接触，加强溶液对 CO_2 的吸收。该系统采用两段 7.5m 高的孔板波纹规整填料，塔内布置了 2 个槽盘气液分布器，以使溶液能够均匀地进入填料。

(3) 由于胺溶液成本高，且进入到大气中会造成污染，为防止烟气将溶液带出，塔顶部设置了循环洗涤和除雾装置。循环洗涤系统为独立水循环系统，由1个洗涤液储槽、洗涤泵和溶液冷却器及塔内部分构成。

再生出来的胺溶液从槽盘气液分布器之上喷淋下来，分布到填料系统中，并沿填料流下。烟气在上升的过程中，与溶液进行充分接触反应。90%左右的CO_2被溶液吸收，剩下的气体通过洗涤系统和除雾系统，最终从塔顶排到大气中，这些气体主要为氮气和氧气。

吸收了CO_2的溶液，即富液，在富液泵作用下从吸收塔储液槽，通过贫富液换热器，被高温的贫液加热到95℃左右，然后从再生塔上部进入再生系统。

图 6-11 3000t/年 CO_2 捕集装置

再生系统由再生塔、溶液再沸器、再生器冷却回流系统以及胺回收加热器组成。再生塔类似于吸收塔，分为贫液储槽、由填料组成的气液接触区以及顶部的丝网除沫器。另外，为促进再生塔内的溶液充分再生，在再生塔下半部，增设一升气帽，使从再生塔顶部流下的溶液被阻隔，溶液首先全部进入再沸器再生。这样既可降低再生温度，又缩短了溶液在再沸器内的停留时间，降低胺溶液降解的可能性。

溶液再沸器为一管壳式换热器，管程为溶液，壳程为水蒸气。系统利用电厂低压蒸汽，通过减压降温后获得表压为3×10^5Pa、144℃的蒸汽，进入到再沸器中。落下的溶液经过升气帽引流，靠重力自然流入再沸器。溶液经过再沸器，温度被加热到110℃左右，从贫液槽上部返回再生塔。这些气体包括了水蒸气、部分胺气体和再生出的CO_2，在上升过程中，特别是在填料中，它们与下落的温度较低的溶液接触，一方面使得大部分水蒸气和胺气体冷凝下落；另一方面加热了溶液，使解吸出的CO_2发生可逆反应。这种方式不但加强了换热效果，还防止了局部过热导致的降解。从再沸器回再生塔的液相部分流到贫液槽，通过贫液泵，在贫富液换热器处将部分热能传递给富液，进一步经过贫液冷却器，将温度降低到50℃左右，进入到吸收塔。

经过除沫器后的气体中大部分是CO_2气体，还有少部分的水蒸气和胺蒸汽。为了回收这些胺蒸汽，并维持系统的水平衡，在气体出塔后，设置了一个由再生气冷凝器和除沫器组成的再生气冷却回流系统。再生器冷却器将90℃以上的气体冷却到30℃左右，大部分水蒸气和胺溶液都被冷凝出来。经过除沫器后，大部分液滴也将进入到溶液中，这些溶液将返回到系统中，以维持系统水和胺的平衡。

华能北京热电厂3000t/年CO_2捕集系统运行表明，捕集每吨CO_2需消耗蒸汽3.3～3.4GJ，电耗约100kWh。捕集1tCO_2的运行消耗成本为170元，使电价成本增加0.139元/ kWh，使电厂的上网电价提高约29%。

CERI 的CO_2捕集技术还应用于华能上海石洞口发电厂，烟气处理量82 000m^3/h，年捕集二氧化碳12万t，于2009年12月建成投运。图6-12所示为某发电厂CO_2捕集装置。

该装置CO_2捕集率达到90%以上，蒸汽消耗小于3.0GJ/tCO_2，电耗小于75kWh/tCO_2，CO_2捕集后纯度达到99.7%。

图6-12　12万t/年燃煤电厂烟气CO_2捕集示范工程

第四节　富氧燃烧技术

通常把含氧量大于21%的空气叫做富氧气体。富氧燃烧技术是以富氧气体作为助燃气体的一种燃烧技术，这种燃烧方式可以使烟气中CO_2的浓度达到95%，无需进行分离就可直接液化回收，从而达到了降低回收CO_2成本的目的。此外，富氧燃烧技术还可以有效减少NO_x和SO_2等污染物的排放，是一项具有发展前途的清洁煤发电技术。

一、富氧燃烧技术原理和系统

富氧燃烧技术原理如图6-13所示，锅炉尾部排烟的一部分烟气循环至炉前，与空气分离装置制取的氧气按一定比例混合后进入炉膛，在炉内进行与常规空气燃烧方式类似的燃烧过程。

与常规空气燃烧系统相比，富氧燃烧技术增加了空气分离制氧装置、烟气再循环系统和排烟处理系统。空气分离制取的氧气与再循环烟气及携带的煤粉被送入炉膛组织燃烧，燃烧

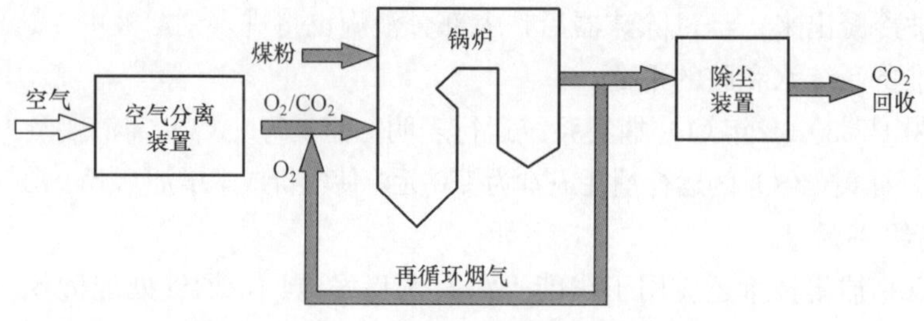

图6-13　富氧燃烧技术原理

产物依次经过锅炉的各个受热面完成换热。燃用低硫煤时不设脱硫装置。省煤器出口的烟气经过高温烟气除尘器除去大部分粉尘后分为两部分：一部分直接用作调节炉内火焰温度的再循环烟气，不脱除水分直接送入炉膛；另一部分经过冷凝器冷却并脱除大部分水分，并经气—气换热器加热升温后作为制粉系统的干燥介质。

再循环烟气外的烟气经压缩冷却后送入烟气回收处理系统。

二、富氧燃烧技术的试验和应用

富氧燃烧技术从 20 世纪 80 年代提出时，主要是运用在冶金、玻璃制备等工业锅炉上，随着氧气制备技术日趋成熟，富氧燃烧技术也随之发展很快。

加拿大能源技术中心于 1994 年建成了一个 0.3MW 的煤粉锅炉富氧燃烧试验系统，用于煤粉燃烧的火焰、传热与污染物的排放等特性研究。

日本石川岛播磨公司在 100MW 示范电站中使用了富氧燃烧技术，该系统还采用了排烟热交换器，试验结果显示脱硝和脱硫效率分别达到了 70%和 90%以上，占地面积也只有原来的约 50%。

美国正在 Jamestone 电厂示范 50MW CFB 锅炉的富氧燃烧系统，并计划于 2013 年扩大到 400～600MW。

澳大利亚正在开展 Callide 项目，该项目与日本等国家进行合作，对一个 20 世纪 60 年代建造的 4 台 30MW 的电站进行改造，利用两台 330t/a 的空分系统提供氧气（98%），每天回收 75t CO_2。

德国勃兰登堡州的黑泵（ Schwarze Pumpe）电厂的 Vattenfall 试验装置是全球首个示范富氧燃烧技术捕捉和储存 CO_2 的试验电厂。这个由阿尔斯通公司提供富氧燃烧锅炉技术的示范电厂，包括一台容量为 30MW 的顶部安装燃烧器的锅炉、烟气净化设备、静电除尘器、湿法烟气脱硫装置和废气冷却器；配备了从氧气生产一直到 CO_2 提纯与压缩在内的完整富氧燃烧链所需的全部组件，CO_2的捕捉能力为 11t/h。2008 年 9 月 9 日，Vattenfall 试验装置正式投产，启动深入的测试程序，包括主要试验使用褐煤和烟煤两个测试阶段。这些试验将提供传热、燃烧效率、排放、动态特性、电厂设计、效能、成本和经济效益方面的关键数据。根据合作协议，电厂在 3 年试运行期间所捕获的 CO_2 将用于增强欧洲第二大陆地气田的天然气采收和储存能力。这些 CO_2 将被注入地下 3000m，试验永久储存 CO_2 延长气田自然寿命的各种方法。该 30MW 的试验电厂将为 2015 年建设的 200～300MW 富氧燃烧电厂奠定技术基础。

第五节 化学链燃烧技术

1983 年，德国科学家 Richter 和 Knoche 等首次在美国化学学会（ACS）年会上提出了化学链燃烧（Chemical Looping Combustion，CLC）的概念，认为其具有比传统燃烧方式更高的能量利用效率。2004 年，瑞典查尔姆斯（Chalmers）理工大学 Lyngfelt 等利用 CLC 原理实现了 CO_2的内分离。随着全球对 CO_2的广泛关注，化学链燃烧技术在 20 世纪 90 年代开始得到迅速发展，有可能成为新一代清洁煤发电技术，目前正处于试验研究与中试阶段。

一、化学链燃烧技术的原理

化学链燃烧技术原理是将传统的燃料与空气直接接触反应的燃烧借助于载氧体（OC）的作用分解为两个气固反应，燃料与空气无需接触，由载氧体将空气中的氧传递到燃料中。如图6-14所示，化学链燃烧系统由氧化反应器、还原反应器和载氧体组成。其中载氧体由金属氧化物与载体组成，金属氧化物是真正参与反应传递氧的物质，而载体是用来承载金属氧化物并提高化学反应特性的物质。

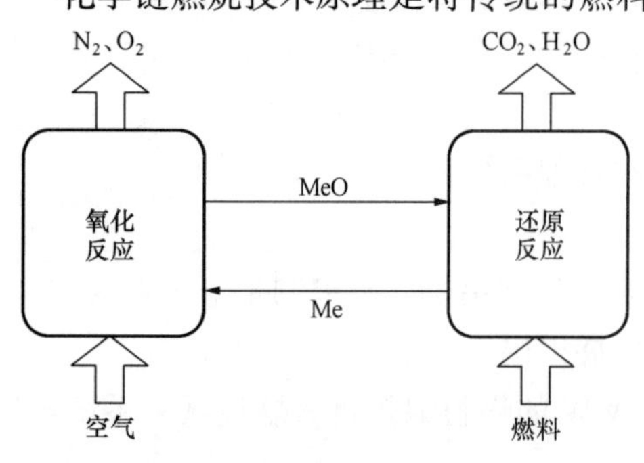

图 6-14　化学链燃烧技术原理

金属氧化物（MeO）首先在还原反应器内进行还原反应，燃料（还原性气体，如 CH_4、H_2 等）与 MeO 中的氧反应生成 CO_2 和 H_2O，MeO 还原成金属（Me）；然后，Me 送至氧化反应器，被空气中的氧气氧化，重新生成 MeO。这两个反应的总反应与传统燃烧方式相同。

燃料侧反应

$$\text{燃料}+\text{MeO(金属氧化物)}\longrightarrow CO_2+H_2O+\text{Me(金属)}$$

空气侧反应

$$\text{Me(金属)}+O_2\text{(空气)}\longrightarrow \text{MeO (金属氧化物)}$$

金属氧化物（MeO）与 Me（金属）在两个反应器之间循环使用，一方面分离空气中的氧；另一方面传递氧，这样，燃料从 MeO 获取氧，无需与空气直接接触，其产物避免了被空气中 N_2 稀释。燃料侧的气体生成物为高浓度的 CO_2 和水蒸气，用简单的物理方法将排气冷却，使水蒸气冷凝为液态水，即可分离和回收 CO_2，实现燃烧分离一体化，不需要常规燃烧的 CO_2 分离装置，节约了大量能源。

目前，化学链燃烧技术主要的研究对象是 CH_4、H_2、CO 等气体燃料，相比之下，煤、生物质等固体燃料化学链燃烧技术尚处于初步研究阶段。

二、双流化床化学链燃烧系统

瑞典查尔姆斯理工大学 Lyngfelt 等（2001 年）提出的双流化床（也称串行流化床）化学链燃烧系统如图6-15所示。

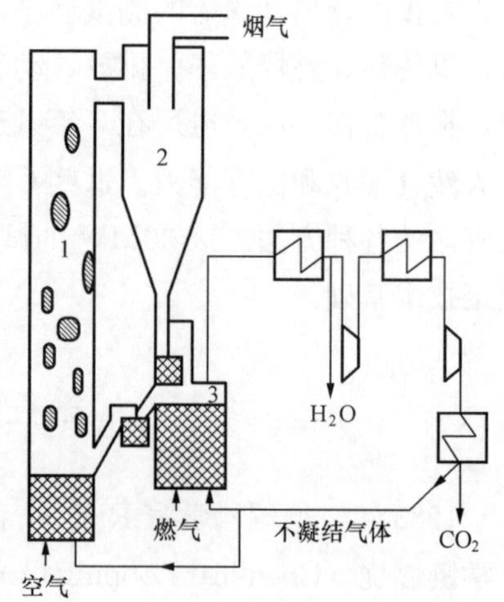

图 6-15　双流化床化学链燃烧系统
1—高速提升管（空气反应器）；2—旋风分离器；3—低速流化床（燃料反应器）

双流化床是在循环流化床技术基础上发展起来的一种新型的气固反应装置，它具有气固之间传热传质效率高、气固反应快速充分以及固体颗粒混合迅速等优点，是目前世界上公认的实施化学链燃烧的理想反应器。该反应器由两个相互连通的流化床组成：一个是高速提升管，一个是低速流化床，故称双流化床。在该反应器中，载氧体在两个流化床之间循环，在空气反应器中载氧体被空气氧化，然后经过旋风分离器流向燃料反应器，载氧体在其中被还原，燃料则被氧气；被还原后的载氧体通过回料阀重新被输送回到空气反应器，而燃料氧化后的气体（主要是 CO_2 和 H_2O）从燃料反应器排出，冷却分离后进行 CO_2 的压缩，使其压缩为液体后回收，而没有被压缩的气体重新循环通入燃料反应器中进行氧化。两个流化床之间的气体泄漏问题通过两个固体颗粒回料阀来隔绝，这样就形成了载氧体的不断氧化还原和循环，实现了化学链燃烧。

Lyngfelt 等（2003 年）还搭建了世界上第一台连续运行的 10kW 双流化床化学链燃烧系统，以天然气为燃料，NiO/Al_2O_3 为载氧体，完成了 100h 连续运行试验，验证了化学链燃烧技术的可行性。

东南大学沈来宏等（2009 年）建立了以煤为燃料的 1kW 双流化床反应器系统，如图 6-16 所示，该系统由循环流化床（空气反应器）、旋风分离器、喷动床（燃料反应器）、隔离器串联组成。采用喷动床作为燃料反应器能加强煤与载氧体颗粒之间的混合，并增加煤颗粒在床内的停留时间，从而有利于煤的气化反应以及载氧体的还原反应的充分进行；另外，喷动床底部高速射流的存在能有效避免载氧体颗粒结块问题。喷动床和循环流化床之间用隔离器连接，以水蒸气作流化介质，能阻止循环流化床和喷动床内气体互相窜混，从而有效地避免了燃料反应器内的气体被空气反应器中 N_2 稀释。

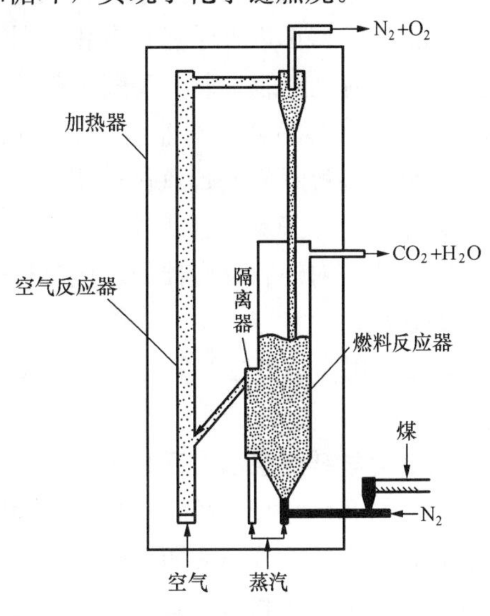

图 6-16　1kW 双流化床煤化学链燃烧系统

三、载氧体的研究现状与进展

载氧体在两个反应器之间循环使用，既传递了氧（从空气传递到还原性燃料中），又将氧化反应中生成的热量传递到还原反应器。因此，它是制约整个化学链燃烧系统的关键因素。从反应过程看，化学链燃烧系统中起主导作用的是还原过程。同时，载氧体一般都是循环使用的，其循环反应特性、抗积炭能力以及机械强度在化学链燃烧的应用中都是至关重要的。因此，制备或合成具有较高的反应能力、稳定的循环特性、抗积炭能力好和机械强度高的金属载氧体一直是近年来化学链研究的重点。

对于载氧体的类型，研究较多的是金属氧化物载氧体，目前已被证实了的可用作载氧体的活性金属氧化物主要包括 Ni、Fe、Co、Mn、Cu 和 Cd 的氧化物。除了金属氧化物活性组分外，载氧体中还要添加一些惰性载体，为载氧体提供较高的比表面积和适合的孔结构，改进载氧体的强度，提高载氧体的热稳定性，并且还可以减少活性组分的用量。目前文献中报道较多的惰性载氧体主要有 SiO_2、Al_2O_3、TiO_2、ZrO_2、MgO、钇稳定氧化锆（YSZ）、海泡石、高岭土、膨润土和 6 价铬酸盐由不同比例的活性组分和惰性载体构成了各种不同的载氧体。另外，考虑到各种金属的优缺点，一些研究人员将几种金属氧化物以一定的比例混合作为载氧体的活性组分，以期得到综合性能更好的载氧体。

载氧体的制备方法也是重要的研究内容。不同的惰性载体、金属氧化物、混合比例、制备工艺、烧结温度等均对载氧体的性能有明显的影响。目前存在的载氧体制备方法有机械混合法、冷冻成粒法、浸渍法、分散法、溶胶—凝胶法等。但总体而言，冷冻成粒法和浸渍法是制备载氧体最常用的两种方法，一般来说，基于镍和铁的载氧体通常使用冷冻成粒法，基于铜的载氧体则使用浸渍法。

因为在实际工业应用中，金属载氧体在循环使用过程中必然会有少量的金属氧化物进入大气环境，造成新的污染，危害自然环境和人类健康；而且使用金属载氧体的成本也相对较高。因此，一些国内外学者正在积极寻求反应性能优良、价格低廉并且无二次污染的非金属载氧体，目前提到的非金属载氧体有 $CaSO_4$、$SrSO_4$ 和 $BaSO_4$。

郑瑛等（2005 年）对非金属氧化物 $CaSO_4$ 作为载氧体进行了可行性研究，证明了其在一定条件下与燃料气进行氧化—还原两步反应的可行性。

东南大学沈来宏等（2007 年）提出了基于 $CaSO_4$ 载氧体的串行流化床煤化学链燃烧分离 CO_2 技术，对燃料反应器的反应进行热力学分析，证明 $CaSO_4$ 可作为煤化学链燃烧反应理想的载氧体。

$CaSO_4$ 用作载氧体的研究还需深入研究，如何提高其反应活性、循环特性是今后研究的重点。

四、化学链燃烧动力系统

图 6-17 所示为天然气基的化学链燃烧动力系统。天然气与氧化镍的化学链燃烧将传统甲烷直接燃烧反应分解为两个气固反应。燃料和金属氧化物（NiO）在还原反应器中反应，在其顶部产生 CO_2 和水，底部生成金属 Ni。空气由空气压缩机压缩到一定压力后，经饱和器加湿饱和、预热后进入氧化反应器与金属 Ni 发生氧化反应，氧化反应后的气体进入透平（涡轮机）做功。金属氧化物（MeO）与金属（Me）在两个反应之间循环使用，一方面起到分离空气中的氧，另一方面起到传递氧的作用。

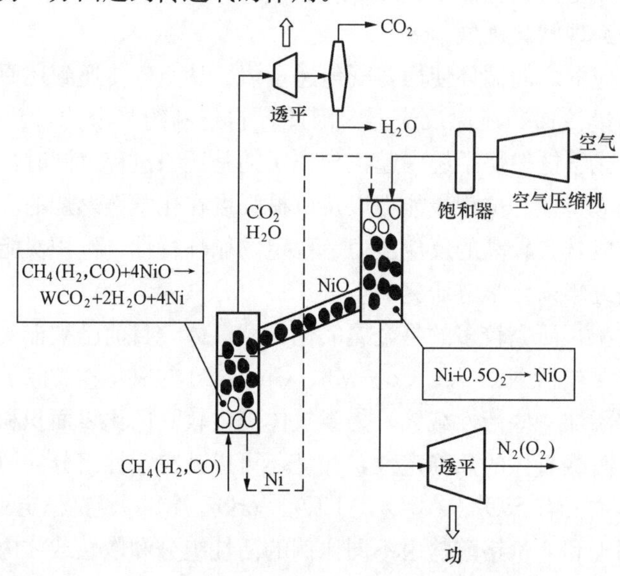

图 6-17　天然气基的化学链燃烧动力系统

由于燃料与空气不直接接触，燃气侧的气体生成物为高浓度的 CO_2 和 H_2O，CO_2 并未被氮气稀释。用简单的物理冷凝方法即可分离 CO_2 和 H_2O，分离 CO_2 既不消耗额外的能量，也不需要专门 CO_2 分离装置。与分离 CO_2 的燃气蒸汽联合循环相比，该系统效率比通常的动力系统效率高出 8 个百分点，可称为新一代能源环境动力系统。可见，化学链燃烧的湿空气热力循环不同于其他控制分离 CO_2 的动力系统，不仅打破了传统火焰燃烧方式，降低燃烧过程能量释放侧的高品位能的损失，并且从产生 CO_2 的源头解决了 CO_2 控制问题，同时实现了能源系统燃料化学能的高效利用与系统零能耗回收 CO_2 的统一。2005 年，联合国政府间气候变化专业委员会（Zntergovernmenta Zpanelon Climate Change，IPCC）在关于二氧化碳的捕捉与储存的特别报告中指出：该化学链燃烧系统是一种实现 100%捕捉二氧化碳的很有前景的控制温室气体方法。

2003 年美国国家能源技术试验室与 ALSTOM 合作研制的煤气化的化学链燃烧动力系统，如图 6-18 所示。该系统包括 $CaSO_4$-CaS 和 $CaCO_3$-CaO 两条化学链过程和一条铝矾土形成的热链循环过程，钙的化合物在不同的反应链中携带氧和热量。首先通过 CaS-$CaSO_4$ 化学链对煤进行气化产生 CO，通过变换反应制得 CO_2 和 H_2 的混合气体，CO_2 经过 CaO-$CaCO_3$ 化学链吸收除去，得到纯净的 H_2。热铝矾土作为传热媒介为 CaO 的再生反应提供热量。这种煤基化学链燃烧动力系统不需要昂贵且高耗能的氧气产生装置就能在完成固体燃料燃烧的同时，获得较纯净的 H_2 和实现对 CO_2 的捕集，显示了较高的经济性。

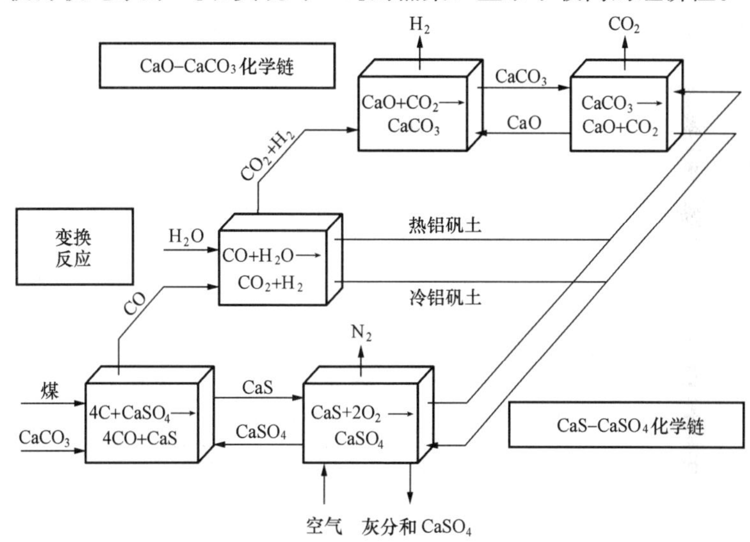

图 6-18　基于煤气化的化学链燃烧动力系统

五、化学链燃烧技术的研究与应用领域

目前，化学链燃烧技术的研究与应用领域主要有以下三个方面：

（1）将化学链燃烧技术与流化床燃烧技术相结合形成固有的 CO_2 分离的化学链燃烧流化床锅炉。

（2）以化学链反应器代替燃气轮机的燃烧室，形成化学链联合循环，既有较高的循环效率，又能有效实现 CO_2 的分离与捕集。

（3）将化学链燃烧技术与其他先进发电技术结合起来形成新型的能源环境动力系统。

第六节　二氧化碳封存与利用

捕集后液化的 CO_2 如何处理是一个有待于深入研究的重大课题，主要分为被动封存和积极利用两方面。

一、二氧化碳封存

捕集后液化的 CO_2，CO_2 地质封存已有许多年的研究，综合起来有矿化封存和物理封存两种思路。

1. CO_2 的矿化封存

地层中存在大量的橄榄石矿（Mg_2SiO_4）和蛇纹石矿[$Mg_3[Si_2O_5](OH)_4$]，它们具有一定的化学活性，可以与 CO_2 发生反应使 CO_2 重新被矿化。

这两种矿石的化学反应为

$$Mg_2SiO_4 + 2CO_2 + 2H_2O \longrightarrow 2MgCO_3 + Si(OH)_4$$

$$Mg_3[Si_2O_5](OH)_4 + 3CO_2 + 2H_2O \longrightarrow 3MgCO_3 + 2Si(OH)_4$$

该研究尚处于探索阶段，这一过程的大量热力学、动力学、工艺学、工程学的问题有待研究。

2. CO_2 的物理封存

CO_2 物理封存是将 CO_2 以超临界状态（CO_2 的临界点为 7.37MPa、30.98℃）注入并储存于地质结构层中，如地下岩洞或深海的海底等。但是，一旦在地球的自然环境中大量、长期储存 CO_2，其对环境和地球生态的长远影响还难下定论，也是目前科学家们在深入探索的课题。

CO_2 物理封存的优点是可以在未来的某一天重新把 CO_2 开采利用，但也存在一个长期封存的安全性问题。安全物理封存是要寻找一块地下 1000m 以下的岩体，使在这里的压力可长期保持使 CO_2 成为超临界流体，岩体要有足够多的孔隙、裂缝容纳 CO_2 而不泄漏。一般地层泄漏是很难预料的，例如，2008 年当挪威 Statoil Hydro 石油公司将含油废水注入 Tordis 气田的水库时，其中封存的 CO_2 从一个未被发现的火山口中溢出。

美国能源部“Frio Brine 先锋实验”项目对 CO_2 封存进行了大型试验，将 1600 t 的 CO_2 注入地下 1500m 沙岩层，观察 CO_2 运动和地层变化，并用计算机进行模拟，发现 CO_2 导致地层盐水的 pH 值从 6.5 变到 3.0，导致大量碳酸盐矿物质融解，使化学封存封条中出现小孔或破碎，污染饮用和灌溉用水的蓄水层，甚至破坏堵塞废弃油井的水泥封条中的碳酸盐。CO_2 大量的溢出是十分危险的，例如，1986 年喀麦隆奥斯由于地震，导致 120×10^4 t CO_2 从尼奥斯湖底部泄漏出来，使附近 1700 多位村民和几千头牲畜窒息死亡。所以地质封存不但需有大量资金的投入，同时也要考虑其中隐藏的安全风险，需要继续做大量研究工作。

二、二氧化碳的利用

捕集到的高浓度 CO_2 可以进行直接利用。目前为止，最大规模的 CO_2 直接利用为油田注入，提高油采收率，同时进行 CO_2 地质埋存。

例如，北海 Sleipner 油气田建设了全球首个 CO_2 封存项目，CO_2 注入量为 2700t/d，自

1996 年以来已经累积利用了 2000×10^4 t CO_2。另一个较大的 CO_2 封存项目为加拿大 Weyburn 油田的强化采油（Enhanced Oil Recovery，EOR）工程，为提高油田采收率，每天向油田注入 1000tCO_2。

金涌等（2010 年）预测直接 CO_2 利用量的分配可能是：40%用于生产化学品，35%用于三次采油，10%用于制冷，10%用于保护焊接、养殖等，剩下 5%用于碳酸饮料制造，总利用量有限。

CO_2 作为化学品合成的主要途径有：

（1）无机化学品：如尿素、二氧化硅、一氧化碳（羰基化）。

（2）有机化学品，包括：① 碳酸乙烯酯。用于纺织、印染、电化学高分子合成等溶剂、锂电池等。② 碳酸二甲酯。用于代替光气、酸二甲酯、氯甲烷等致癌物进行羰基化，甲基化、甲酯化，及酯交换反应，制备医药、农药、染料、润滑油添加剂，电子化学品等。③ 水杨酸。用于阿司匹林等药剂中间体，防腐剂、染料等。④双氰酸。用于酒石酸、柠檬酸、固色剂、促进剂、黏合剂等。

另外，CO_2 还可用于生产碳酸饮料，用作超临界萃取剂、溶剂、发泡剂、制冷剂、膨化剂、焊接保护气体、消防灭火剂、储存保鲜剂，也可用于温室栽培含油脂的藻类养殖等方面。其中最有规模潜力的技术是藻类养殖（见图 6-19）。现发现有些微藻，不但生长快，适应能力强，而且油脂含量高达 70%（占藻细胞干质量）。一般藻类光合作用能力是陆生植物的 4 倍，一些经特殊培育的微藻，固定 CO_2 的能力可以达到陆生植物生长固定 CO_2 能力的 10～50 倍。

图 6-19　微藻养殖装置

第七章 燃料电池

第一节 概　　述

燃料电池是将燃料的化学能直接转化为电能的装置，理论上可在接近100%的热效率下运行。目前运行的各种燃料电池，由于技术因素的限制，再考虑整个装置系统的能耗，发电效率可达60%～70%，是迄今为止发电效率最高、污染物排放最少的化石燃料发电技术。

与常规电池不同，只要有燃料和氧化剂供给，燃料电池就会有持续不断的电力输出。由于不是热机，没有燃烧过程，燃料电池不受卡诺循环限制，转换次数少，能量转换效率高。

1893年，美国物理学家W.R. 格罗夫（William Robert Grove）建立了第一个燃料电池，它是供氢和氧到内置于硫酸的两个铂电极而得到的。燃料电池的名称则是1889年由蒙德（Mond）和兰格（Langer）首先采用的，他们在一个和格罗夫相似的装置在每平方厘米电极表面上获得了约0.2A的电流密度。此后，由于发电机的问世使人们对燃料电池的兴趣推迟了约60年。第二次世界大战后，对发展实用燃料电池和大规模生产电能的电池的兴趣有了急速增长，由于新技术发展提供了条件，军事和空间项目的需求，以及为了减少电厂和内燃机所造成的大气污染，20世纪50年代后期起燃料电池的研究开发工作得以加速。1959年剑桥大学的F. T. 培根（F. T. Bacon）和T. C. 弗罗斯特（T. C. Frost）以氢作燃料、氧作氧气剂建立起6 kW的燃料电池装置。此后展示出的多种类型的燃料电池都表明是可正常运转的，其中一部分已被改进成实用系统。

被直接用作燃料电池燃料的，主要是氢气、天然气、煤气、甲醇、联氨和一些碳氢化合物；用作氧化剂的主要是氧、空气和氯等；用作电解质的主要有酸、碱、熔盐、固体金属氧化物等；使用的催化剂主要是铂、钯、银、镍、煤等。近代燃料电池多以金属和碳为电极，并制成多孔状，以扩大反应面积，此外，还采用了在低温下催化剂提高反应速率等技术，使之更趋实用。

燃料电池的应用形式可分为：现场热电联供；分布式电源；基本负荷的发电站（中心发电站）。燃料电池还可用于多种可移动电源、便携式电源、航空电源、应急电源和计算机电源等。

燃料电池由于具有能量转换效率高、对环境污染小等优点而受到世界各国的普遍重视。

在过去的10年里，燃料电池技术取得了快速发展，一些燃料电池已经进入商业化应用阶段。在火电、水电、核电三种电力生产方式之外，燃料电池被誉为第四代发电技术。

第二节 燃料电池工作原理

燃料电池其原理是一种电化学装置，其组成与一般电池相同。其单体电池是由正、负两个电极（负极即燃料电极和正极即氧化剂电极）以及电解质组成。不同的是一般电池的活性物质是储存在电池内部，因此，就限制了电池的容量。而燃料电池的正、负极本身不包含活性物质，只是催化转换元件。因此燃料电池是名副其实的把化学能转化为电能的能量转换机器。电池工作时，燃料和氧化剂由外部供给，进行反应。原则上只要不断输入反应物，不断排除反应产物，燃料电池就能连续地发电。

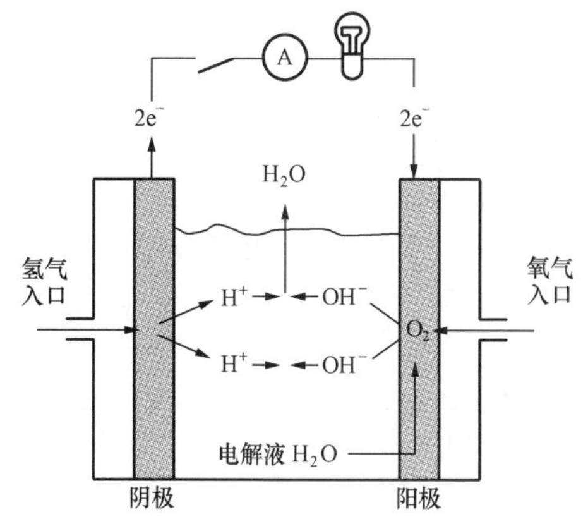

图 7-1 燃料电池工作原理

以氢—氧燃料电池为例，图7-1给出了燃料电池工作原理。燃料（氢）和氧化剂（氧）分别供入两个和电极接邻的腔室，在电池的阳极和阴极上借助催化剂的作用，电离成离子，由于离子能通过在两个电极之间的电解质在电极间迁移，在阴极和阳极之间形成电压，在电极同外部负载构成回路时就可以向外供电，完成将化学能直接转变为电能的发电过程。对氢—氧型燃料电池，其电化学反应及总的化学反应为

阳极 $2H_2 \longrightarrow 4e^- + 4H^+$

阴极 $4e^+ + 4H^+ + O_2 \longrightarrow 2H_2O$

总的化学反应 $2H_2 + O_2 \longrightarrow 2H_2O$

只有燃料电池本身还不能工作，还需有一套相应的辅助系统，包括燃料、氧化剂供给系统，排热系统，排水系统，控制系统及安全装置等。

燃料电池与普通化学电池有如下区别：

（1）普通化学电池是依靠化学物质储存能量，反应物质消耗至尽，即电能用完；可充电电池也是一样，只不过化学物质可以在外加电功率作用下重复储存能量；而对燃料电池，其反应物质（燃料和氧化剂）是分别储存并按要求以连续流动状态供给电极。燃料电池本身只决定了输出功率的大小，而储存的能量则由燃料和氧化剂的储量决定。

（2）燃料电池内部发生着与普通燃料的燃烧反应类似的化学过程，因此，在燃料电池工作时，需要排出反应产物，同时也需要排出一定的热量，以维持燃料电池工作在一定的温度范围内。

（3）燃料电池的反应原料为气体，为使气体和电极反应，首先应使燃料离子化，以便进行电极反应，这就要求燃料电池的两个电极具有催化作用，并且为多孔质材料，以增大燃料气、电解液和电极三者间的三相接触界面，这种多孔电极被称为气体扩散电极或三相电极。气体扩散电极是燃料电池的关键技术。

(4) 与普通电池不同，燃料电池的电极不会因使用时间过长而被腐蚀，电解质的特性不会因时间的反应而变化，只要反应原料能连续不断地供给，燃料电池就能持续、稳定地工作。

第三节 燃料电池类型

根据所使用的电解质不同，燃料电池可分为以下四种类型。

(1) 磷酸型燃料电池（Phosphoric Acid Fuel Cell，PAFC）。

(2) 熔融碳酸盐燃料电池（Molten Carbonate Fuel Cell，MCFC）。

(3) 固体氧化物燃料电池（Solid Oxide Fuel Cell，SOFC）。

(4) 质子交换膜燃料电池（ Proton Exchange Membrane Fuel Cell，PEFC）。

四种燃料电池的主要特点见表 7-1。

表 7-1　　四种燃料电池的主要特点

项　目	磷酸型 (PAFC)	熔融碳酸盐型 (MCFC)	固体氧化物型 (SOFC)	质子交换膜型 (PEFC)
电解质	磷酸盐	碳酸锂等	用氧化钇稳定的氧化锆	质子交换膜
运行温度（℃）	200	650	1000	80
电荷载体	H^+	CO_3^{2+}	O^{2+}	H^+
电解质状态	固化液体	固化液体	固态	固态
电池硬件	石墨基	镍钢多孔基	陶瓷	碳基或金属基
催化剂	铂	镍	钙钛	铂
共生热量	低	高	高	无
效率（%，LHV）	40～45	50～60	50～60	<40

PEFC 主要用于电动车，其余三种燃料电池则主要用于发电站。

一、磷酸型燃料电池（PAFC）

磷酸型燃料电池以磷酸作为电解质，工作温度为 150～200℃，工作压力为 0.3～0.8MPa，属中温型燃料电池，发电效率达 40%～50%，余热可以供暖，采用余热回收时能量转化效率可达 80%，已经达到了实用化水平；适合于建设固定发电装置。

PAFC 由两块涂布有催化剂的多孔质碳素板电极，经浓磷酸浸泡的碳化硅系电解质和保持板组合而成，采用铂合金作为催化剂；使用氢气、天然气、煤气、甲醇等作为燃料，以氢气作为反应气体，导电离子为 H^+。该类型燃料电池的单电池电压为 0.65～0.75V，通过具有隔离与集流双功能的双极性板，单电池串联堆叠成电池堆。

PAFC 的主要特点：

(1) 为维持 PAFC 电池堆的工作温度须维持在给定的范围内，因此间隔若干个单电池便需设置一块冷却板。冷却板内的冷却介质常用水、空气或绝缘油。水冷式冷却效率高，且可利用废热，但需对水质进行预处理，冷却管要求强耐酸性。空冷式可靠性高、成本低，尤为适合在较高压力下运行的电池堆，但在电池部的热交换效率略低。

（2）PAFC 的电解质对原料气体中的 CO_2 不敏感，但是电催化剂铂抗 CO 腐蚀的性能较差，当燃料气中的 CO 含量超过 100×10^{-6} 时，将会影响燃料电池的正常工作，因此，对于天然气、煤气、甲醇或乙醇等非纯氢燃料需进行脱除 CO 的预处理。

（3）磷酸型燃料电池工作温度仅在 200 ℃左右，可满足向建筑物供热的要求，余热利用价值不太高。

（4）PAFC 的系统相对比较复杂，启动时间长。

（5）由于酸性电解质的腐蚀作用，PAFC 寿命难以超过 40 000h。

二、熔融碳酸盐燃料电池（MCFC）

熔融碳酸盐燃料电池采用碱金属碳酸盐（Li_2CO_3、K_2CO_3、Na_2CO_3 及 $CaCO_3$ 等）组成的低共融物质作电解质，熔融电解质被吸附在惰性的铝酸锂（$LiAlO_2$）制作的隔离片内。正极有氧化镍（添加少量以增加其电子导电能力）制成的多孔板，负极由难熔的氧化镍还原、烧结而成多孔的镍电极。H_2、CO 作为反应气体，导电离子为 CO_3^{2+}，配以适当的隔离板和集流器即可组成单电池。

MCFC 的工作温度为 600～700℃，属高温型燃料电池，发电效率达 45%～55%，不仅可以直接利用余热进行供热，而且排出的高温气体可以带动汽轮机进行二次发电，可以组成大型联合循环发电系统，发电效率可达 60%～70%。

由于 MCFC 运行温度高，电解质呈熔融状态，电荷迁移速度快，而且镍电极在 600～700℃下具有良好的催化性能，电化学反应快，因此不需用添加贵重金属作催化剂。

MCFC 由于运行温度在 600～700℃，可把燃料的转化过程放在燃料电池内部进行，而不必采用外部附加的燃料重整转化器等，燃料预处理设备比较简单，使设备造价大幅度降低。但所使用材料的高温强度和耐腐蚀性要求更高。燃料气中允许 CO 存在，使合成煤气也能用于 MCFC，从而使煤基燃料电池并组成联合循环发电成为可能，是大容量发电的最佳选择之一。

MCFC 目前处于兆瓦级验证阶段，已完成 300kW 的 MCFC 试验电站，设备外形及内部结构见图 7-2 和图 7-3。该技术目前存在的问题是电池寿命短。

图 7-2　日本 IHI 公司开发的 300kW MCFC 发电设备

（日本中部电力名古屋电厂）

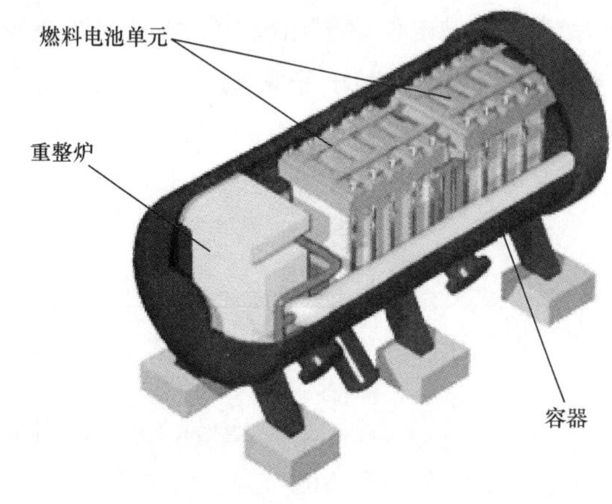

图 7-3　300kW MCFC 模块内部结构

三、固体氧化物燃料电池（SOFC）

固体氧化物燃料电池是一种全固态燃料电池，由两块多孔陶瓷电极和介于电极间的固体氧化物电解质（通常为氧化锆陶瓷）组合而成，H_2和 CO 作为反应气体，因所采用的固体氧化物电解质低温时比电阻较大，这类电池的工作温度需维持在 800～1000℃，发电效率可达 60%，在余热利用的条件下，能量转换效率可达到 85%，可用于建造热电联产系统。

SOFC 的工作温度比 MCFC 的工作温度要高。与 MCFC 相比，SOFC 不存在电解质对电池材料的腐蚀问题；高温时电解质的电阻会进一步减小；电池产生的高品质热量可以得到充分的利用，加上其发电所具有的高效、洁净、噪声低的特性，SOFC 可作为大规模中心电站的理想选择。

SOFC 的结构有管式和平板式，支撑形式有阴极支撑、阳极支撑、电解质支撑。

1. 管式 SOFC

西门子—西屋公司开发的阴极支撑型 SOFC 结构如图 7-4 所示，它是在多孔的阴极管上常压等离子喷涂 1 层宽 11mm、厚 100μm 的致密掺杂铬酸镧连接体，然后电化学沉积 1 层氧化锆电解质层和氧化钇稳定的氧化锆阳极，单电池管长 1.8m、厚 2mm、有效长度 1.5m，单电池由镍毡连接成电池堆。

阴极支撑的 SOFC 具有机械强度好、热循环性能高、易于移动和组装的优点，但也存在电解质膜制备难、集流难度大、电流路径长的缺点。由于支撑管管壁较厚，阴极阻抗和氧化剂的传质阻力较大，欧姆极化损失较高。为了达到 200mW/ cm^2的功率密度，电池堆需在 900～1000℃的高温下运行。改进设计出的扁管式高功率密度 SOFC（ HPD-SOFC）采用扁管加内筋的方式降低了欧姆极化，如图 7-5 所示。

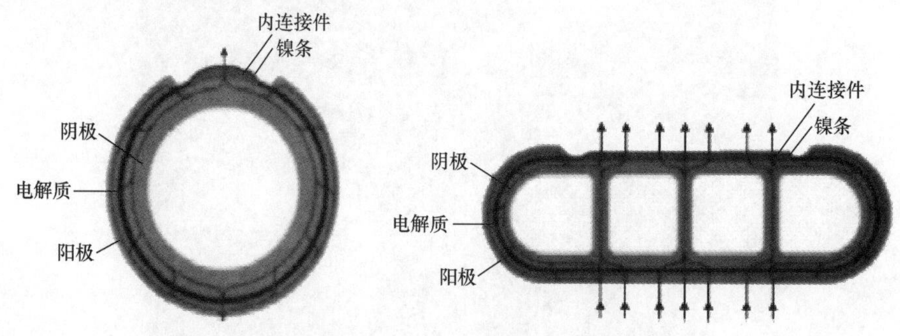

图 7-4　管式阴极支撑型 SOFC

图 7-5　阴极支撑的 HPD 型 SOFC

美国 Acument rics 公司开发了长 45cm、外径 15cm 的阳极支撑微管 SOFC，见图 7-6。

2. 平板式 SOFC

平板式电解质支撑型 SOFC 中通常用 Y_2O_3 稳定 ZrO_2（YSZ）电解质制成 10cm×10cm 的单电池，用厚度 100～200μm 的电解质层作为电池的支撑部分。由于 YSZ 电解质的离子电导率随着温度的升高而增加，因此为了得到理想的离子电导率，YSZ 电解质支撑型 SOFC 的工作温度约为 1000℃。由于高温运行对平板式 SOFC 的连接体、高温密封胶的性能要求高，而且电极在高温下的烧结退化等均会降低电池的效率与稳定性，因此增加了电池成本，限制了电池材料的选择。

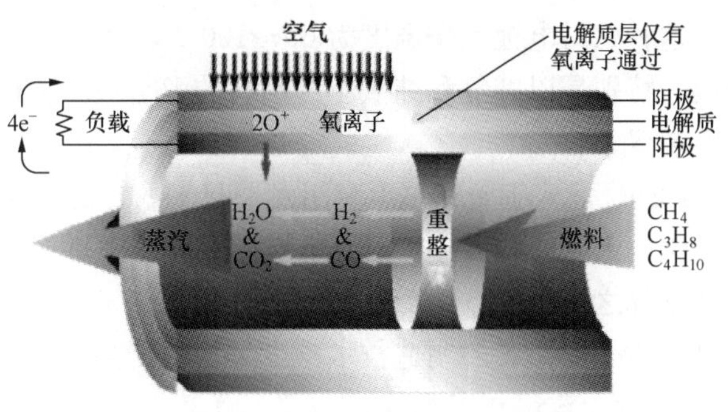

图 7-6 阳极支撑微管 SOFC 结构

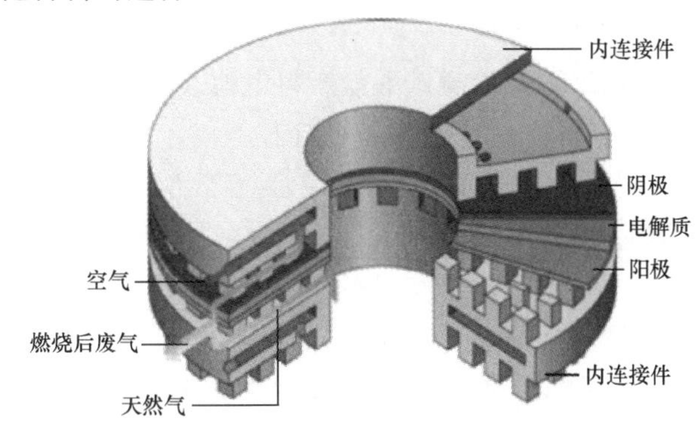

图 7-7 瑞士 Sulzer Hexis 公司设计的平板式电解质支撑型 SOFC

瑞士 Sulzer Hexis 公司设计的平板式电解质支撑型 SOFC，燃料由电解质支撑的环形电池内部流向电池外部，未反应的燃料在电池内部燃烧。电池堆在 900℃下运行，由 70 片单电池组成，输出功率 1.11kW，其结构如图 7-7 所示。

三菱重工和 Chubu 电力公司合作开发出 MOLB 型平板式 SOFC，电池面积达 200mm×200mm，电解质做成波纹板状，这样电解质板上就包含了气体通道，可以简化内连接件的设计。这种电池可做到 40 层，1000℃的输出功率为 2.5kW。

四、质子交换膜燃料电池（PEFC）

质子交换膜燃料电池以固体高分子膜作电解质，电池本体由质子交换膜、两块多孔碳素板扩散电极及气体通道组成，如图 7-8 所示。电极极板制成槽形，以便燃料和氧化剂气体通过，是一种层叠结构，由许多单电池叠加而成，因此很容易按要求制成各种功率等级的燃料电池发电装置。

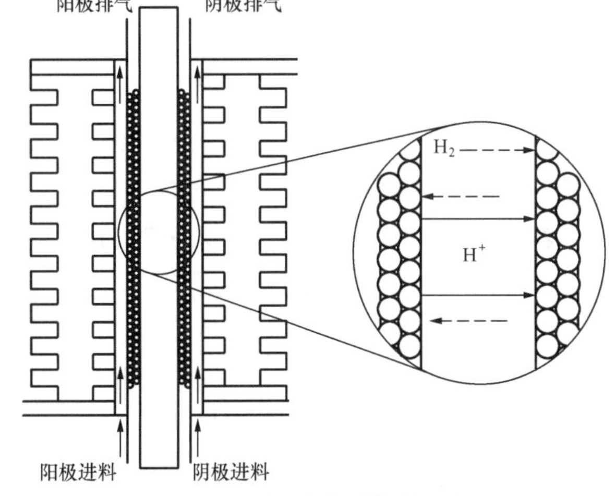

图 7-8 质子交换膜燃料电池

PEFC 内唯一的液体是水，因此腐蚀程度低，然而水的流动状态则是影响燃料电池发电效率的重要因素之一。基本上 PEFC 必须在水的产生速率高于其蒸发速率状态下工作，以使薄膜保持充分含水状态。

这种燃料电池工作温度为60～100℃，发电效率可达45%，是近年来发展最迅速的燃料电池。特别是以纯氢和纯氧作为燃料的PEFC，最有可能在未来几年内成为大规模商业化的发电装置。

PEFC是从宇航和军事应用发展起来的，比其他燃料电池有更高的出力密度，启动时间短，结构紧凑，体积小，且具有构造简单、可在常温下工作等优点，是为电动车提供动力的最佳选择之一。加拿大IJKKJLM公司已开发出250kW的PEFC发电装置。目前存在的问题是：质子交换膜的制造技术难度大且造价高；燃料需要外部重整；燃料适应性小并需除去CO；电池大容量化困难等。

磷酸型燃料电池（PAFC）被称为第一代燃料电池，其工业发电规模已经达到了10MW；熔融碳酸盐燃料电池（MCFC）为第二代燃料电池，也已达到单机500kW的商业运营发电水平；目前，第三代燃料电池是固体氧化物燃料电池（SOFC）和后来居上的质子交换膜燃料电池（PEFC），技术已相当成熟，尤其是PEFC被认为是最重要的发展方向和未来主要的商业化运营用的发电设备。

目前，我国已经将质子交换膜燃料电池（PEFC）、熔融碳酸盐燃料电池（MCFC）、固体氧化物燃料电池（SOFC）作为分别适合不同应用领域的重要发展方向。

第四节　燃料电池发电系统

一、燃料电池发电系统流程及组成

以碳氢燃料为原料的燃料电池发电系统主要由燃料重整、燃料电池本体、直流－交流电变换装置和热量回收利用等四个基本单元构成，如图7-9所示。

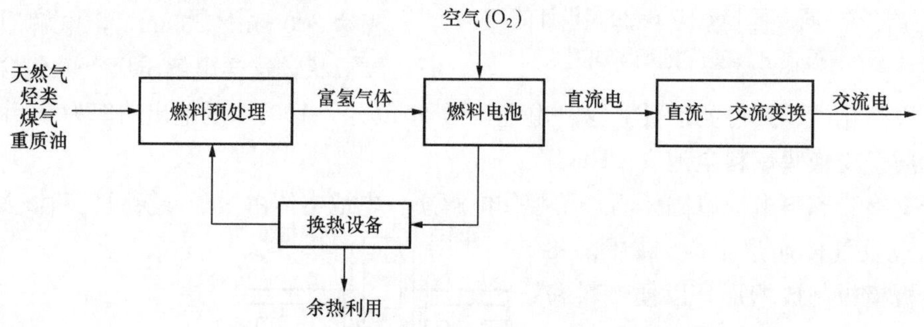

图7-9　燃料电池发电系统流程框图

1. 燃料重整处理单元

燃料在进入燃料电池之前必须进行预处理才能在燃料电池中使用。经预处理转化后的燃料主要成分为H_2和CO，也含有少量CO_2。燃料预处理系统的组成主要由燃料和燃料电池的特性所决定。例如，天然气可用传统的水蒸气催化转化法，煤则须进行气化和进一步的转化处理，重质油则须加氢气化。不同类型的燃料电池也对其使用的燃料成分有不同的要求。如果以氢为燃料，则不需要此处理单元。

2. 燃料电池发电单元

该单元是燃料电池的心脏，燃料电池单元一般均由若干个单电池组合成电池堆，其主要组成部件和功能如下。

（1）电极和电解质。多孔扩散电极和电解质的组合是燃料电池的关键部件。一般在多孔扩散电极表面均涂覆有催化剂，以促进电化学反应速度。在燃料电池单元中，富氢燃料气进入阳极，氧化剂气体进入阴极。通常，有75%～90%的燃料可以被一次转化为电能，剩余气体经处理后可循环使用。

（2）反应原料输送组件。按照要求的速率和压力向燃料电池供给洁净的燃料和氧化剂的装置。

（3）反应控制组件。合理组织反应物质分子的吸附和电离过程以及导出电子、反应产物和反应热的装置。

（4）换热器以及操作控制系统等辅助设备。将燃料电池工作时产生的热排出，以确保系统安全稳定地运行。

所有这些部件或装置组成燃料电池发电单元，在运行中，燃料电池本身是一个具有自平衡能力的发电装置。

3. 直流—交流变换单元

直流—交流变换单元的主要功能是将燃料电池发出的直流电转变成交流电，同时，还具有滤波与调节输出电流与电压、进行燃料电池系统中各个阶段的控制、确保系统运行过程完善与安全等功能。

4. 热量管理单元

该单元与电化学反应所产生热量的回收与综合利用密切相关，是提高燃料电池发电系统综合效率的主要设备。对规模较小或工作温度较低的燃料电池系统，其热能可以应用于生产燃料预处理中所需要的蒸汽等；大规模且高温工作下的燃料电池发电厂可设计成热电联产的系统模式。

二、燃料电池的基本工作过程

图7-10所示为燃料电池装置原则性系统，燃料和氧化剂分别供入两个和电极接邻的腔室，反应气体不能透过电解质层，只有在两极之间传输电流的离子可以透过。在分隔电解质—电极表面，在催化剂参与的情况下进行氧化（与氧分子结合）反应和还原（去除氧分子）反应。反应形成离子A^-和B^+，而后又结合成反应的最终生成物AB，并放出（或吸收）热量Q。燃料氧化反应时释放电子使相应电极（阴极）上形成过剩正电荷。

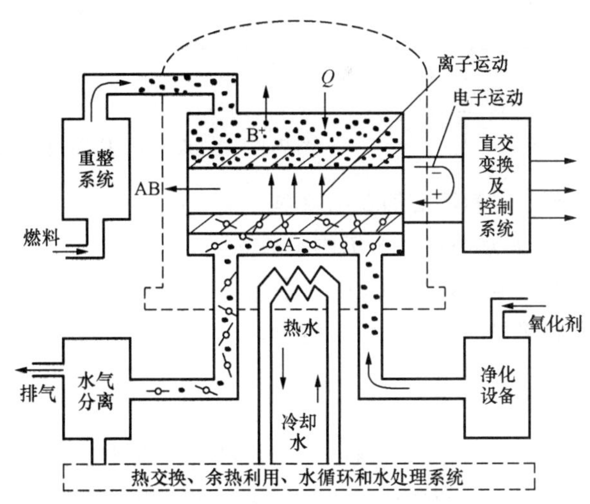

图7-10 燃料电池装置原则性系统

当电极与系统外的负载相连接时，电极反应所生成的电子就能自阳极流向阴极，在其内部就会产生可完成有效功E的直流电流。

总反应式可表示为

$$A+B = AB+Q\text{（反应热）}+E$$

通常单个燃料电池可建立1V左右的电压，因此，燃料电池多需要成组使用，以产生所要求的电压。

作为示例，图7-11给出了典型的200kW PAFC燃料电池发电装置流程。在该流程中的化学反应过程为

燃料电池组件　　$H_2 \longrightarrow 2H^+ + 2e^-$（阳极）

$1/2O_2 + 2H^+ + 2e^- \longrightarrow H_2O$（阴极）

重整装置　　$CH_4 + H_2O \longrightarrow CO + 3H_2$

CO转换器　　$CO + H_2O \longrightarrow CO_2 + H_2$

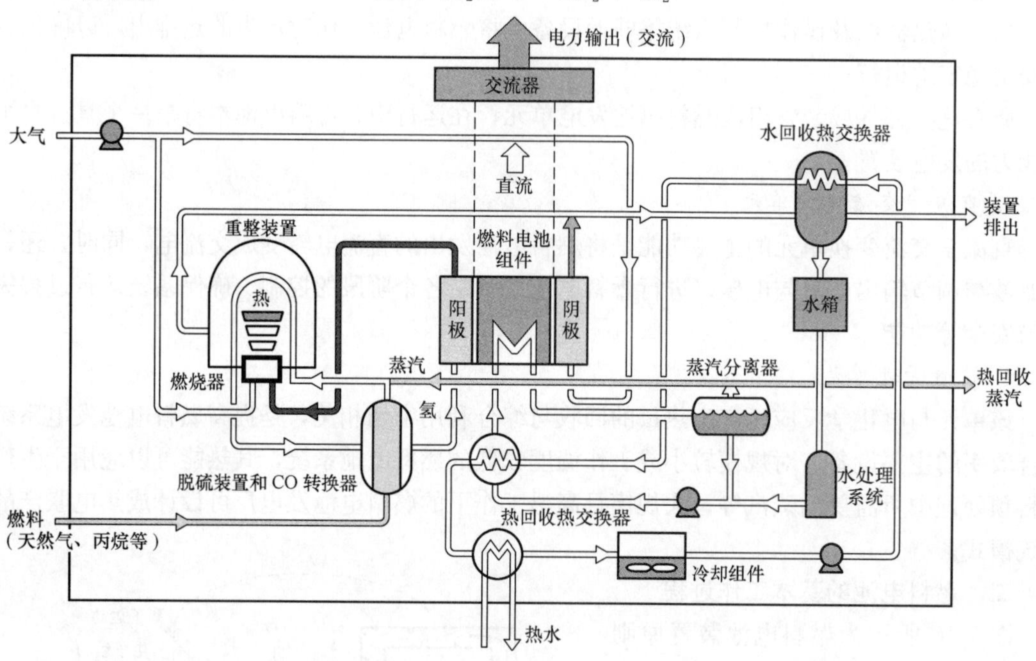

图7-11　200kW PAFC燃料电池发电装置流程

三、燃料电池的发电效率

（一）燃料电池系统的发电效率

燃料电池系统的发电效率定义为，燃料电池产生的电能所相当的热能与以输入燃料电池的燃料热量的比值，可表达为

$$\eta = \frac{W_{FC}}{Q_1} \times 100\% \tag{7-1}$$

式中　Q_1——输入燃料电池的燃料所含的热能；

W_{FC}——与燃料电池产生的电能所相当的热能。

在实际系统中，燃料电池系统的发电效率取决于燃料转化、燃料电池本体、逆变器及辅助动力系统等过程的各个效率。所以，燃料电池系统的发电效率η还可以表达为

$$\eta = \eta_P \eta_{FC} \eta_{inv} \eta_m \tag{7-2}$$

式中　η_P——燃料转化系统的效率；

η_{FC}——燃料电池本体效率；

η_{inv}——逆变器效率；

η_m——辅助动力系统功率消耗因子。

以天然气燃料电池为例，式中各个过程的效率定义如下：

（1）燃料转化系统的效率 η_P

$$\eta_P = \frac{\text{燃料电池消耗氢的热量}}{\text{输入转化器天然气的热量}}$$

（2）燃料电池本体效率 η_{FC}。燃料电池本体效率也即燃料电池本身的能量转换效率，它对系统发电效率的影响最大，即

$$\eta_{FC} = \frac{\text{燃料电池中产生的电能}}{\text{燃料电池消耗氢的热量}}$$

具体可以表示为

$$\eta_{FC} = \frac{3.6UI}{G_H Q_H \eta_H} \tag{7-3}$$

式中 U——燃料电池组的输出电压，V；

I——燃料电池组的输出电流，A；

G_H——进入阳极的氢气质量流率，mol/h；

Q_H——氢气的热值，kJ/mol；

η_H——氢气的利用率。

燃料电池本体的效率与其输出电压有关，即燃料电池的效率仅与单电池的输出电压有关，而与发电装置的规模关系不大。

（3）逆变器效率 η_{inv}

$$\eta_{inv} = \frac{\text{逆变器交流输出功率}}{\text{逆变器直流输入功率}}$$

（4）辅助动力系统功率消耗因子 η_m。η_m为考虑与燃料电池发电系统有关的其他设备消耗动力对发电效率影响的因子。

对于以氢气为燃料的燃料电池，其理论效率可接近83%，实际效率为45%～60%。在能够充分利用燃料电池电化学过程中的反应生成热的条件下，譬如，热电联产方式，则实际综合效率可接近80%。

（二）燃料电池系统的功率

燃料电池的输出功率由电池性能、电极面积和单电池的个数决定，多个电池组间可进行串联和并联以增加发电功率，具有“积木”特性，能依据需要建造各种不同输出功率的电站。

由于燃料电池本体的能量转换效率与装置的规模无关，因此，在采用燃料电池供电中，当负荷变动时，其能量转换效率并无大幅度的变化，无需调峰操作，而且，在低负荷工作时，其效率反而略有升高，燃料电池电厂也特别适合于采取分散建设方式。

四、各种燃料电池发电性能比较

表7-2给出了各种燃料电池发电性能比较，表中数据来源于美国可再生能源实验室（2003年）。

表 7-2　　各种燃料电池发电性能比较

电池类型	磷酸型（PAFC）	熔融碳酸盐型（MCFC）	固体氧化物型（SOFC）	质子交换膜型（PEFC）
天然气单循环净交流发电效率（%）	40	44～50	44～50	35
氢单循环净交流发电效率（%）	50	需 CO_2 循环	40	50
天然气混合循环净交流发电效率（%）	—	55	＞60	—
每 1000h 小时衰减（%）	＞0.5	＞0.5	＜0.1（管式）；1.0～2.0（平板式）	高（CO 毒化作用）
燃 料	H_2	天然气、氢气等	天然气、氢气、煤气等	H_2
电池堆寿命（a）	5	3～5	5～10（管式）	1
电能输出范围（MW）	0.2～10	0.2～10	0.001～10	＜0.1
总体安装成本（美元/kW）	5200	3250	3620	5500
运行维护成本（美元/kW）	0.029	0.033	0.024	0.033

五、燃料电池的特点

燃料电池与其他发电方式相比有独特的优点：

（1）效率高。燃料电池通过燃料的电化学反应直接产生电能，只有一级转换，没有中间环节的能量损失，而常规发电厂需要三级转换，这样的转换效率逐级损失，两者的能量转化过程比较如图 7-12 所示，目前各类燃料电池的能量转化率达到 40%～60%，如果实现热电联供，总热效率为 70%～80%，如图 7-13 所示。

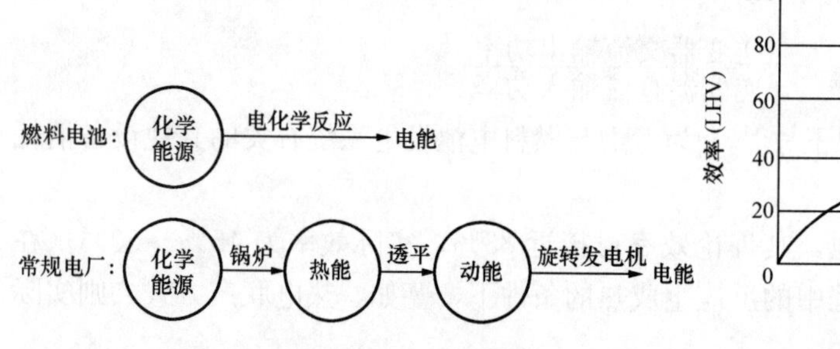

图 7-12　能量转化过程比较

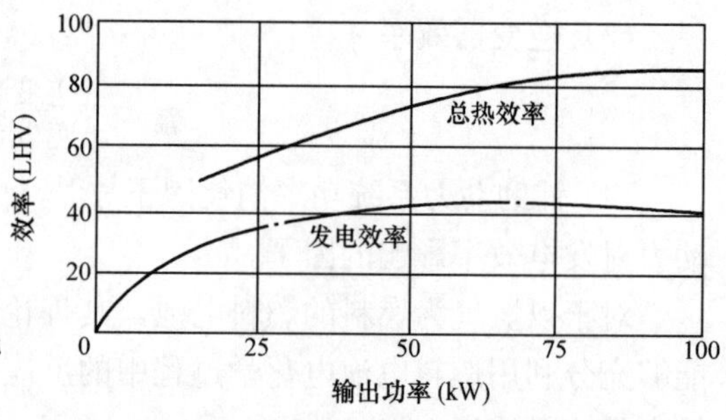

图 7-13　燃料电池发电效率和总能效率

（2）机动灵活。燃料电池发电装置由许多基本单元组成。一个基本单元是两个电极夹一个电解质板，基本单元组装起来就构成一个电池组，再将电池组集合起来就形成发电站。可以根据不同的需要灵活地组装成不同规模的燃料电池发电站。燃料电池的基本单元可按照设计标准预先进行大规模生产，所以燃料电池发电站的建设成本低、周期短。另外，由于燃料电池质量轻、体积小、比功率高，移动起来比较容易，因此特别适合在海岛上或边远地区建造分散性电站。另外，燃料电池的机动灵活性可以有效地解决供电安全问题。

（3）燃料多样。虽然燃料电池的工作物质主要是氢，但它可用的燃料有煤气、沼气、天然气等气体燃料，甲醇、轻油、柴油等液体燃料。根据实际情况，可以因地制宜地使用不同的燃料或将不同燃料进行组合使用，达到就地取材、节省资金的目的。

(4) 污染小。以纯氢为燃料时，燃料电池的化学反应产物仅为水；以富氢气体为燃料时，其二氧化碳的排放量也极为有限。目前，燃料电池的有害气体排放量比美国的国家环保标准低两个数量级。

(5) 燃料电池是静止发电，本身无噪声，只是在控制系统等辅助装置中有运动部件，因而它工作时振动很小，噪声很低。

第五节 整体煤气化熔融碳酸盐燃料电池

整体煤气化熔融碳酸盐燃料电池（IG－MCFC）发电系统是燃料电池与整体煤气化联合循环（IGCC）相结合，形成整体煤气化燃料电池发电技术，不仅使燃料电池发电的容量和效率增加，而且也可以使IGCC的发电效率提高，既是MCFC大容量化的主要方向之一，也是21世纪清洁煤发电技术的一个重要方向。

图7-14所示为整体煤气化熔融碳酸盐燃料电池（IG-MCFC）发电系统。气化炉生成的煤气经冷却后引入煤气净化装置，净化后的煤气送到MCFC的阳极上。阳极排气进入催化燃烧器，使燃料中未反应的CO燃烧，产生的CO_2与阳极反应生成的CO_2一起送入阴极。MCFC在650℃左右运行。此外，为提高燃料利用率，并调节燃料气入口温度，采用阳极再循环风机，将部分阳极排气再循环至阳极入口；同样，为调节阴极入口气体的温度和成分，用阴极循环风机将阴极的一部分排气再循环至阴极入口。阴极排气驱动燃气轮机，带动发电机和空气压缩机，将燃料电池排气能量的一部分转化为电能，同时将空气压缩至系统所需的压力。从燃气轮机排出的气体仍然具有较高的温度，再经余热锅炉产生蒸汽，驱动蒸汽轮机，从而带动发电机发电。美国能源部计划在2015年左右使用此种装置。

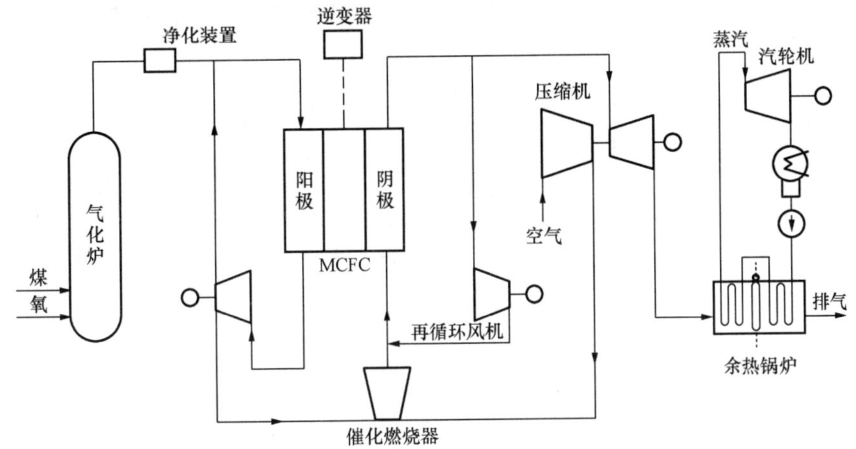

图7-14 整体煤气化熔融碳酸盐燃料电池发电系统

除IG-MCFC之外，SOFC也可与IGCC发电技术相结合，形成相应的整体煤气化固体氧化物燃料电池（IG-SOFC）发电技术。

第八章

近零排放燃煤发电技术

第一节　21世纪能源工厂

美国能源部1999年提出的“展望（Vision）21”计划，又称“21世纪能源工厂”，是继1993年完成的清洁煤技术示范计划（CCTDP）之后的一项新的大型能源计划。

“展望21”计划由政府、产业界和科技界共同研究开发，得到美国总统科技顾问委员会的赞同和11个国家实验室的支持，其基本特征是建立能有效消除化石燃料利用对环境污染的基于化石燃料的能源工厂。21世纪能源工厂示意如图8-1所示。

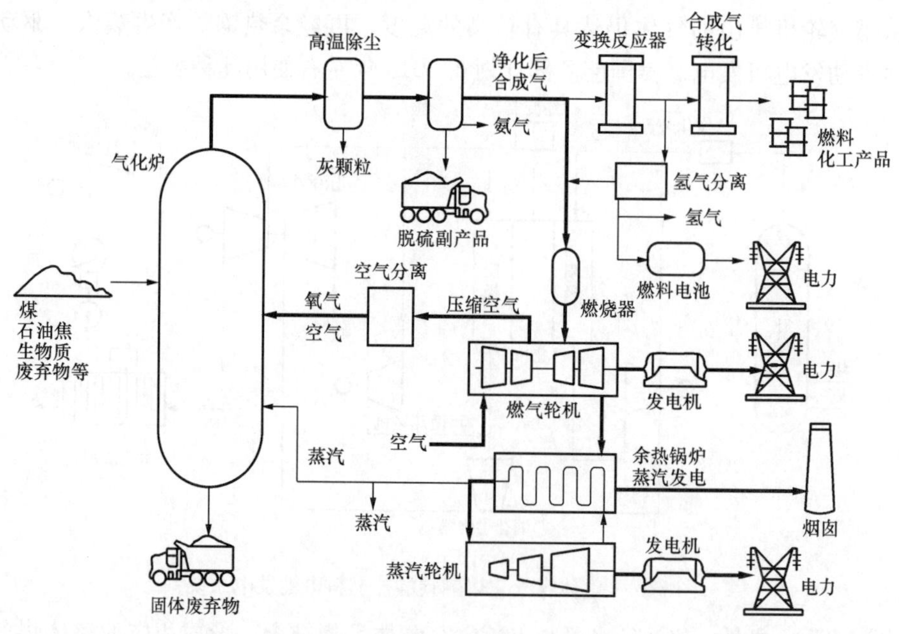

图8-1　21世纪能源工厂示意图

21世纪能源工厂以煤为主要原料，同时可以依据当地资源与其他原料如石油焦、生物质和垃圾等联用，设计近零排放的化石燃料能源设施。这些装置将组合诸如煤炭气化和燃料电池之类的技术，生产电力，并且可生产辅助产品，如清洁燃料和化学原料。

一、21世纪能源工厂主要特征

(1) 消除化石燃料利用对环境产生的影响，将燃料利用过程所产生的硫氧化物、氮氧化物以及汞等污染物控制到近零水平，并在系统中实现 CO_2 的集中处理或利用。

(2) 追求效率最大化，通过有机集成各种先进技术，在一个系统中同时生产多种产品，尽可能提高燃料的利用效率。

(3) 多元集成技术体系，并能根据市场需求把多种先进技术组合成不同能源体系，其模块化结构如图 8-2 所示。

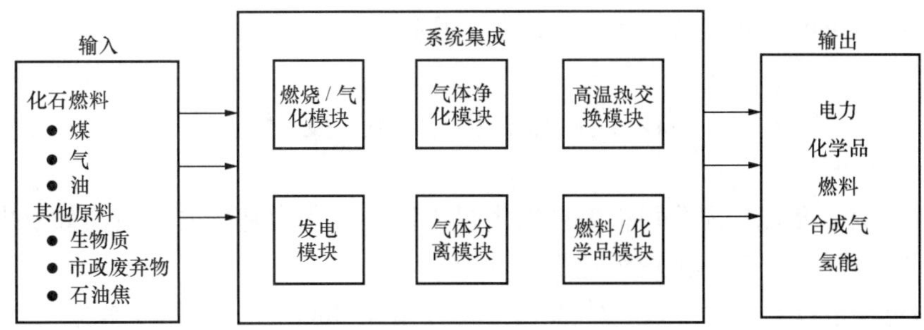

图 8-2 21世纪能源工厂模块结构

(4) 原料和产品的多元化。原料包括煤、天然气、渣油、石油焦、生物质、城市垃圾等，产品有发电联产蒸汽、液体燃料、合成气、化学品、氢等。

(5) 先进的系统集成及计算机控制技术以保证系统运行的可靠性和稳定性。

二、21世纪能源工厂的预期目标

(1) 高效率。以煤炭为原料时，发电系统效率大于 60%，热电联产系统的热效率为 85%，同时保证 60%以上的发电效率，当生产交通用液体燃料或氢气时煤炭利用效率为 75%，联产交通用液体燃料和化工产品超过 90%。

(2) 近零排放。实现 SO_2、NO_x、颗粒物、痕量元素和有机物接近零排放，SO_2、NO_x 脱除并转化成有益环境产品，如化肥等化学品；CO_2 通过提高效率减排 40%～50%，采用"碳闭路循环"、制取工业品或封存等办法实现零排放。

(3) 低成本。发电成本低于目前最好的煤粉锅炉电厂，所有联产产品均有市场竞争力。

(4) 促进能源结构改善，保障能源的可靠供应。

(5) 用先进的技术生产合成天然气，保证天然气价格的长期稳定。

(6) 时间计划表，2006 年以前完成改进的气化炉、燃烧器和气体分离膜的研究开发，2012 年完成子系统和模块设计，2015 年完成示范工程设计。

"展望 21" 计划的发展策略是从总体上提出 21 世纪清洁能源工厂的原理、概念和性能目标，而在具体的某一技术模块上，可以有多种选择。在构成某一具体能源工厂的设计上并不存在一个固定的模式，而是根据当地产品需求不同选择不同的技术模块（或称为能源岛）进行优化组合。

三、21世纪能源工厂系统流程

由图 8-1 可知，典型的 21 世纪能源工厂由三大部分组成：气化部分采用先进气化技术将原料转化为以 H_2 和 CO 为主的合成气；化学转化部分将部分合成气转化为超清洁的交通用燃料和高品质的化工产品；联合循环系统利用剩余部分合成气以及化学转化过程中未转化的合成气生产电能。

21 世纪能源工厂基本流程是将煤等化石燃料，在气化炉中进行氧化/水蒸气气化，产生的合成气以 CO、H_2 为主，同时含有少量的 H_2S、NH_3、CH_4 及 CO_2 等杂质，经高温除尘后进入高温净化装置，合成气在净化装置将所含的 H_2S、NH_3 以硫酸、硫黄及氨水等副产品的形式脱除。净化后的合成气一部分用于生产多种优质化工产品和交通用燃料；一部分合成气用于燃气—蒸汽联合循环发电系统发电、供蒸汽，另一部分则用于制氢，所得氢气可供燃料电池发电，也可以供其他以氢气为资源的用途。

第二节　绿色煤电技术

2005 年 5 月，华能集团公司率先在国内提出以煤气化为基础的煤炭高效发电，污染物（气体、液体、固体）近零排放的绿色煤电计划。

所谓绿色煤电技术，就是以整体煤气化联合循环（IGCC）和 CO_2 捕集与封存（CCS）技术为基础，以联合发电为主，并对污染物进行回收，对 CO_2 进行分离、利用或封存的新型煤基发电技术。绿色煤电工艺流程见图 8-3。

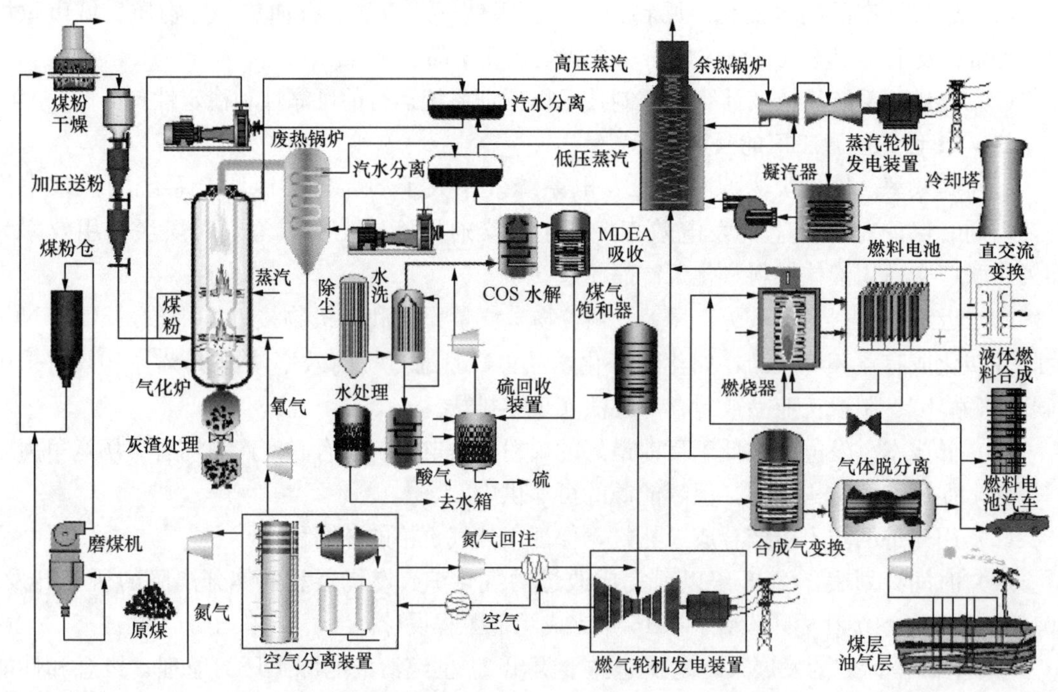

图 8-3　绿色煤电工艺流程

绿色煤电计划的总体目标是：研究开发、示范推广以煤气化制氢和氢能发电为前置循环，以煤气化的 IGCC 发电为后置循环，并对 CO_2 进行分离和处理的煤基能源系统，不仅可大幅度提高煤炭发电效率（55%～60%），还可使煤炭发电系统达到包括 CO_2 在内的污染物的近零排放。

绿色煤电计划主要涉及以下几个关键技术：大型高效煤气化技术、煤气净化技术、氢气轮机发电技术、燃料电池发电技术、膜分离技术、CO_2储存技术、系统集成技术。绿色煤电计划分为3个阶段，将用15年的时间完成。

第一阶段（2005～2012年）：IGCC示范阶段。投资总额为20亿元，重点进行2000 t/d级两段式干煤粉加压气化炉的工业化、实用化设计，验证大型高温煤气净化技术和大型电热化多联供的系统集成技术，在天津滨海新区临港工业区建成250MW级具有自主知识产权的IGCC示范电站，并在电站内同步建设绿色煤电实验室。绿色煤电第一阶段系统图见图8-4。250MW级IGCC示范电站模型见图8-5。

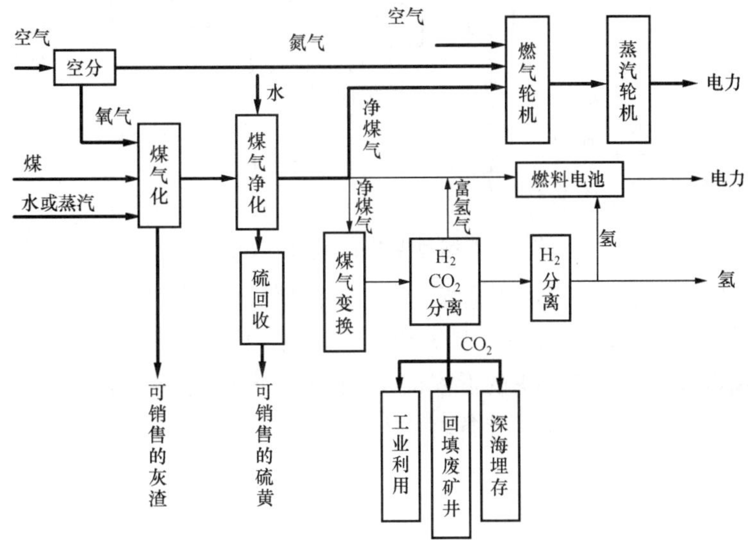

图8-4　绿色煤电第一阶段系统图

图8-5　250MW级IGCC示范电站

第二阶段（2013～2015年）：技术的完善和发展阶段。预计投资总额为30亿元。在该阶段内，将完善IGCC多联产技术，同时进行气化炉放大的技术经济性论证；利用建成的绿色煤电实验室，进行中试系统研究，包括煤气制氢储氢技术、H_2和CO_2分离技术、CO_2封存和利用技术、燃料电池发电技术，以及氢气燃气轮机技术等。绿色煤电第二阶段系统图见

图 8-6。

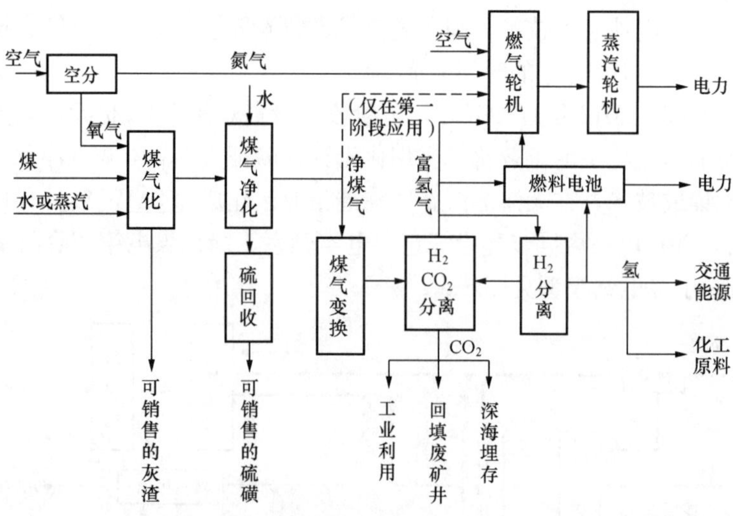

图 8-6　绿色煤电第二阶段系统图

第三阶段（2016～2020 年）：实施绿色煤电示范项目。计划于 2016 年左右建成 400MW 级绿色煤电示范工程，集成大规模煤制氢和氢能发电、CO_2 捕集和封存等关键技术，实现煤炭的高效利用以及污染物和 CO_2 的近零排放，同时不断提高绿色煤电系统的技术可靠性和经济可行性，为大规模商业化做好准备。

参 考 文 献

[1] 西安热工研究院. 超临界、超超临界燃煤发电技术. 北京：中国电力出版社，2008.

[2] 樊泉桂. 超超临界锅炉设计及运行. 北京：中国电力出版社，2010.

[3] P. 巴苏，S. A弗雷泽. 循环流化床锅炉的设计与运行. 北京：科学出版社，1994.

[4] 孙献斌，黄中. 大型循环流化床锅炉技术与工程应用. 北京：中国电力出版社，2009.

[5] 阎维平，周月桂，刘洪宪，等. 洁净煤发电技术. 2版. 北京：中国电力出版社，2008.

[6] 王立刚，刘柏谦. 燃煤汞污染及其控制. 北京：冶金工业出版社，2008.

[7] 张强. 燃煤电站SCR烟气脱硝技术及工程应用. 北京：化学工业出版社，2007.

[8] 毛健雄，毛健全，赵树民. 煤的清洁燃烧. 北京：科学出版社，2005.

[9] 郑楚光，张军营，赵永椿，等. 煤燃烧汞的排放与控制. 北京：科学出版社，2010.

[10] 多列查尔. 直流锅炉. 锅炉技术，1983，3：17-32.

[11] 路野，吴少华. 玉环1000MW超超临界锅炉低NO_x燃烧系统的设计和NO_x性能考核试验简析. 锅炉制造，2008，4：1-4，8.

[12] 朱宝田. 三种国产超超临界1000 MW机组汽轮机结构设计比较. 热力发电，2008，37(2)：1-8.

[13] 熊扬恒. 新型超超临界机组卧式锅炉技术特点分析. 热力发电，2006，35(4)：1-3.

[14] 李志刚，齐保同. 超临界机组锅炉对流受热面金属内壁水蒸气氧化特性研究. 热力发电，2010，39(5)：35-41.

[15] 骆仲泱，王勤辉，方梦祥，等. 煤的热电气多联产技术及工程实例. 北京：化学工业出版社，2004.

[16] 孙献斌. 循环流化床锅炉放大特性与紧凑化设计. 热力发电，2009，38(3)：1-4，9.

[17] 孙献斌. 循环流化床锅炉浅床运行技术及大型化分析研究. 洁净煤技术，2009，16(2)：57-60.

[18] 孙献斌. 大型CFB锅炉热循环回路特征参数研究. 热力发电，2009，38(7)：18-22.

[19] 孙献斌. 循环流化床锅炉大型化的发展与应用. 电站系统工程，2009，25(4)：1-4，8.

[20] 孙献斌. 超临界CFB锅炉技术. 电力学报，2009，24(4)：303-305.

[21] 孙献斌，于龙，时正海，等. 国产330MW循环流化床锅炉设计研究. 热力发电，2009，38(11)：19-22.

[22] 孙献斌，李志伟，时正海，等. 自主研发600MW超临界CFB锅炉的设计研究. 中国电力，2009，42(11)：11-15.

[23] 孙献斌，时正海. 大型CFB锅炉热力计算软件的开发及应用. 锅炉技术，2010，41(5)：32-36.

[24] 孙献斌. 发展大型CFB锅炉发电技术的分析与建议. 电力技术，2010，19(9)：1-6.

[25] 孙献斌. 张宗珩，时正海，等. 大型CFB锅炉节能降耗技术研究[J]. 中国电机工程学报，2012，32(12)，252-254.

[26] 姚宣，杨石，晁俊楠，等. 循环流率对循环流化床回路压降影响的实验研究. 中国电机工程学报，2010，30(20)：1-6.

[27] 毛玉如，方梦祥，骆仲泱，等. 富氧气氛下循环流化床煤燃烧试验研究. 燃烧科学与技术. 2005，11(2)：188-191.

[28] 刘昀，刘德昌. 氧循环流化床燃烧锅炉在电厂应用中的研究. 电力设备. 2006，17(6)：86-88.

[29] 毛健雄. 超(超)临界循环流化床直流锅炉技术的发展. 电力建设. 2010，31(1)：1-6.

[30] Stephen J. Goidich，Timo Hyppanen，kari kauppinen. CFB boiler design and operation using the IN-

TREX^{TM} heat exchanger. 6th International conference on circulating fluidized bed. August , 1999. Wurzburg, Germany.

[31] Arto Hotta, Kalle Nuortimo, Timo Eriksson, et al. CFB technology provides solutions to combat climate change. Proceedings of 9th International Conference on Circulating Fluidized Beds. May 13-16, 2008, Hamburg, Germany.

[32] Arto Hotta. Features and Operational Performance of Lagisza 460 MWe CFB Boiler. The 20th International Conference on Fluidized Bed Combustion . May 18 - 20, 2009. Xi 'an, China.

[33] Robert Giglio, Justin Wehrenberg. Fuel flexible power generation technology - advantages of CFB technology for utility power generation. Power-Gen International. December 14-16, 2010. Orlando, Florida , USA.

[34] Timo Jäntti Riku Parkkonen. Lagisza 460 MWe supercritical CFB experience during first year after start of commercial operation. Russia Power. March 24 - 26, 2010. Moscow, Russia.

[35] Archie Robertson, Steve Goidich, Zhen Fan. 1300°F 800 MWe USC CFB boiler design study. The 20th International Conference on Fluidized Bed Combustion . May 18 - 20, 2009. Xi'an, China.

[36] Arto Hotta , Kari Kauppinen , Ari Kettunen. Towards New Milestones in CFB Boiler Technology - CFB 800 MWe / New 460 MWe Super-Critical Plant with CFB Boiler in Lagisza - First Experience Update. Power-Gen Europe 2010 Rai, June 8 - 10, 2010. Amsterdam , The Netherlands.

[37] Rafal Kobylecki, Marek Andrzejczyk, Zbigniew Bis. Large-scale CFB boiler with different cyclone separation efficiencies — operational experiences and analysis [A] . Proceedings of the 8th international conference on Circulating fluidized beds, Hangzhou, china, may 10-13, 2005. P978-981.

[38] 孙献斌. 德国 LLB 公司的 PFBC 和 PCFB 技术. 电站系统工程, 1996, 12(3): 58-62.

[39] 刘耀鑫, 方梦祥, 余春江, 等. 循环流化床热电气多联产技术方案研究. 热力发电, 2003, 32(2): 1-4.

[40] 韩启元, 许世森. 大规模煤气化技术的开发与进展. 热力发电, 2008, 37(1): 4-8, 12.

[41] 陶著. 煤化学. 北京: 冶金工业出版社, 1984 年 11 月第 1 版.

[42] 赵洁, 赵敏, 谢秋野. 国内外整体煤气化联合循环电厂发展概况及我国建设条件分析. 中国电力, 2006, 39(4): 43-46.

[43] 李燕, 李文凯, 张建胜, 等. 气流床气化炉水冷壁设计方案的水动力分析. 锅炉技术, 2008, 39(4): 29-32, 36.

[44] 周大坤, 部愿锋, 曾庆才. IGCC 气化炉气化法分类及比较. 发电设备, 2010, (3): 224-227.

[45] 王辅臣, 于广锁, 龚欣, 等. 大型煤气化技术的研究与发展. 化工进展, 2009, 28(2): 173-180.

[46] 汤蕴琳. 火电厂"烟塔合一"技术的应用. 电力建设. 2005, 26(2): 11-12.

[47] Leuschke F, Bleckwehl S, Ratschow L, Werther J. Flue gas desulphurization in a circulating fluidizde bed: investingation after 10 years of successful commercial operation at the facility of Pilsen/CZ. Proceedings of 9th International Conference on Circulating Fluidized Beds. May 13-16, 2008, Hamburg, Germany.

[48] 李晓芸, 邹炎. 活性炭/焦干法烟气净化技术的应用与发展. 电力建设, 2009, 30(5): 47-51.

[49] 赵恩婵. 600MW 机组活性焦烟气脱硫方案及经济分析. 热力发电, 2008, 37(7): 1-3, 9.

[50] 赵毅, 朱洪涛, 安晓玲, 等. 燃煤电厂 SCR 烟气脱硝技术的研究. 电力环境保护, 2009, 25(1): 7-10.

[51] 陈亚非, 张奇兴. 电子束烟气脱硫若干问题探讨. 中国电力, 2000, 33(7): 78-80.

[52] 冯飞, 公冶令沛, 魏龙, 等. 化学链燃烧在二氧化碳减排中的应用及其研究进展. 化工时刊, 2009,

23(4)：68-71.

[53] A. Lyngfelt，M. Johansson，T. Mattisson. Chemical-looping combustion status of development. Proceedings of 9th International Conference on Circulating Fluidized Beds. May 13-16，2008，Hamburg，Germany.

[54] 顾海明，吴家桦，郝建刚，等. 基于赤铁矿载氧体的串行流化床煤化学链燃烧试验. 中国电机工程学报，2010，30(17)：51-56.

[55] 杜晓光，马筠，吴颖庆，等. 火电厂燃煤及固体产物中危害元素的测定方法、迁移规律及对环境影响研究. 热力发电，2010，39(11)：16-21，40.

[56] 任建莉，周劲松，骆仲泱，等. 燃煤电站汞控制研究的新进展. 热力发电，2006，35(7)：16-20.

[57] 周劲松，张乐，骆仲泱，等. 300 MW 机组锅炉汞排放及控制研究. 热力发电，2008，37(4)：22-27.

[58] 阎维平，米翠丽. 300MW 富氧燃烧电站锅炉的经济性分析. 动力工程学报，2010，30(3)：185-191.

[59] 李新春，孙永斌. 二氧化碳捕集现状和展望. 能源技术经济，2010，22(4)：21-26.

[60] 祁君田. 燃煤电厂电除尘器设计中值得注意的问题. 热力发电，2004，33(9)：4-6.

[61] Horst Hack，Zhen Fan，Andrew Seltzer. Utility-Scale Flexi-Burn™ CFB power plant to meet the challenge of climate change. The 34th International Technical Conference on Coal Utilization & Fuel Systems . May 31 - June 4，2009. Clearwater，Florida，USA.

[62] Horst Hack Zhen Fan Andrew Seltzer. Advanced Oxyfuel Combustion Leading to Zero Emission Power Generation. The 35th International Technical Conference on Clean Coal & Fuel Systems. June 6-10，2010. Clearwater，Florida ，USA.

[63] Suzanne Ferguson，Tim Bullen，Geoff Skinner. Opportunities for Efficiency Improvements in Power Plants with Carbon Capture. Power-Gen Europe 2010. June 8 - 10，2010. Rai，Amsterdam，he Netherlands.

[64] Archie Robertson，Hans Agarwal，Michael Gagliano，Oxy-Combustion Boiler Material Development. 35th International Technical Conference on Clean Coal & Fuel Systems. June 6 - 10，2010. Clearwater，Florida，USA.

[65] 郭慕孙，李静海. 三传一反多尺度. 自然科学进展，2000，10(12)：1078-1082.

[66] 程健，许世森，徐越. 高温燃料电池发电技术分析. 热力发电，2009，38(11)：7-11.

[67] 罗陨飞，杜铭华，李文华. 美国未来洁净煤技术研究推广计划概述. 洁净煤技术，2005，11(4)：5-11.

[68] 吴若思. 未来的燃煤电厂—中国绿色煤电计划. 中国电力，2007，40(3)：6-8.

[69] 许世森. IGCC 与未来煤电. 中国电力，2005，38(2)：13-17.

[70] Timo Eriksson，Kalle Nuortimo，Arto Hotta. Near Zero CO_2 emissions in coal firing with oxyfuel CFB Boiler. VGB - KELI 2008 Conference . May 6 - 8，2008. Hamburg，Germany.

[71] Arto Hotta，Reijo Kiuvalainen，Timo Eriksson. Development and Demonstration of Oxy-fuel CFB Technology. Industrial Fluidization South Africa，Johannesburg，South Africa，November 15-17，2011.

[72] Timo jäntti，Harry Lampenium，Marko Ruuskanen，Riku Parkkonen. Supercritical OTU CFB Projects-Lagisza 460 MWe and Novercherkasskays 330 MWe. Russia Power Moscow，Russia，March 28-30，2011.

[73] Arto Hotta，Monica Lupion，Pedro Otero，et al. Testing in the CIUDEN Oxy-CFB Boiler Demonstration Project. The 37th International Technical Conference on Clean Coal & Fuel Systems. June 3-7，2012. Clearwater，Florida USA.

[74] Archie Robertson, Hans Agarwal, Michael Gagliano. et al. Oxy-Combustion Boliler Material Development. The 37th International Technical Conference on Clean Coal & Fuel Systems. June 3-7, 2012. Clearwater, Florida USA.

[75] Andrew Seltzer, Zhen Fan, Horst Hack. A Method to Increase Oxyfuel Power Plant Efficiency and Power Output. The 37th International Technical Conference on Clean Coal & Fuel Systems. June 3-7, 2012. Clearwater, Florida USA.

[76] Robert Giglio, Rolf Graf. Circulating Fluidized Bed Technology Provides Multi-Pollutant Removal Capabilities. PowerGen International. December 11-13, 2012. Orlando, Florida USA.

[77] Timo Jäntti, Kalle Nuortimo, Marko Ruuskanen, et al. Samcheok Green Power 4×550 MWe Supercritical Circulating Fluidized-Bed Steam Generators in South Korea. PowerGen Europe. June 12-14, 2012, Colon, Germany.

[78] Edgardo Coda Zabetta, Vesna Bari šiċ, Jouni Mahanen, Kari Peltola. Supercritical Steam from Biomass Mixtures with 1% Alkali Content. 21st International Conference on Fluidized Bed Combustion. June 3-6, 2012. Naples Italy.

[79] Andrew Seltzer, Zhen Fan, Horst Hack, et al. Commercial Viability of Near-Zero Emissions Oxy-Combustion Technology for Pulverized Coal Power Plants. The 37th International Technical Conference on Clean Coal & Fuel Systems. June 3-7, 2012, Clearwater, Florida USA.

[80] 黄万启，李志刚，张洪博，等. 火电厂锅炉管道金属内壁氧化膜的影响因素研究. 中国电力，2013，46(7)：6-10，17.

[81] 王惠挺，郭瑞堂，高翔，等. 利用 $NaClO_2$/ $CaCO_3$ 浆液同时脱硫、脱硝的试验研究. 热力发电，2013，42(1)：41-44.

[82] Horst Hack, Robert Giglio, Rolf Graf. Application of circulating fluidized bed scrubbing technology for Multi-pollutant removal. The 37th International Technical Conference on Clean Coal & Fuel Systems. June 2-6, 2013. Clearwater, Florida USA.

[83] 杜保华，王大鹏，董雷，等. 超超临界 1000MW 机组锅炉高温受热面炉内壁温测量及分析. 热力发电，2013，42(7)：118-122.

[84] 赵慧传，孙标，杨红权，等. 超临解 600MW 机组锅炉末级过热器管材服役现状分析及改造建议. 热力发电，2013，42(1)：1-4.

[85] 陈辉，马晓斌，陈连军，等. 超临界 660MW 超临界机组 W 火焰锅炉设计特点及其运行特性分析. 热力发电，2013，42(7)：6-11.

[86] 吴燕华，杨冬，陈功名，等. 首台 600MW 超临界 W 火焰锅炉水动力特性计算及分析. 中国电力，2013，46(2)：24-30.

[87] 孙献斌，石波，时正海，等. 国产 330MW CFB 锅炉调节及变负荷性能[J]. 中国电力，2013，46(9)：16-20.

[88] 马英. 典型燃煤电厂烟气汞协同控制研究. 热力发电，2013，42(3)：11-14.

[89] 赵毅，薛方明，董丽珍，等. 燃煤锅炉烟气脱汞技术研究进展. 热力发电，2013，42(1)：9-14，19.

[90] 严金英，郑重，于国峰，等. 燃煤烟气多污染物一体化控制技术研究进展. 热力发电，2011，40(11)：9-13.

[91] 李东梅，田娱嘉，郭阳，等. 布袋除尘器滤袋使用寿命的影响因素分析. 热力发电，2013，42(4)：104-106.

[92] 程健，许世森，徐越，等. 基于 IGCC 的燃烧前 CO_2 捕集系统设计. 中国电机工程学报，2012，32(12)，272-276.